“十四五”时期国家重点出版物出版专项规划项目 现代土木工程精品系列图书
黑龙江省优秀学术著作 / “双一流”建设精品出版工程

建筑环境热舒适与人体热适应研究

RESEARCH ON THERMAL COMFORT IN BUILT ENVIRONMENT AND HUMAN THERMAL ADAPTATION

王昭俊 著

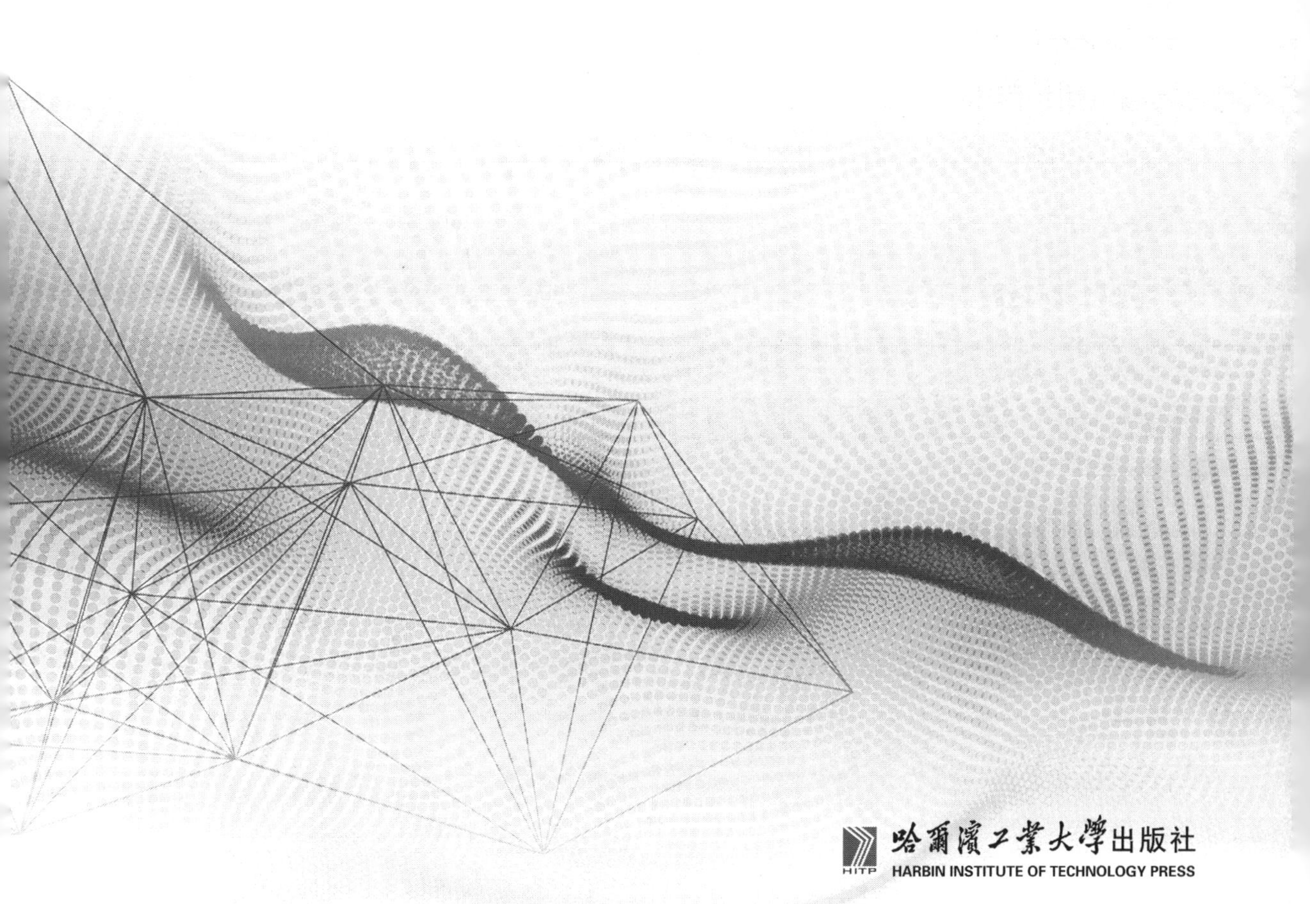

哈爾濱工業大學出版社
HITP HARBIN INSTITUTE OF TECHNOLOGY PRESS

内容简介

建筑热环境不仅影响人体热舒适,而且影响人体健康。人体对不同的地域气候和建筑热环境具有热适应性。本书内容主要依托作者所承担的国家自然科学基金项目和黑龙江省自然科学基金项目,系统介绍作者20多年来在严寒地区不同功能建筑环境中开展的人体热舒适与热适应研究的成果。

全书按照章节的顺序分成理论(第1~2章)、方法(第3~7章)和应用(第8章)3个部分,首先概述了热舒适和热适应研究的发展脉络、研究方法与基本理论;然后从时间和空间、供暖方式、热环境评价等几个维度,研究了严寒地区不同的建筑热环境中人体心理适应、生理适应、行为适应的规律,包括基于时间尺度的热舒适与热适应、基于时空维度的热舒适与热适应、热舒适的影响因素、不同供暖方式下的热环境与热舒适、不均匀环境热舒适评价等内容;最后介绍了健康舒适的建筑热环境设计策略等研究成果。

本书可供从事建筑热环境、人体热舒适与热适应研究的科研人员参考使用。

图书在版编目(CIP)数据

建筑环境热舒适与人体热适应研究/王昭俊著.—哈尔滨:哈尔滨工业大学出版社,2023.1(2023.12重印)
(现代土木工程精品系列图书)
ISBN 978-7-5603-9323-0

Ⅰ.①建… Ⅱ.①王… Ⅲ.①建筑热工-研究 Ⅳ.①TU111

中国版本图书馆CIP数据核字(2021)第017022号

策划编辑 王桂芝 闻 竹
责任编辑 马 媛 那兰兰 赵凤娟
出版发行 哈尔滨工业大学出版社
社 址 哈尔滨市南岗区复华四道街10号 邮编150006
传 真 0451-86414749
网 址 http://hitpress.hit.edu.cn
印 刷 哈尔滨圣铂印刷有限公司
开 本 787 mm×1 092 mm 1/16 印张16.25 字数375千字
版 次 2023年1月第1版 2023年12月第2次印刷
书 号 ISBN 978-7-5603-9323-0
定 价 96.00元

前　言

建筑热环境不仅影响人体热舒适,而且影响人体健康。人体对不同的地域气候和建筑热环境具有热适应性。

严寒地区冬季漫长,且室外气温低,而夏季较舒适凉爽,因此,严寒地区建筑热环境设计更多关注冬季的室内空气温度。冬季供暖室温不仅影响供暖能耗,而且影响人体热舒适、健康与室内人员的工作效率。

中华人民共和国成立初期,我国以秦岭、淮河为界,划分了南方和北方。我国北方建筑采用集中供暖方式,相关标准规定北方民用建筑供暖室内设计温度为 18 ℃,且相关标准中均采用 Fanger 的热舒适理论和 PMV-PPD 指标,其适于评价稳态均匀的热环境。但严寒地区冬季受外窗和外墙冷辐射影响,建筑室内热环境是不均匀的。近年来的现场调研发现,部分建筑冬季室温甚至高于热舒适标准的上限值 24 ℃。在不均匀环境中舒适健康的室温是多少?严寒地区冬季漫长,供暖期间室外气温变化大,人们感到舒适的室温是否会随室外气温变化?目前严寒地区民用建筑常采用散热器和地板辐射供暖,这两种供暖方式营造的建筑热环境有何差异?不同供暖方式下供暖室内设计温度设定的科学依据是什么?如何评价严寒地区冬季建筑冷辐射非均匀环境对人体热舒适的影响?

上述问题均涉及供热工程应用中建筑供暖末端室温如何设定,尤其是将来要进行智慧供热,需要了解人体的热舒适需求是什么。这些问题都需要基于严寒地区不同功能的建筑环境中人体热舒适与热适应基础研究的成果才能得出结论。热舒适研究涉及的学科很多,包括建筑物理学、生理学、心理学、人类工效学、信息科学等,因此本书的研究内容是跨学科的。

作者于 1997 年起攻读博士学位,开始研究严寒地区居室热环境与居民热舒适。20 多年来作者先后得到国家自然科学基金、黑龙江省自然科学基金、教育部留学回国基金等项目资助,得以将这项基础研究工作持续开展至今,也取得了一些成果。本研究发现了建筑不同供暖末端营造的不均匀热环境中人体生理学和心理学反应的差异性规律,建立了不同供暖阶段不同功能建筑人体热舒适与热适应模型,揭示了室内外气候、行为调节、生理适应和心理适应对人体热反应的作用规律,提出了基于时空维度的供暖舒适温度预测方法。这些成果不仅有助于认识人体热舒适机理,而且有利于建筑节能减排。

本书基于作者 20 多年来在严寒地区不同功能建筑环境中开展的大量现场研究和实验室研究,介绍研究方法、实验过程和一些重要发现。本书共分 8 章,包括热舒适与热适应研究方法、热舒适与热适应基本理论、基于时间尺度的热舒适与热适应、基于时空维度的热舒适与热适应、热舒适的影响因素、不同供暖方式下的热环境与热舒适、不均匀环境热舒适评价、健康舒适的建筑热环境设计策略。

为了帮助读者更好地理解本书的内容,作者在第 1 章和第 2 章首先介绍了热舒适与热适应的研究方法和基本理论。

第 3 章介绍了作者的博士论文的部分研究成果。原因如下:第一,作者在国内开展热舒适研究较早,其研究内容和研究方法具有一定的借鉴意义;第二,以住宅中的居民作为受试者，研究其热适应行为很有代表性，且样本不易获得，数据很宝贵；第三，当时采用的仪器很先进——丹麦技术科学院院士、丹麦技术大学 Fanger 教授研发的热舒适仪和室内气候分析仪，仪器精度高且测试的参数多。2005 年，作者邀请 Fanger 教授担任了哈尔滨工业大学供热、供燃气、通风及空调工程学科的荣誉教授，该部分内容也是作者向 Fanger 教授致敬。作为该研究方向的传承，接着介绍了后续几年作者指导的研究生陆续开展的热舒适现场研究工作，从时间维度研究季节、供暖前后和一年为周期的不同时间尺度对居民热舒适的影响规律。

第 4 章和第 5 章介绍了作者受国家自然科学基金项目资助取得的部分研究成果，其中第 4 章按照时空维度介绍了在一年内同时开展的 4 种不同功能建筑中人群的热舒适现场研究，第 5 章介绍了采用相同受试者同期开展的实验室研究和现场研究部分成果。通过获取严寒地区冬季供暖期及供暖期前后的气候变化特征、建筑热环境特征，以及人体生理反应、心理反应和行为调节特征等，研究基于长时间尺度的季节和不同供暖阶段不同室内外气温对人体热舒适与热适应的影响规律，探究室内外热经历和感知控制的影响，分析性别和年龄的影响，以丰富和完善严寒地区人体热舒适与热适应理论。

第 6 章和第 7 章介绍了作者受黑龙江省自然科学基金项目和教育部留学回国基金项目资助取得的部分研究成果。基于微气候室开展的散热器与地板辐射供暖实验研究，分析不同供暖方式营造的室内热环境差异性、不均匀环境热舒适评价方法。

第 8 章介绍了作者受国家自然科学基金项目资助取得的部分研究成果，提出适宜的建筑热环境设计参数，为制定严寒地区健康舒适的建筑热环境标准提供理论依据。

本书的学术价值和特色如下：

(1) Fanger 教授在 1970 年出版了著作 *Thermal Comfort*，目前热舒适研究已成为各国关注的焦点，但专门介绍热舒适理论的中文版书籍和学术专著仍非常少。本书是作者首次对 20 多年来热舒适研究成果的凝练总结。

(2) 体现了多学科的交叉与融合。本书围绕严寒地区不同季节室外气候、室内热环境热暴露中的人体热舒适与热适应这条主线，融入了建筑环境学、生理学、心理学等多学科的最新研究成果。

(3) 突出了地域性和系统性。本书结合严寒地区气候和建筑热环境特点，提出了有针对性的建筑热环境评价方法、防止冷辐射的技术措施和健康舒适的建筑热环境设计策略。

本书主要基于作者主持完成的国家自然科学基金项目——严寒地区人体热适应机理及适宜的采暖温度研究(51278142)、黑龙江省自然科学基金项目——冷辐射环境中人体生理与心理响应的基础研究(E201039)、教育部留学回国基金项目——不对称辐射场对人体热舒适影响的基础研究等项目的研究成果编撰而成，在此感谢上述基金项目提供的资助。

本书是作者的研究团队 20 多年来在该领域共同取得的研究成果，其中部分章节包含了研究生宁浩然、吉玉辰、苏小文、张琳、何亚男、李爱雪、侯娟、绳晓会、任静、张雪香和康诚祖的研究成果，在此感谢他们的辛勤付出。作者指导的研究生苏小文、刘畅、杨舜霆、尹佳星、唐姗彤和冯晔参加了有关资料搜集、整理等辅助性工作，在此一并表示感谢。

由于作者水平有限，书中难免存在疏漏或不足之处，恳请读者批评指正。

作　者

2022 年 12 月于哈尔滨

目　　录

第1章　热舒适与热适应研究方法

随着我国人民生活水平的不断提高,采用暖通空调系统改善人居环境和工作环境的建筑越来越多。目前,我国的建筑能耗在社会总能耗中约占25%,其中暖通空调系统的能耗已占建筑能耗的50%以上。我国北方地区供暖能耗占建筑总能耗的65%以上,有的地区甚至高达90%。可见,暖通空调系统节能是建筑领域节能减排的关键。而在暖通空调系统的设计和使用过程中,确定合理的室内热环境参数不仅影响人体热舒适,而且影响建筑节能。

本章将简要介绍热舒适与热适应研究的进展、本书涉及的主要术语以及研究方法。

1.1　概　述

1.1.1　热舒适

室内热环境与热舒适研究可以追溯到20世纪初,是与20世纪医学及测温学同时开展的。

1914年,Hill发明了卡他温度计。卡他温度计综合了平均辐射温度、空气温度和空气流速的影响。20世纪30年代进行的大量实验经常采用卡他温度计。

1919年,美国供暖与通风工程师协会(American Society of Heating and Ventilating Engineers,ASHVE)在美国的匹兹堡建造了一个微气候实验室,主要目的就是研究空气温度、空气湿度和空气流速等对人体热感觉和热舒适的影响。1923年,Houghten和Yaglou创立了对热环境研究具有深远影响的有效温度(Effective Temperature,ET)指标,该指标综合了空气温度、空气湿度和空气流速对人体热感觉的影响。该指标在1967年以前一直被广泛地用于工业以及美国和英国的军队中。1924—1925年,Houghten和Yaglou等又研究了空气流速和衣着对人体热感觉的影响。1932年,Vernon和Warner使用黑球温度代替干球温度对热辐射进行了修正,提出了修正有效温度(Corrected Effective Temperature,CET)指标。该指标在第二次世界大战期间曾为英国皇家海军舰队所采用。1950年,Yaglou等对热辐射进行了修正,提出了当量有效温度的概念[1,2]。

1963年,美国供暖、制冷与空调工程师协会(American Society of Heating, Refrigerating and Air - Conditioning Engineers,ASHRAE)将匹兹堡的实验室搬到了堪萨斯州立大学(Kansas State University)。在该实验室中学者们进行了大量的人体热感觉与热舒适的实验研究,获得了许多有价值的热舒适数据,并成为制定热舒适标准的基础数据[1,2]。

1971年,美国耶鲁大学Pierce研究所的Gagge提出了新有效温度(New Effective Temperature,ET*)指标,该指标综合了空气温度、湿度对人体热舒适的影响。随后,Gagge又综合考虑了不同的活动水平和服装热阻的影响,提出了标准有效温度(Standard

Effective Temperature,SET）指标[1,2]。

基于前期实验室的研究成果,1966 年 ASHRAE 发布了第一个热舒适标准——ASHRAE Standard 55—1966。随后在 1974、1981、1992、2004、2010、2013、2017 和 2020 年又经过多次修订,发展为目前最新的版本——ASHRAE Standard 55—2020。

与此同时，丹麦技术科学院院士、丹麦技术大学（Technical University of Denmark）Fanger 教授在热舒适研究领域也取得了令人瞩目的成果。Fanger 教授在堪萨斯州立大学的实验数据基础上,提出了舒适的皮肤温度、所期望的排汗率和新陈代谢率之间的关系,并于 1967 年发表了著名的热舒适方程[3]。

1970 年,Fanger 教授以人体热舒适方程及 ASHRAE 7 级标度为出发点,对堪萨斯州立大学的热感觉实验数据进行分析,得到了至今被世界各国广泛使用的评价室内热环境的指标——预测平均投票值（Predicted Mean Vote,PMV）和预测不满意百分数（Predicted Percentage of Dissatisfied,PPD）[3]。该指标综合了空气温度、空气湿度、空气流速、平均辐射温度、新陈代谢率和服装热阻 6 个影响人体热舒适的因素,是迄今为止最全面的评价室内热环境的指标。

1984 年,国际标准化组织（International Organization for Standardization,ISO）根据 Fanger 教授的研究成果,制定了国际标准《适中的热环境——PMV 与 PPD 指标的确定及热舒适条件》（ISO Standard 7730）。ISO Standard 7730 推荐取 PPD ≤ 10%,即允许有 10% 的人感到不满意,对应的 PMV 为 0.5 ~ + 0.5[4]。

2004 年,美国修订的 ASHRAE Standard 55 热舒适标准中采用操作温度作为评价室内热环境的指标,也推荐使用 PMV 与 PPD 指标预测空调环境的热舒适[5],并一直沿用至今。

至今 Fanger 教授提出的 PMV 与 PPD 评价模型已经被列入 ISO Standard 7730 标准、ASHRAE Standard 55 标准、我国的《民用建筑室内热湿环境评价标准》（GB/T 50785—2012）[6] 等相关标准中。

1.1.2 热适应

早在 20 世纪 60 年代,Webb 就率先提出了适应性热舒适的概念。Webb 在新加坡、巴格达、印度北部和伦敦北部开展了纵向现场研究,发现建筑的使用者感到最舒适的室内空气温度（以下简称室温）似乎是其经常暴露的平均室温,认为人们已经适应了其经常暴露的室内气候[7]。

1972 年,Nicol 和 Humphreys 提出:建筑的使用者和其经常暴露的室内气候构成了一个完整的自我调节反馈系统。当室内热环境的变化使人感到不舒适时,人们会通过主动的行为调节来维持其热舒适状态。这可以解释为适应性热舒适原理[7]。

1973 年,全球石油危机爆发,人们更加重视建筑节能。为了应对气候变化,需要结合人们对地域气候的适应性来建造低碳建筑,因此在世界范围内兴起了建筑环境人体热适应研究。

1976 年,Humphreys 提出了“适应性假说”[8],认为人们对环境温度的生理适应会改变热中性温度,并建立了自然运行建筑中的热中性温度与室外月平均温度的适应性模型。Auliciems 认为热适应性的驱动力既来自室内气候,也来自室外气候。Nicol 等人探讨了行为适应对人体热平衡及热舒适的作用[9]。Humphreys 和 Nicol 认为热适应的作用是人体舒适状态与其适应行为之间的反馈结果。

1981 年，de Dear 进一步阐述了适应性热舒适理论，也提出了适应性假说，包括生理适应（气候适应、体温调节设定点）、行为适应（热平衡参数调节）、心理适应（热期望）、文化适应（习俗、技术等）。

1998 年，de Dear 和 Brager 基于四大洲现场研究的 ASHRAE RP - 884 项目数据库提出了适于自然通风建筑的适应性模型[10]，并被引入 ASHRAE Standard 55—2004 中。与此同时，Humphreys 和 Nicol 也基于欧洲的 SCATS（Smart Controls and Thermal Comfort，SCATS）现场调查数据库提出了热适应模型[11]，被引入欧洲标准 EN 15251 中[12]。de Dear 和 Brager 提出的热适应模型，也被引入我国的热环境舒适性评价的相关标准中，并且一直沿用至今。

随着近年来人们对全球气候变化的普遍关注，适应性热舒适模型逐渐被广泛认可并成为热舒适领域的研究主流[13]。

"适应性模型" 的定义为：室内设计温度或可接受的温度范围与室外气候参数相关的模型。"适应性模型" 认为室内人员是建筑舒适"系统" 中不可或缺的组成部分。

在热适应理论中，人不仅是热环境的"感受器"，而且是与环境存在多重反馈机制的调节者[10]。适应性一般是指个体反应在不断重复的环境暴露下逐渐衰减。热适应研究可以真实地描述人体热感觉、热适应能力以及与实际环境之间的互动反馈过程。人体热适应主要可分为 3 种方式：行为调节、生理适应和心理适应。

行为调节是指通过个人调节（如调节着衣量、活动量等）、技术调节（如开窗、开加热器等）和文化习惯（如在热天午睡以降低新陈代谢率）等行为调节措施主动创造舒适的热环境[10]。

生理适应包括遗传适应和生理习服。人体神经系统控制着生理习服，并且直接影响体温的正常设定值[10]。人体需要较长的过程以形成对偏冷环境的生理习服。人体的生理适应表征主要包括体温、出汗水平、水盐代谢、心血管系统功能的调节等。

心理适应是指人体心理上对热环境的反应逐渐趋向于舒适状态。de Dear 和 Brager[10] 认为以往热经历与感知控制是影响热期望与心理适应的关键因素。

1.2　热感觉与热舒适的内涵

1.2.1　热感觉的内涵

感觉不能用任何直接的方法来测量。对感觉和刺激之间关系的研究学科称为心理物理学（Psychophisics），是心理学最早的分支之一。

ASHRAE Standard 55—2013[14] 中对热感觉的定义为：人对热环境"冷" 或"热" 有意识的主观描述。通常用 7 级标度描述，即冷、凉、稍凉、热中性、稍暖、暖和热。尽管人们经常评价热环境的"冷" 和"暖"，但人只能感觉到位于其皮肤表面下的神经末梢的温度，而无法直接感觉到周围环境的温度。

由于无法测量人体的热感觉，因此只能通过受试者填写的问卷调查表来了解其对环境的热感觉，即要求受试者按照某种等级标度来描述其热感觉。心理学的研究结果表明，一般人可以不混淆地区分感觉的量级不超过7个,因此对热感觉的评价指标常采用7级标度。将热感觉定量化的目的就是便于对研究结果进行统计分析。表1.1是目前最广泛使用的热感觉标度。

1936年,英国的Bedford在对工厂热环境及工人热舒适进行调查时首先提出了Bedford标度,采用了1 ~ 7的数值,见表1.1。此后的热舒适现场研究和实验室研究一般都采用了该标度,其特点是将热感觉与热舒适合二为一。

1966年,ASHRAE开始使用7级热感觉标度(ASHRAE Thermal Sensation Scale),早期的ASHRAE热感觉标度也采用了1 ~ 7的数值,随后改为 - 3 ~ + 3,见表1.1。ASHRAE标度比Bedford标度更准确地描述了人体热感觉,而Bedford标度容易使人混淆“舒适”与“舒适的暖和”“太暖和”与“过分暖和”等概念。通过对受试者的调查得出定量化的热感觉评价,可以将描述环境热状况的各种参数与人体热感觉定量地联系在一起。

此外,英国的McIntyre提出的Preference标度也得到了较广泛的应用,即让受试者回答所希望的室温与目前的室温相比:较暖、不变还是较凉?分别用 + 1、0和 - 1表示,以便于进行统计分析,见表1.1。

在进行热感觉实验时,受试者通过投票方式来表述其热感觉,这种投票选择的方式称为热感觉投票(Thermal Sensation Vote,TSV)。热感觉投票也采用7级标度,其内容与ASHRAE热感觉标度一致,分级范围也常采用 - 3 ~ + 3,见表1.1。

表1.1 热感觉标度

ASHRAE热感觉标度		Bedford标度		Preference标度	
hot (热)	+ 3	much too warm (过分暖和)	7		
warm (暖)	+ 2	too warm (太暖和)	6		
slightly warm (稍暖)	+ 1	comfortably warm (舒适的暖和)	5	cooler (较凉)	- 1
neutral (热中性)	0	comfortable (舒适)	4	no change (不变)	0
slightly cool (稍凉)	- 1	comfortably cool (舒适的凉爽)	3	warmer (较暖)	+ 1
cool (凉)	- 2	too cool (太凉)	2		
cold (冷)	- 3	much too cool (过凉)	1		

1.2.2 热舒适的内涵

人体通过自身的热平衡和感觉到的环境状况,综合起来获得是否舒适的感觉,舒适的感觉是生理和心理上的。ASHRAE Standard 55—2013[14] 中对热舒适的定义为:对热环境表示满意的意识状态,且热舒适需要人的主观评价。

对热舒适的解释大致有两种观点,一种观点认为热舒适和热感觉是相同的,即热感觉处于热中性就是热舒适,或者将热感觉投票值为 - 1、0和 + 1所对应的区域称为热舒适区。持有这一观点的有Bedford、Houghten、Yaglou、Gagge和Fanger等人。

另一种观点认为热舒适和热感觉具有不同的含义。早在1917年Ebbecke就指出“热感觉是假定与皮肤热感受器的活动有联系,而热舒适是假定依赖于来自调节中心的热调节反应”。Hensel 认为舒适的含义是满意、高兴和愉快，Cabanac 认为“愉快是暂时的”“愉快实际上只能在动态的条件下观察到……”，即热舒适是随着热不舒适的部分消除而产生的。在稳态热环境下，一般只涉及热感觉指标，不涉及热舒适指标。热舒适并不在稳态热环境下存在，只存在于某些动态过程中，且热舒适不是持久的[15]。

当人受到一个带来快感的刺激时，其总体热状况并不一定是热中性的；而当人体处于热中性温度时，并不一定能感到舒适。

由于热感觉与热舒适有分离的现象存在，因此在进行人体热反应实验研究时，也常采用热舒适投票(Thermal Comfort Vote, TCV) 评价热舒适程度。一般采用0 ~ 4 的5 级指标，热感觉投票与热舒适投票见表 1.2。

表 1.2　热感觉投票与热舒适投票

热感觉投票(TSV)	数值	热舒适投票(TCV)	数值
hot (热)	+ 3	limited tolerance (不可忍受)	4
warm (暖)	+ 2	very uncomfortable (很不舒适)	3
slightly warm (稍暖)	+ 1	uncomfortable (不舒适)	2
neutral (热中性)	0	slightly uncomfortable (稍不舒适)	1
slightly cool (稍凉)	− 1	comfortable (舒适)	0
cool (凉)	− 2		
cold (冷)	− 3		

热舒适不同于热感觉，但热舒适在稳态热环境中也能存在。热舒适既存在于稳态热环境中，又存在于动态热环境中[1, 16]。

1. 稳态热环境中热感觉与热舒适的差别

王昭俊(2002)[1, 16] 于2000 年12 月至2001 年1 月对哈尔滨市66 户住宅中的120 名居民的热感觉与热舒适进行了现场调查，结果如图1.1 和图1.2 所示。其中热感觉投票值采用 ASHRAE 7 级标度，即 − 3(冷)、− 2(凉)、− 1(稍凉)、0(热中性)、+ 1(稍暖)、+ 2(暖)、+ 3(热)；热舒适投票值采用热舒适 5 级标度，即 − 3(很不舒适)、− 2(不舒适)、− 1(稍不舒适)、0(舒适)、+ 1(很舒适)。调查中发现居民很难区分很不舒适(− 3)与不舒适(− 2) 之间的差别，故将二者统称为不舒适(− 2)。

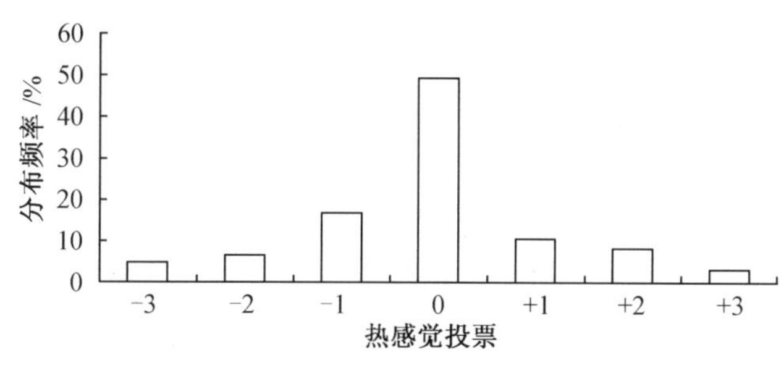

图 1.1　热感觉投票分布频率图[1, 16]

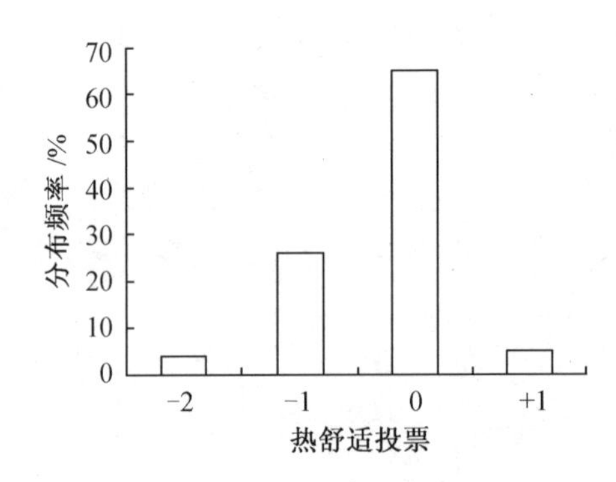

图 1.2　热舒适投票分布频率图[1, 16]

由图1.1可见,76.7% 的居民的热感觉投票值为 - 1 ~ + 1。而图1.2中,只有70% 的居民的热舒适投票值为 0 和 + 1,即70% 的居民在居室内感觉舒适,30% 则感觉不舒适。由此可见,二者并不完全一致。热感觉投票值高于热舒适投票值。

热感觉是人体对热环境参数的主观反应,影响热感觉的主要因素有空气温度、空气流速、平均辐射温度和相对湿度。现场调查结果表明:在严寒地区冬季居室内空气流速一般较低,90.8% 的样本的空气流速不超过 0.1 m/s,平均空气流速为 0.06 m/s,对人体热感觉的影响不大。相对湿度对人体热感觉的影响仅存在于一些极端的情况下,如极端的高温或低温环境中,较高的相对湿度会进一步加剧人的热感觉或冷感觉。现场测试中的相对湿度在 22% ~ 53% 范围之内,满足 ASHRAE Standard 55 和 ISO Standard 7730 热舒适标准中对相对湿度的要求,对人体的热感觉没有影响。故在严寒地区冬季居室内影响人体热感觉的主要因素为空气温度和平均辐射温度。

但对室内空气潮湿状况的调查结果显示:当相对湿度为 20% ~ 30% 时,80% 以上的居民感到空气干燥;而当相对湿度为 30% ~ 55% 时,约 40% 的居民感到空气干燥。当空气的相对湿度过低时,即使热感觉处于热中性状态,也会使人感觉眼、鼻、喉咙发干,有人甚至清晨流鼻血,而且干燥的空气更容易产生静电作用,室内会有更多的浮尘,这些因素都会影响人的舒适感。这可能是本次研究中热感觉投票值高于热舒适投票值的主要原因。

由此作者认为:热舒适是人们对其所处环境的总体感觉和评价,也是人体对热环境参数的主观反应,但热舒适的影响因素要比热感觉的影响因素多。热感觉主要是皮肤感受器在热刺激下的反应,热舒适则是综合各种感受器的热刺激信号形成综合的热激励而产生的。

现场测试时居民坐着填表,回答问题,其所处的热环境可以认为是稳态的。因为空气温度、空气流速、平均辐射温度和相对湿度等环境参数基本恒定不变或变化很小。当然不同测点的环境参数不同,即可以给出空气温度场、空气速度场的分布图,但这些场在短时间(环境参数测试和回答问题的时间大约为 20 min)内几乎不随时间变化,即上述测试结果可以认为是在稳态但非均匀的热环境中得出的。

2. 动态热环境中热感觉与热舒适的差别

Wong 曾对新加坡的早晨、中午和傍晚 3 个时间段在自然通风建筑内的居民的热接受率和热舒适进行调查,二者皆采用 ASHRAE 7 级标度。对投票值为 - 1、0、+ 1 的统计结果表明:3 个时间段的热舒适接受率皆高于热感觉接受率。尤其在中午,二者相差 17.1%。

自然通风条件下,居民所处的热环境应视为动态热环境。自然风是随机和不确定的气流脉动,由于自然风的湍流度较大,人们便会感觉到自然风风速的变化较大。自然通风条件下的室内空气处于一种无序、混沌的状态,居民时刻会感受到无规律的脉动气流的刺激,有一种微风拂面的新鲜感,这可能是热舒适接受率高于热感觉接受率的主要原因。而热感觉主要与空气温度有关,新加坡的中午空气温度很高,故人体热感觉接受率较低。

综上所述,热舒适不同于热感觉,二者具有不同的含义,不可混淆。

1.3 实验研究

热舒适研究主要有微气候室实验研究(以下简称实验研究)和实际建筑现场调查研究(以下简称现场研究)两种方法。两种方法各有其适用的特点,同时也都存在着一定的局限性。因此,热舒适研究应该既有实验研究,又不能忽略现场研究。本节将介绍实验研究的方法,包括实验研究的特点与目的、实验研究样本,以及实验室的热工学研究、生理学研究和心理学研究等内容。最后介绍国外几个著名实验室的研究案例。

1.3.1 实验研究的特点与目的

1. 实验研究的特点

实验研究即在环境参数可控制的微气候室内,根据不同实验目的,设计实验工况,精确测量和控制某些环境参数,进行热感觉和热舒适等人体热反应的心理学和生理学研究。

实验研究能够通过暖通空调系统对环境变量进行精确的测量和控制,并可单独研究某一个变量或几个变量组合对人体热舒适的影响。

早期的热舒适研究主要是在微气候室内进行的。一些重要的热舒适评价指标,如有效温度(ET)、预测平均投票值(PMV)等都是在实验室里获得的。因此,基于实验室研究得出的标准ISO Standard 7730和ASHRAE Standard 55—2013的科学性得到了世界公认,并已得到广泛应用。

此外,还可在实验室研究生理习服、感知控制、心理因素等对热舒适与热适应的影响。用于人体生理指标测量的仪器一般比较精密,体积大,不便于携带,并且需要受试者在稳定的状态下进行测量。而在实验室,受试者一般静坐休息或模拟轻体力活动水平的办公室工作,因此具备进行生理指标测量的条件。

目前国际上公认的评价和预测室内热环境热舒适的标准ISO Standard 7730和ASHRAE Standard 55—2013主要是以欧美等发达国家的大学生为研究对象,通过实验室研究建立的标准。这些标准适用于稳态、均匀的热环境。但是,实验室环境是人工模拟创造的,与人们所处的真实环境有较大的差别。实验中要求受试者着标准服装,静坐于稳态、均匀的热环境中,而人们实际所处的环境大多是动态、不均匀的。受试者在陌生的环境中从事他们不熟悉的工作,影响了实验室研究的结果。实验中常让同一受试者连续感受几种工况,每种工况持续时间为8 min到80 min不等,在某一工况下受试者对热舒适的主观评价肯定会受前一时刻所处的热环境的影响。受试者一般为西方发达国家的大学生,白种人。不同种族的人群由于生活习俗和文化背景不同、饮食结构和新陈代谢率不同,且不同性别及不同年龄的人群的新陈代谢率也有差异,因此同一热环境下人们的热感觉存在差异。

此外,实验研究中由实验者设定实验条件,受试者只能被动接受。这会在一定程度上令受试者产生"参与实验"的心理压力,进而对热舒适判断造成消极影响。因此一般情况下,基于微气候室的热舒适研究只能反映环境条件对人体感觉的单向影响,无法体现人体主动适应环境的过程。由于微气候室实验的对象均为招募而来的受试者,其参与实验的动机和态度与实际建筑中真实工作、生活的人有所不同,这也会在一定程度上影响实验结果的有效性。因此,上述标准是否具有普遍性、能否推广应用于真实环境中,尚需现场研究方法加以验证。

2. 实验研究的目的

实验研究的目的:

(1) 研究热舒适。

在微气候室内可以精确地控制对人体热舒适产生影响的4个环境变量(空气温度、相对湿度、空气流速和平均辐射温度)及2个个人变量(服装热阻和新陈代谢率),从而可以研究某一变量或特定变量组合对热舒适的影响,建立热舒适数据库,制定热舒适标准。

(2) 研究热应力。

在微气候室内可以营造极端环境条件,如极地环境和高温高湿环境,从而研究人体在极端环境下的热耐受能力,确定热应力指标和热工业环境下的热暴露极限。

(3) 研究服装热阻和透湿性。

利用暖体假人,研究各种服装、睡袋和其他物品的热阻,建立服装热阻数据库;研究各种织物的显热和潜热损失;开发作用于热防护服的热应力的评价方法;研究极端冷或热环境下服装的评价。

(4) 研究生理适应对人体热舒适与热适应的影响。

人体的一些生理指标如皮肤温度等会随热环境条件变化而发生变化。在微气候室内可以测量生理指标,研究人体热反应、生理参数和环境参数之间的相关性,进而研究生理适应的影响,深入揭示人体热适应机理。

(5) 研究感知控制、心理因素等对人体热舒适与热适应的影响。

如研究室内是否有空调以及空调是否需要付费对人体热感觉与热舒适的影响。

1.3.2 实验研究样本

目前国际通用的稳态热环境评价指标和已有的实验室研究成果基本都是基于大学生受试者获得的。因此利用大学生作为实验样本,有利于与他人研究成果的对比分析。

受试者的人数是影响实验结果的重要因素,人数太多,则需要较长的实验时间;人数太少,则会造成实验的结果不具有说服力。确定受试者人数的原则是在满足一定可靠性和统计性检验要求的前提下选取尽量少的受试者。在以往欧美国家的热反应实验室研究中,使用30人的重复实验获得了成功,故建议选取30人作为受试者,其中男女比例为1∶1。

王昭俊等于2011—2014年对不同供暖方式营造的热环境与人体热舒适开展了一系

列实验研究[17-21]，包括外窗和外墙冷辐射的影响，以及散热器供暖和地板辐射供暖的不均匀环境中的人体热反应，分别选取了 20 名和 16 名大学生受试者，服装热阻均约为 1.0 clo（1 clo = 0.155 $m^2 \cdot K/W$）。前期的实验主要研究了冷辐射环境中人体的生理反应和心理反应，所以受试者距离外窗比较近（1 m），而且供暖方式分别采用电加热器和地板辐射，冷辐射的影响比较明显。后期的实验主要研究基于时间尺度的严寒地区的人体热适应，采用常规的钢制散热器，散热器布置在外窗下，而且受试者距离外窗较远，以减弱冷辐射的影响。身着统一服装的 30 名大学生受试者参加了实验。

为了便于比较，本书作者将国内外部分学者的实验研究中受试者样本等相关信息进行汇总，见表 1.3[7]。

表 1.3　国内外部分学者的实验研究中受试者样本等信息统计表[7]

主要研究者	实验时间/年	实验地点	受试者人数/人	实验条件
Nevins	1959—1960	美国	24/21	地板辐射
	1961	美国	18	
	1963	美国	19	
McNall	1970	美国	10/8	冷墙辐射；热墙辐射； 冷顶棚辐射；热顶棚辐射
Olesen	1977	丹麦	16	地板辐射
Fanger	1980	丹麦	16	热顶棚辐射
	1985	丹麦	32/16	冷墙辐射；热墙辐射；冷顶棚辐射
Tanabe	1985 1987	日本	172 78	—
de Dear	1989	新加坡	32	不同温、湿度组合的空调环境
Zhang Hui	2002	美国	27	加热或冷却受试者局部身体部位
Cheong	2007	—	30	置换通风
Chow	2010	中国香港	30	风机盘管
张宇峰	2005	中国广州	30	局部送风
端木琳	2007	中国大连	60	桌面工位空调送风
刘红、李百战	2009	中国重庆	20 20 30	非供暖环境 无机械通风环境 机械通风环境
周翔、朱颖心	2006	中国北京	15	无空调、免费空调、收费空调
张宇峰等	2008	中国广州	30	湿热环境
王昭俊等	2011—2012	中国哈尔滨	20	电加热器供暖 + 冷辐射不均匀环境
王昭俊等	2012—2013	中国哈尔滨	16	地板供暖 + 冷辐射不均匀环境
王昭俊等	2013—2014	中国哈尔滨	30	不同室外气温 + 室内温度组合； 散热器供暖

1.3.3 实验室的热工学研究

在微气候室人们主要研究4个热环境变量(空气温度、空气湿度、平均辐射温度和空气流速)以及2个个人变量(新陈代谢率和服装热阻)对人体热感觉的影响。实验室研究的基本原则是,当某一个或几个参数变化、而其余参数值给定时对人体热感觉的影响。

微气候室研究可以分为两类:测量热工环境参数,这些环境参数对于研究人体热感觉、确定热舒适标准以及进行热环境控制是非常重要的;研究微气候室环境参数变化对从事一定活动的受试者的热感觉的影响,其研究结果是确定热舒适标准以及进行热环境控制的重要依据。

实验室研究方法可分为热工学研究、生理学研究和心理学研究。

在实验室的热工学研究过程中,微气候室内必须检查和记录下列参数:空气温度的空间分布、围护结构表面温度、空气的相对湿度和空气流速的空间分布。

1. 空气温度的空间分布

研究微气候室内空气温度的空间分布即要确定微气候室内的空气温度场。

测点的数目在某种程度上取决于实验内容。当研究垂直的空气温度分布时,必须分别在距地面高度为1 ~ 2 cm、1 ~ 1.2 m(与受试者的年龄和身体状态有关)、1.5 m、2 m和顶棚下面5处测点上进行测量(如果实验室的高度超过3 m,必须相应补充测点)。

由于顶棚或地板表面的温度以及供暖装置表面的温度对人体热感觉都会有直接的影响,在研究垂直的空气温度分布时,主要应该考虑的是进行垂直测量的位置数目,其与围护结构的表面温度有关。一般只需在房间中心指定的5个高度上进行测量。如果外表面中的一面被加热或冷却,则必须测出不同位置上的空气温度。当几个表面温度都变化时,测量位置的数目必须增加。

在确定空气温度的水平分布时,围护结构的表面温度分布起主要作用。如果围护结构表面温度不变,只需在地板上、头部高度和顶棚下面3处水平方向的两条对角线上均匀布置的4个点进行测量。如果有一面墙被加热,例如模拟太阳辐射作用时,那么也必须测出从该墙体到房间中心水平方向空气温度的变化。

因为必须在微气候室内的许多点上同时测量空气温度,所以只能采用多路检测仪表自动地进行测量。且应该连续记录温度,测量结果可以利用计算机直接进行处理。温度的测量一般采用热电偶或热敏电阻。感温元件应该布置在不妨碍实验研究的必要的位置上。

除了有效的测量外,还必须利用自动记录仪经常记录不同的特征点(最多2 ~ 3个)的温度。

2. 围护结构表面温度

围护结构表面温度的测量具有重要意义。辐射温度的测量精度在很大程度上取决于测点的数目及其位置的选择。一般在尺寸为3 m × 3 m的表面上必须均匀布置6个测点进行测量。如果采用黑球温度计测辐射温度,测点数可以大大减少,其中一个布置在人的头部位置,其余的一般布置在加热或冷却表面附近。同样,辐射温度的测量和记录也应该是连续的,采用自动检测仪自动测量并记录数据。

3. 空气的相对湿度

空气的相对湿度只需要在房间中心点上测量,因为房间的相对湿度差别很小。当房间为有组织地送风或排风时,也应该连续记录空气的相对湿度。

4. 空气流速的空间分布

空气流速的空间分布(即空气流速场)一般是在预备实验室中确定。当已知微气候室的结构和送风系统时,考虑不同的气流速度,可以预先确定房间气流的速度场。受试者对气流速度分布的影响可利用人体模型进行计算。完成预备实验后,只需记录进风口和排风口处的气流速度,就可知道气流速度的分布,进而可以确定影响受试者的空气流速场。

1.3.4 实验室的生理学和心理学研究

人体热感觉的研究业已形成一门涉及建筑物理学、生理学、心理学、人类工效学、信息科学等多学科交叉的边缘科学。研究热感觉问题时必须深入了解生理学和心理学的各种调查方法。

1. 生理学研究方法

实验室的生理学研究方法可以分为3类:人体热舒适状态的研究方法、脑力劳动的研究方法和体力劳动的研究方法。根据不同的研究目的,分别测量皮肤温度、血压、心率、应激蛋白等。

自主神经变化会引起血液循环的改变,这可以通过测量动脉压力检测出来。人体在紧张的交感神经支配下会使动脉压力和脉搏次数增加,副交感神经负担过重,会带来相反的影响。血压及脉搏次数在心理作用下尤其是在激情作用下是可以改变的。此外,在热环境里,脉搏跳动会加快。在微气候室内研究人体热舒适状态时,需要记录以下5个参数:皮肤温度、血压、脉搏、呼吸频率和散湿强度。

为了检查脑力劳动能力(大脑皮层的活动),应适当地进行下列生理学实验:测定反应时间、震颤程度、皮肤触觉敏感阈、皮肤的流电反应以及眼睛的光分辨能力阈等。

在研究体力劳动能力时,除了测定热平衡外,还必须确定新陈代谢过程中的变化,以及加重体力负担而引起血液循环的变化。可以采用脚踏车式测力计和仪表来连续记录 O_2 的需要量和 CO_2 的排出量。血液循环可以遥测。

2. 心理学研究方法

心理学研究可以通过实验来进行。这类研究包括:对受试者主观热感觉的研究和对受试者举止的观察,如聚精会神能力、配合能力、考察记录能力等。

如前所述,由于人体热感觉无法直接测量,因此只能采用问卷调查的方式来了解受试者对微气候室环境的热感觉,即要求受试者按照 ASHRAE 7 级热感觉标度、Bedford 标度以及 McIntyre 的 Preference 标度来描述其热感觉。

早期的研究涉及对受试者记忆能力、聚精会神能力、分散注意力的评价和热应力水平对工作效率的影响。通过控制室内环境参数和主观调查相结合的方式,确定人体对热应力的反应。

1.3.5　实验室研究案例

在热环境与热舒适研究领域,国际著名的微气候室主要有:美国堪萨斯州立大学的实验室和丹麦技术大学的实验室,下面介绍在这些实验室中所开展的代表性研究工作[22]。

1.堪萨斯州立大学的实验室研究

(1) 实验室简介。

堪萨斯州立大学是美国一所历史悠久的大学,尤其在室内热环境研究领域,其研究成果在美国独占鳌头。

1919 年,ASHVE 在美国匹兹堡建造了第一个微气候实验室,后将该实验室搬到了堪萨斯州立大学。ASHRAE 投入巨额资金对微气候室进行改造,并于 1963 年成立了堪萨斯州立大学环境研究所,其实验室和办公室的占地面积约为 600 m^2。研究所内共有 8 个美国一流的微气候实验室(简称微气候室),皆由计算机控制,可以模拟各种热环境条件,如辐射供暖、动态温度环境等。微气候室还可以模拟从北极到沙漠和热带气候下的极端热环境条件。微气候室设有测量和记录热环境变量与人体生理变量的仪器和设备。

堪萨斯州立大学环境研究所是研究人体与环境热交互作用的多学科研究中心,拥有世界先进的可以通过环境变量控制进行人体热舒适研究的微气候室。该研究所主要从事热舒适、热应力、服装热阻和透湿性、室内环境工程以及相关领域的研究。

在该实验室通过对 1 600 名受试者的实验研究,建立了热舒适数据库,并制定了至今在美国乃至世界广泛使用的热舒适标准 ——ASHRAE Standard 55。

此外,在该环境研究所还研究制定了工人在热工业环境下的热暴露极限;研究开发了各种服装、睡袋的热阻数据库;开发了作用于热防护服的热应力的评价方法;研究了极端冷或热环境下服装的评价;研究了各种织物的显热和潜热损失;确定了建筑与汽车内的空调系统的有效性;测量了办公设备辐射与对流的热量;通过了建筑材料热湿传递的实验评价。

图1.3为8个微气候实验室中最大的实验室。该实验室被设计成两个小实验室,中间隔墙可以根据实验需要上下移动。实验室顶部设有模拟太阳辐射的吊灯,各面墙体温度都可调节和控制。为了使送风均匀,在墙壁均匀布置了许多小孔。

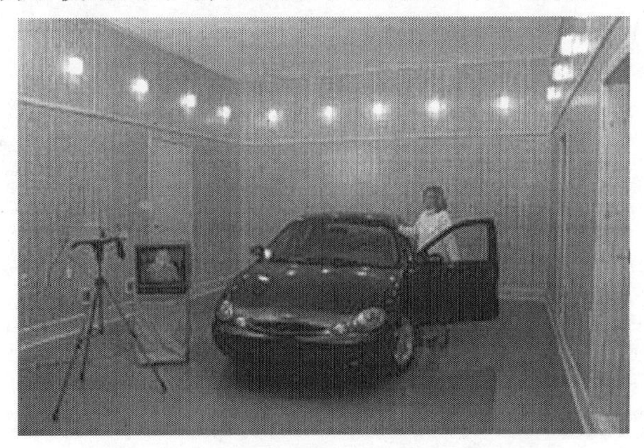

图1.3　8 个微气候实验室中最大的实验室

早期的实验研究主要是通过真人来进行的，当人休息时，其生理变量如心率、直肠温度和皮肤温度都可以测出来，这需要花费大量的人力和财力。随着科技的发展，暖体假人（Thermal Manikin）的研制为实验室研究人体热舒适提供了新的途径。利用暖体假人能够方便地进行人与环境传热、人体热舒适以及服装热工性能的研究，并具有研究周期短、工作效率高的特点。利用暖体假人进行模拟、测试的研究手段已被广泛采用。目前已有出汗假人、变温假人以及能模拟体温调节的暖体假人。

该实验室有两个暖体假人，一个是用微机控制、测量睡袋热阻的暖体假人 Sam，另一个是能模仿人体运动的用微机控制的暖体假人 Fred，如图 1.4 所示。该暖体假人身上布置了 200 多个感温元件，可以模拟人体各部分体温。暖体假人的四肢由 4 个小电机牵引，可以模拟人体运动，如走路等。2004 年，在美国有 3 个这样的暖体假人。

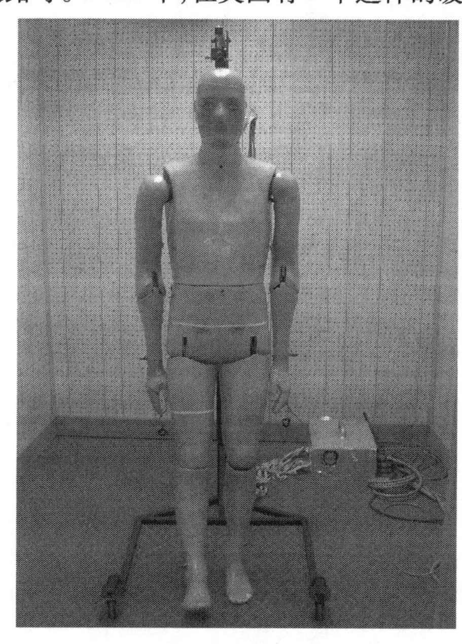

图 1.4　暖体假人 Fred

（2）实验室研究。

1919 年，在美国匹兹堡建造实验室的主要目的是研究湿度对人体热感觉、热舒适的影响。为了确定等舒适状况，实验室被设计成两个房间。其中第一个房间内的温度、湿度值是固定的，第二个房间内的温度、湿度有一个初始值，感觉比第一个房间稍冷些。然后让其湿球温度和干球温度缓慢上升，与此同时，让受试者在两个房间来回走动，同时记录他们的主观热感觉，然后绘出等舒适线。

1923 年，Houghten 和 Yaglou 确定了包括温度、湿度两个变量的静止空气状态下半裸男子的等舒适线，并由此提出了对热环境研究具有深远影响的有效温度（ET）指标。3 名受试者共参加了 440 次实验。实验的空气温度范围是 0 ~ 69 ℃。

随后一些学者在微气候室进行了大量的实验研究，提出了许多有价值的指标，如修正有效温度、当量有效温度等。

Nevins 等（1966）对 720 名未经过培训的美国大学生进行了一系列的热感觉实验。受试者中男性和女性的人数均等。实验中受试者着标准服装（0.6 clo）静坐，从事轻体力活动，如看书等。实验过程中环境变量可以精确地调节和控制。一定的温度、湿度等环境参数组合条件下的每一组实验时间为3 h。该实验中使用了大量的受试者,基本上代表了北美的大学生群体,且与热舒适方程吻合得很好,故该实验结果成为热舒适标准制定的依据。

McNall等(1968)在微气候室对静坐、低、中、高4种活动水平下的新陈代谢率进行了研究。受试者均为堪萨斯州立大学的学生,而且都是身体健康的志愿者。30名男大学生和30名女大学生参加了静坐活动水平的实验,每人只能参加一次实验。每次实验需要3 h,5名同一性别的受试者同时参加。10名男性和10名女性受试者参加了其余3种活动水平下的实验。每个活动水平每人只能参加一次,这样每名受试者实际上参加了3种活动水平下的3个实验。

实验是于1966年1 ~ 3月和11 ~ 12月每天下午1:00 ~ 4:00或者晚上6:00 ~ 9:00进行的。实验过程中,受试者先进入预备实验室,穿上标准服装(0.59 clo),然后由护士测量其身高、体重、心率、口腔温度,并记录受试者的年龄。体温超过37.2 ℃者不许参加实验。

先向受试者介绍有关实验的目的和方法,参加静坐活动水平的受试者适应环境、熟悉实验步骤用10 min,其余3种活动水平的受试者适应环境、熟悉实验步骤用20 min。参加静坐活动水平的受试者进入实验房间后,就坐在桌子边,其余3种活动水平的受试者开始在步行机上走路。实验的第1 h,受试者熟悉实验仪器和设备。其中低等活动水平,受试者走路5 min、站立20 min;中等活动水平,受试者走路5 min、站立10 min;高等活动水平,受试者走路5 min、站立5 min。每1 h的中间测量一次受试者的心率,且在步行期间前后由护士分别测量一次心率。

因为Nevins和McNall已经在其他两个实验中得到了不同活动水平下的人体热感觉的大量数据,故在本次实验过程中没有让受试者对热感觉进行投票,以防止实验中使用的测量新陈代谢率的设备可能对人体热感觉与热舒适产生影响。4种活动水平下的新陈代谢率通过测量受试者8 min的耗氧量得到,且每隔1 h测量一次。在步行机上走路期间和站立期间分别对受试者进行新陈代谢率测量。实验中还测量了受试者的汗液蒸发热损失。实验期间受试者可以喝水,但不许吃食物。在微气候室受试者可以阅读、学习或者轻声交谈。

静坐活动水平的实验采用了3种环境温度,即18.9 ℃、22.2 ℃和25.6 ℃,相对湿度为50%。其余3种活动水平的实验是在热中性环境条件下进行的,低、中、高3种活动水平的空气温度分别为22.2 ℃、18.9 ℃和15.6 ℃,相对湿度皆为45%。实验期间墙壁表面温度等于空气温度。空气流速为0.127 ~ 0.178 m/s(25 ~ 35 fpm),平均值为0.15 m/s(30 fpm)。坐姿和站姿的受试者附近的空气流速大约为0.15 m/s,低、中、高3种活动水平下的受试者附近的空气流速分别为0.23 m/s、0.28 m/s和0.34 m/s。

1971年,Rohles和Nevins在微气候室内又进行了一次大规模的实验,受试者为1 600名美国大学生。每次实验有10名受试者自愿参加,其中男、女大学生各5名。每名受试者只参加一次实验。实验中受试者着标准服装(在暖体假人上测得标准服装的热阻为0.6 clo)静坐,从事轻体力活动,如看书等。在实验室适应环境1 h后,每隔0.5 h受试者按照ASHRAE 7级标度报告一次热感觉。实验过程中微气候室的壁面温度和空气温度保持相等,空气流速小于0.15 m/s。采用20个温度和8个相对湿度进行环境变量组合,共计160个实验工况。由于该实验中使用了大量的受试者,且对微气候室进行了精细而量大的控制调节，故该实验得出了非常重要的基础数据，为热舒适标准 ASHRAE Standard 55 的制定提供了基础数据库。

2. 丹麦技术大学的实验室研究

(1) 实验室简介。

丹麦技术大学的微气候室建于 1968 年。该实验室长 5.6 m、宽 2.8 m、高 2.8 m。根据实验的要求，实验室的所有环境变量如空气温度、空气湿度、平均辐射温度和空气流速皆可以精确地调节和控制。其中空气温度和平均辐射温度可以分别进行控制，实验室内的不对称辐射温度和不对称辐射温度场可以模拟产生。采用数字化系统，微气候室内的所有参数可以自动记录。实验室地面以上 0.8 m 处的平均照度为 150 lx、噪声水平(Sound Level)为45 dBA(A代表A声级)，声压级(Sound Pressure Level)为63 dB。采用高效过滤器和活性炭过滤器，微气候室内空气的含尘浓度和气味水平均能保持较低值。微气候室内空气每小时的换气次数为 40 次。微气候室外还建有控制室、实验室、更衣室和预备实验室。

1998 年，丹麦技术大学室内环境与能源国际研究中心成立，丹麦政府自 1998—2005 年陆续投入1 500多万美元建设新的实验室。该中心主要研究室内环境对人体热舒适、人体健康和工作效率的影响，研究基础雄厚、设备先进。在该中心的 3 个微气候室中可以对热舒适和室内空气品质进行广泛而深入的研究。其中，一个微气候室主要用于研究热舒适，另外两个主要用于研究空气品质。

同时，该中心建有一个“现场研究实验室”，可以在与实际建筑相似的工况下研究通风率、空气污染、空气湿度、热环境和声环境对人体的综合影响。这些设置减少了微气候室内人工控制的环境条件对受试者反应的心理影响。

两个相同的微气候室主要用来做空气品质相关的实验。例如，测量建筑或暖通空调系统和部件中使用的材料性能。为了减少墙体或其他表面对气体和粒子的吸收，微气候室墙体和里面的风道系统皆采用不锈钢制作。

正是因为有两个相同的临近微气候室，所以有可能研究不同环境参数的阶跃影响。两个微气候室中的空气品质、温度、湿度或噪声水平不一，当受试者从一个微气候室走到另一个微气候室时，可以表述他们对环境变化的瞬时反应。图 1.5 表示的是受试者暴露于不同微气候室内环境条件下 5 h 内学习效率的研究实验。

图1.5　微气候室内的受试者

在微气候室中,研究了不同的建筑材料对可感知的空气品质的影响。样本放置在一个玻璃箱中,材料周围充塞的是均匀气流。受试者根据来自玻璃箱的空气,按照可接受性和气味强度等标准评价可感知的空气品质。

该研究中心的最大微气候室(5 m × 6 m) 主要用来做热舒适的相关实验。实验室中的空气温度和湿度的可控范围很大。另外,该实验室可以独立地进行局部送风。为了记录受试者在暴露环境中的主观心理反应,受试者被暴露在特定的温度、湿度等环境条件中。通常,受试者在实验过程中可以读书或写字。

目前该研究中心共有 7 个微气候室和 3 个现场实验室。这些微气候室将传统的微气候室的特点,即在一个盒状房间有可以控制的环境条件,与一个可见的真实的环境结合起来。新型的微气候室具有较大的灵活性,可以研究不同的通风方式(混合式、置换式和活塞式)、人体附近的局部送风,不同的通风率和污染物负荷条件下对热舒适、人体健康和工作效率的影响。另外,一个用来研究气流流动的大厅经过改造,安装了 3 个独立的通风系统,用来对大厅及其内部设备进行送风的灵活性研究。

除了室内环境的实验室研究之外,还进行了现场研究,包括居民调查和空气品质、通风及热环境的实地测量。该研究中心的研究并不限于建筑,同时还扩展到汽车、火车和其他交通工具中的室内环境领域。

该研究中心拥有被广泛用于热舒适实验的暖体假人,暖体假人包括 16 个独立控制的部分,能够测量每个模块、每组模块或整个假人的显热损失和表面温度。

典型的暖体假人可以用来测量在与受试者暴露环境相似的实验条件下的热损失,还可以用来测量不同类型的服装、睡袋和其他物品的热阻,暖体假人如图 1.6 所示。

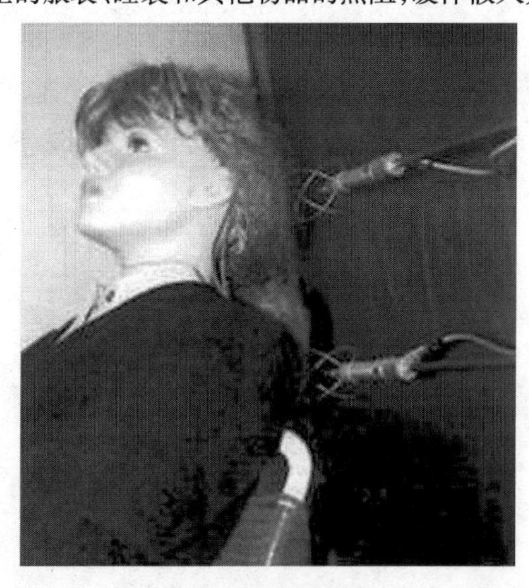

图 1.6　暖体假人

为了评价人体周围污染物的传播和分布情况,可以将呼吸装置与暖体假人相连。该装置可以研究呼吸、暖体假人表面与空气的温差引起的空气对流扰动以及空间气流的相互作用的影响,会呼吸的暖体假人如图 1.7 所示。

为了提出评价交通工具热环境的综合指标,该研究中心还对不同欧洲国家的暖体假人进行了测试,不同欧洲国家的暖体假人如图 1.8 所示。

图 1.7　会呼吸的暖体假人

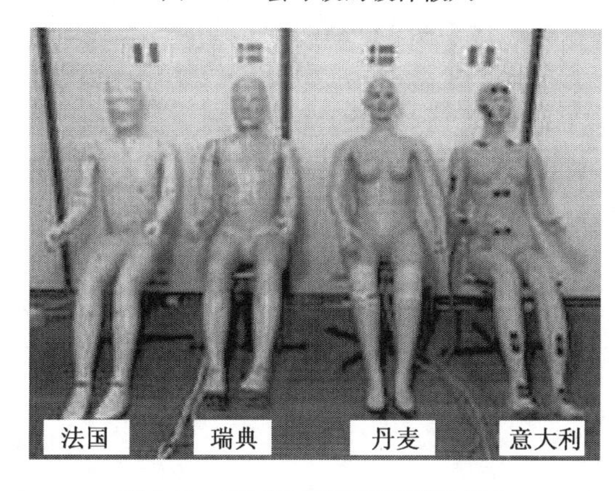

图 1.8　不同欧洲国家的暖体假人

同时,该研究中心拥有先进的激光多普勒风速仪,可以对空间内的低风速进行精确测量,并可测量人体周围空气的对流扰动。通过计算机控制的旋转机构,激光多普勒风速仪可以精确测量、记录暖体假人周围的风速场。多普勒风速仪测量暖体假人周围的风速场如图 1.9 所示。

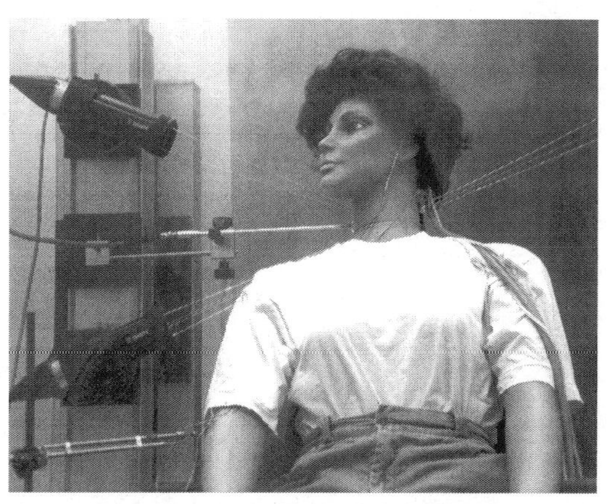

图 1.9　多普勒风速仪测量暖体假人周围的风速场

光声多种气体监控设备可以用于空间的换气率的示踪气体测量,从而确定通风系统的空气流动特性和空气中特定化合物的散发特性。另外,该研究中心还配备了专门用来测量空气中臭氧浓度的仪器。

该研究中心拥有影响人体热感觉和热舒适重要参数(空气温度、平均辐射温度、空气流速和空气湿度)的测量仪器和直接测量热舒适指标(PMV和PPD)的热舒适仪,该仪器综合了热环境参数、服装热阻和活动率。另外,还配备了一个安有16个传感器用来测量空气流动特性的热线风速仪。

(2) 实验室研究。

为了研究地理位置对人体热感觉的影响,并与Nevins等在堪萨斯州立大学的实验结果进行对比,Fanger对128名丹麦大学生(平均年龄为23岁)进行了实验研究。实验过程中微气候室的环境变量组合以及受试者的着衣量、活动量均类似于Nevins对美国大学生的实验。

在实验期间微气候室的环境条件维持稳定状态。该实验采用了4个不同的温度条件:21.1 ℃(70 ℉)、23.3 ℃(74 ℉)、25.6 ℃(78 ℉)和27.8 ℃(82 ℉)。平均辐射温度等于空气温度,空气流速约为0.1 m/s,相对湿度为30%和70%。对以上参数进行组合后共得到8个实验工况。受试者的着衣量为0.6 clo、活动量为轻体力活动(1.2 met)(1 met =58.2 W/m^2)。

为了研究年龄和性别对人体热感觉的影响,Fanger对128名丹麦大学生(平均年龄为23岁)和128名老年人(平均年龄为68岁)进行了暴露于同样的环境条件下的人体热感觉实验。不同年龄组的受试者中男性和女性均各占50%。在同一环境变量组合工况下,重复4次实验。每次实验8名受试者自愿参加,即8名女大学生、8名男大学生、8名女性老年人和8名男性老年人。

每次实验时间为3 h,即下午2:00 ~ 5:00或晚上7:00 ~ 10:00(同Nevins等人的实验时间)。32组实验全部在1968年秋季进行。要求受试者在实验前一天晚上睡眠正常,而且做实验前大约1 h饮食正常。受试者进入预备室以后,测量其口腔温度,对于口腔温度不超过37.2 ℃的受试者允许其参加实验,同时记录受试者的身高。受试者在预备室静坐30 min以适应环境、了解实验目的和热感觉投票方法。

受试者进入微气候室后可以坐着读书、学习或者从事轻体力活动。受试者可以轻声交谈,但不允许交流热感觉情况。受试者每间隔30 min进行一次热感觉投票,热感觉投票采用ASHRAE 7级标度。

在微气候室用精确的秤对坐姿受试者的体重称量2次,即在第1次热感觉投票后和第6次热感觉投票前各称量一次,以便确定蒸发损失。受试者可以喝充足的水,并记录每人的饮水量,但不允许吃食物。

通过上述实验室研究,Fanger得出了以下结论:① 在热舒适条件下,丹麦大学生和美国大学生受试者的热感觉没有明显差异,故热舒适方程可以适用于全球不同气候区,包括温带气候区,即人体热感觉不受地理位置的影响。② 在热舒适条件下,大学生和老年人受试者的热感觉没有明显差异,故热舒适方程可以适用于不同年龄的人群,即人体热感觉不受年龄的影响。③ 在热舒适条件下,男性和女性受试者的热感觉没有明显差异,故热舒适方程可以适用于不同性别的人群,即人体热感觉不受性别的影响。

自1998年室内环境与能源国际研究中心成立以来,在新的实验室,又开展了很多有特色的实验研究,在热舒适、人体健康和工作效率等领域取得了很多成果。

1.4　现场研究

热舒适研究主要有微气候室实验研究(即实验研究)和实际建筑现场调查研究(即现场研究)两种方法,二者相辅相成。本节将介绍现场研究的方法,包括现场研究的特点与目的、现场研究样本、热环境参数、主观调查问卷、数据处理方法及现场研究结果汇总。

1.4.1　现场研究的特点与目的

1. 现场研究的特点

所谓现场研究就是将人置身于真实建筑环境中,通过对物理环境变量进行测量,同时对人体热舒适进行心理学调查与分析,研究热舒适的实验方法。

现场研究中需要使用便携式仪器测量室内外环境参数,通过问卷调查了解受访者的热舒适状况,并且记录受访者的衣着、活动情况以及其他必要的现场信息(如室内人数、是否开窗或使用空调等)。

与实验研究相比,现场研究的特点如下:

(1) 现场研究的环境具有真实性。现场研究的受访者均为实际建筑中的使用者。在配合调查时,他们就处在自己正常的工作或生活状态之中,调查结果真实反映了当时当地的人体热舒适水平,可靠性强。此外,在现场调查中还能够获得除 4 个室内热环境参数及服装热阻、人体代谢率之外,其他可能影响人体热舒适的信息,如室外空气温度(以下简称室外温度)、建筑特征(围护结构、房间朝向、室内布局等)、人员生活习惯等,能够为热舒适研究提供必要的参考。

(2) 现场研究能够反映出人与环境的交互关系。在实际的建筑环境中,人并不是像实验室中的受试者一样被动接受环境条件,而是在感受环境的同时,采取主动的措施进行自我调节或改变环境条件,以改善热舒适。因此,在实际建筑环境的现场调查中,不仅能够获得受访者对于所处环境的评价结果,还能够了解到形成该评价结果的原因和过程。这对于研究人体对建筑环境的热适应机理具有非常重要的意义。

(3) 影响人体热舒适的因素除了上述环境变量和个人变量外,还有其他一些次要因素,如年龄、性别、人们所处的地理位置、民族习俗、人的心理作用等。而实验研究一般无法排除一些因素的干扰。

(4) 实验研究不能模拟太阳辐射、围护结构蓄热性、室外风速等因素对热环境与热舒适的影响,而现场研究可综合考虑以上所有对热环境与热舒适有影响的因素,因此现场研究结果可以验证、充实实验研究结果。

(5) 现场研究受季节和室外气象条件的影响,需要人们耗费大量的时间,付出大量艰辛的劳动。因为不能按计划改变围护结构的表面温度和室外温度,当研究冬季室内热环境和人体热舒适时,只能在冬季对现场研究样本进行测量与调查。此外,在温暖的冬季,不可能得到相应于室外温度为最低临界值时的数据。由于现场研究条件有很大的不确定性,因此对现场研究的数据应进行认真的评价和筛选。

2. 现场研究的目的

现场研究的目的如下：

(1) 研究不同地域气候和季节对热舒适与热适应的影响，还有不同建筑热环境暴露水平对热舒适与热适应的影响，以丰富和发展热舒适现场研究数据库。

(2) 评价现有热舒适标准。确定热中性温度、热期望温度以及80% 可接受的热舒适温度范围，并与热舒适标准进行比较，验证基于实验研究得出的热舒适标准是否适用于人们所处的真实热环境；对现有的热舒适评价指标如 PMV - PPD 指标、新有效温度以及标准有效温度等的有效性进行评价。

(3) 研究心理适应和行为调节。确定人体热反应与环境物理变量、生理因素、心理因素之间的关系；通过对实际建筑环境的现场调查，可以研究行为调节如开窗、服装调节等对人体热反应的影响；还可以了解建筑使用者对于室内热环境的期望。

(4) 对现场研究测试方法、仪器精度、评价热舒适的主观调查方法等不断进行总结和完善，并制定出一套标准的热环境与热舒适评价体系。

1.4.2 现场研究样本

在现场研究中，由于存在很多无法控制的影响因素，需采用大量的实验样本。通常选择典型办公建筑热环境中的大量受试者作为实验样本。选择建筑的基本参考因素是建筑所处的地理位置、气候条件、建筑的特点(建筑面积、建成时间、内部布局、建筑结构类型、供暖空调方式等)。受试者的选择基于以下原则：自愿参加、大多数工作时间在办公桌前坐着从事轻体力活动、受试者平均分布于建筑的不同热环境分区、男女比例均衡、年龄分布范围广。

热舒适现场调查采用两种方式，一种为早期调查中普遍采用的选取大量的受试者，每人只被调查 1 次，即横向调查；另一种为连续跟踪调查，即纵向调查，通常选择 30 名受试者，每周调查 1 次。

本节将对近 30 多年来在世界各地所进行的较典型的热舒适现场研究中受试者的选择及数量进行总结和分析，重点介绍美国 ASHRAE 发起组织的 4 次大规模的热舒适现场研究。

de Dear 和 Auliciems(1985) 对澳大利亚不同气候区的 3 个城市中的办公建筑进行了 6 次现场调查。在达尔文的干季和雨季分别对 15 栋空调建筑进行了 2 次现场调查；在布里斯班对 10 栋建筑进行了 2 次现场调查(夏季)，其中 5 栋为位于商业中心区的空调建筑，另外 5 栋为现代轻型结构建筑和旧式重型结构建筑的非空调建筑；在墨尔本的夏季对 7 栋建筑进行了 2 次现场调查，其中包括 4 栋空调建筑(3 栋为位于商业中心区的高层轻型结构建筑、1 栋为旧式非空调建筑改造的空调建筑) 和 3 栋非空调建筑(1 栋高层轻型结构建筑、2 栋旧式建筑)。

1987 年，ASHRAE 首次发起组织了大规模的热舒适现场研究，目的是考察地中海气候区的人体热反应。Schiller 等(1988，1990) 分别在 1987 年的 1 ~ 4 月和 6 ~ 8 月对美国旧金山湾区的 10 栋办公建筑的热环境与热舒适进行了现场调查。为了使选择的建筑能够代表旧金山湾区的既有办公建筑，这10栋建筑分别位于内地峡谷和沿海，其中5栋建筑位于旧金山的各区，另外5栋建筑分别位于内地气候区的圣拉蒙（San Ramon）、沃尔纳特克里克（Walnut Creek）、帕洛阿尔托（Palo Alto）和伯克利（Berkeley）。这10栋建筑中有新建筑，也有旧建筑；有多层建筑，也有单层建筑；内部布局有密闭式，也有开敞式；围护结构有密闭的，也有可开启式的。此研究共选择了304名受试者，对其工作地点进行了2 342次详细的环境参数测量和主观调查，其中冬季对264名受试者进行了1 308次访问；夏季对221名受试者进行了1 034次访问。有181名受试者同时参加了冬季和夏季的2次现场调查。

1993年，在干季（4～9月）和湿季（10～转年3月），de Dear和Foutain（1994）对澳大利亚汤斯威尔市的12栋空调办公建筑进行了2次热舒适现场调查。这是ASHRAE第2次组织的大规模的热舒适现场研究，目的是考察热带气候区的人体热反应。这12栋建筑建成于1928—1992年，层高为3～13层。建筑布局有开敞式的和混合式的；空调系统有定风量系统和变风量系统。836名自愿参加者提交了1 234份主观调查表，其中干季访问了628名受试者，湿季访问了606名受试者。836名自愿参加者中有398人参加了2个季节的现场调查。在这次调查中首次考虑了椅子的附加热阻的影响，即对于服装热阻值附加0.15 clo的椅子的热阻。

Busch（1990）对泰国曼谷商业中心区的4栋办公建筑中工作人员的热反应进行了调查，这4栋楼都是20世纪80年代建成的现代化建筑，其中空调建筑和自然通风建筑各2栋。

ASHRAE组织的第3次大规模的热舒适现场研究的目的是考察夏季炎热、冬季干冷的寒温带气候区内的人体热舒适状况。Donnini和Molina（1996）在1995年的夏季（6～8月）和冬季（1～3月）分别进行了2次热舒适现场调查，调查对象为加拿大魁北克南部的蒙特利尔市等8个城市的12栋空调办公建筑及其中的877名受试者。其中夏季访问了445名受试者，冬季访问了432名受试者。

1997年，ASHRAE组织了第4次大规模的热舒适现场研究，其目的是考察热带沙漠气候区内的人体热反应状况。Cena和de Dear（1999）对位于澳大利亚西部的卡尔古利市的22栋空调办公建筑的夏季和冬季的热环境进行了现场调查。在1997年冬季的5～6月和夏季的12月分别进行了2次现场调查，其中冬季访问了640名受试者，夏季访问了589名受试者。共调查了935名受试者，得到了1 229组环境参数和主观调查数据。935名自愿参加者中有294人参加了2个季节的现场调查。

王昭俊（2002）于2000年12月至2001年1月对哈尔滨市66户集中供暖住宅中的120名居民的热感觉与热舒适进行了现场调查[1,7,23-25]。由于供暖情况、户型、住宅小区环境、房间朝向、居室布置情况、年龄、性别等因素可能对室内热环境及人体热反应有影响，因此选择样本时尽量使上述因素在所选择的样本中分布均匀。

王昭俊等于2013—2014年对哈尔滨市不同类型的建筑进行了长期的热舒适现场跟踪测试和主观调查[26-31]，其中住宅和办公建筑分别选择了20名和24名受试者；宿舍和教室分别选择了30名大三的学生（30人同时参加了宿舍和教室的主观问卷调查，以及前面提及的实验室研究）[19]。每周调查1次受试者的热反应。

为了便于比较分析，表1.4汇总了近年来国内外现场研究样本的相关信息。

表 1.4　国内外现场研究样本的相关信息统计表[1,7]

主要研究者	调查时间	调查地点	气候特点	建筑类型	空调建筑/非空调建筑		
					样本数量	男性	年龄
de Dear 和 Auliciems	1984 年 夏季	澳大利亚 达尔文 布里斯班 墨尔本	3 个气候区 热带季风气候 亚热带气候 温带气候	办公建筑 空调建筑 空调、非空调建筑 空调、非空调建筑	174/197 211/201 186/194	75/92 110/105 123/121	31/32 29/26 31/27
Schiller, Arens 等	1987 年 冬季和 夏季	美国 旧金山湾区	温带气候 地中海气候	办公建筑 空调、自然通风	264(1 308) 221(1 034) 304(2 342)	117	(20 ~ 50)
de Dear 和 Foutain	1993 年 干季 和湿季	澳大利亚 汤斯威尔	热带气候 热、湿气候	办公建筑 空调建筑	干季 628 湿季 606 836(1 234)	266 248 343	(17 ~ 64) (17 ~ 62) (17 ~ 64)
Busch	1988 年热 季和湿季	泰国 曼谷	热带气候 热、湿气候	办公建筑 空调、自然通风	1 145 (1 146)	476	32 (18 ~ 75)
Donnini 等	1995 年 冬季和 夏季	加拿大 蒙特利尔 等市	寒温带气候 冬季干冷 夏季炎热	办公建筑 机械通风建筑	夏季 445 冬季 432 877	223 211 438	(16 ~ 65) (22 ~ 64) 41
Cena 和 de Dear	1997 年 冬季和 夏季	澳大利亚 卡尔古利	热带沙漠气候 热、干气候	办公建筑 空调建筑	冬季 640 夏季 589 935(1 229)	326 315 486	(16 ~ 67) (17 ~ 66) 35
de Paula 和 Lamberts	1997 年 4 ~ 12 月	巴西 洛里亚诺 波利斯	热带气候 热、湿气候	学校 自然通风建筑	108 (1 415)	86	17
夏一哉、 赵荣义等	1998 年 夏季	中国 北京	温带气候 夏季炎热	住宅 自然通风建筑	88(88)	50	49 (16 ~ 82)
王昭俊	2000— 2001 年 冬季	中国 哈尔滨	寒温带气候 冬季干冷	住宅 连续供暖	120(120)	59	46.4 (14 ~ 80)
曹彬、 朱颖心	2011 年 冬季	中国北京 中国上海	寒冷地区 冬季干冷 夏热冬冷地区 冬季湿冷	住宅 住宅	10 户(49) 10 户(35)	24 15	(28 ~ 45) (27 ~ 59)
张宇峰等	2008— 2009 年 2009— 2010 年	中国 广州	夏热冬暖地区 夏季湿热	高校自然通风建筑 高校混合通风建筑	30(921) 30(1 395)	15 15	(20 ~ 23) (18 ~ 24)
王昭俊等	2013— 2014 年	中国 哈尔滨	寒温带气候 冬季干冷	住宅 办公建筑 宿舍 教室	20(447) 24(603) 30(621) 30(689)	9 12 15 15	48.5(28 ~ 72) 42.1(24 ~ 58) 20.2(18 ~ 22) 20.2(18 ~ 22)

注:① 第 6 列括号外为受试者人数,括号内为调查表份数。

② 第 8 列括号外为平均年龄,括号内为年龄范围。

③ 最后一行过渡季采用自然通风,冬季采用集中供暖。

综上所述,受试者是随机选取的,每个现场研究的样本量因受试者人数和调研设计方法的不同而有很大差别。两种设计方法常被采用,一为横向(独立测试) 设计(不重复抽样),二为纵向(重复测试) 设计(重复抽样)。后者可获得较大的样本量,但需精心设计调研的时间间隔,以便消除增强的熟悉程度和过度熟悉(厌烦) 的影响,确保观察的独立性。

1.4.3　热环境参数

早期的热舒适现场研究中,一般对每栋建筑内受试者工作地点的环境参数测试 1 周,采取连续测试和间歇测试两种方式。环境变量包括空气干湿球温度、露点温度、水蒸气分压力、相对湿度、空气流速和不对称辐射温度、湍流度和照度等,可用干湿球温度计、热线风速仪、黑球温度计和光度计等敏感元器件测量。连续测试时,可采用温湿度自记仪、热舒适测试仪等。同时进行主观调查,在测试周内对每个自愿参加的受试者访问5 ~7 次。

为了提高现场测量的精度,ASHRAE 组织的 4 次现场研究中均采用了移动式测试系统(Schiller 等, 1988; de Dear 和 Foutain, 1994; Donnini 和 Molina, 1996; Cena 和 de Dear, 1999),即装有传感器、计算机和室内气候分析仪等仪器和设备的可移动的小车,小车的前部位置上设置了一把椅子,以模拟坐姿受试者的工作椅子的屏蔽效应。在椅子上部、下部安装了各种环境参数测试的敏感元件,可在受试者所处的工作地点不同高度上同时测量干湿球温度、露点温度、相对湿度、空气流速、不对称辐射温度和照度等参数。小车的后部位置放置计算机、室内气候分析仪等仪器。测量工作可在 5 min 之内完成,用计算程序可在 3 min 之内给出热环境评价指标值,如操作温度、平均辐射温度、新有效温度、标准有效温度、预测平均投票值(PMV)、预测不满意百分数(PPD) 等。此外,ASHRAE 组织的现场研究中还采用固定式测试系统,用来连续监测建筑内有代表性工作区域的热环境参数。一般对每栋建筑连续测试 1 周,以便与间歇测试结果进行对比。

Brager 与 de Dear[10] 曾根据国外已有的现场研究结果,将室内环境参数的测量标准分为3 个级别,见表1.5。其中,第三级数据只考虑空气温度和相对湿度;第二级数据考虑了 PMV 指标中影响人体热感觉的全部物理量;第一级数据在考虑全部物理量的同时,还考虑不同水平高度的环境参数的影响,分别相当于人体坐姿或站姿时的脚踝、腹部、头颈部的高度。

表 1.5　现场研究中室内环境参数测量的不同级别[10]

级别	考虑的物理量类型	环境参数测量的水平高度
第一级	空气温度、平均辐射温度、相对湿度、空气流速、服装热阻、人体代谢率	3 个水平高度
第二级	空气温度、平均辐射温度、相对湿度、空气流速、服装热阻、人体代谢率	1 个水平高度
第三级	空气温度(有时测量相对湿度)	1 个水平高度

在早期的热适应研究中，研究者大多采用的是第三级测量标准。为了深入分析人体热适应机理，一般对现场调查室内物理量的测量规定至少达到第二级数据的标准。需测量的室内环境参数包括空气温度、黑球温度、平均辐射温度、相对湿度和空气流速；需测量的室外环境参数为室外温度和相对湿度。

ASHRAE Standard 55—2013 中对地面以上测量的高度要求为：对于坐姿受试者，在距地面垂直高度为 0.1 m、0.6 m 和 1.1 m 3 个测点上（分别代表坐姿受试者的脚踝、腰部和头部高度）分别测量空气温度和空气流速；操作温度或 PMV - PPD 值在 0.6 m 处测量和计算。不对称辐射温差在 0.6 m 处测量。而对于站姿受试者，在距地面垂直高度为 0.1 m、1.1 m 和 1.7 m 3 个测点上（分别代表站姿受试者的脚踝、腰部和头部高度）分别测量空气温度和空气流速；操作温度或 PMV - PPD 值在 1.1 m 处测量和计算。不对称辐射温差在 1.1 m 处测量。

对于坐姿受试者，湿度一般在 0.6 m 处测量；而对于站姿受试者，湿度一般在 1.1 m 处测量。

1.4.4 主观调查问卷

1. 主观调查问卷设计

现场调查时请受试者填写调查表并对室内热环境进行主观评价，问卷调查的内容一般包括：

（1）个人背景信息。

个人背景信息包括个人自然状况（如年龄、性别、身高、体重、健康状况、受教育程度、在当地生活时间等）、对办公室环境的满意程度（如光照、噪声、空间布局等）、对环境的敏感程度、对工作的满意程度、室内使用空调情况、对热环境能否进行个性化调节与控制（如开窗、风扇、工位空调、恒温器等）等。

（2）着衣量和活动量调查。

因为现场调查时无法直接测量新陈代谢率和服装热阻，所以应详细记录受试者的穿着和活动量情况，以便于统计。着衣量调查表上可列出一些服装，请受试者直接在调查表上选择；活动量调查包括活动水平、饮食状况等，可按照受试者填写的调查表进行估算。

（3）热感觉评价。

目前热舒适研究中广泛采用 ASHRAE 7 级热感觉标度评价人体热感觉。ASHRAE 7 级标度是 7 个不同的刻度值，即用该标度表示的人体热感觉是不连续的，而实际上人体热感觉是一个渐变的过程。为了更确切地表述人体热感觉，ASHRAE 组织的现场研究中采用了连续的热感觉标度，即在热感觉投票值 - 3 ~ + 3 之间受试者可以填写以 0.1 为增量的数值。为了进行对比研究，也可以同时采用 Bedford 标度。ASHRAE 热感觉标度和 Bedford 标度见表 1.1。

（4）热舒适评价。

受试者根据其所处环境的温度、湿度、空气流动特性等因素对环境的舒适性进行综合评价。采用热舒适 5 级指标：0（舒适）、1（稍不舒适）、2（不舒适）、3（很不舒适）、4（不可忍受），见表 1.2。

（5）热期望评价。

McIntyre 提出的 Preference 标度是让受试者直接对热环境的满意程度进行判断。以

Preference 标度表示，+1(较暖)、0(不变)、-1(较凉)，见表 1.1。

(6) 热接受率评价。

受试者直接对热环境能否接受进行判断。为便于统计，将主观评价结果定量化，令 1 表示能接受，0 表示不能接受。

(7) 热适应措施调查。

热适应措施调查，如增减衣服、开窗和采用电加热器、加湿器等。

(8) 其他相关信息。

其他相关信息，如建筑层数、建筑面积、房间朝向、室内布局、人员分布等可能影响热舒适评价的相关信息。

2. 主观调查问卷采集

ASHRAE 组织的 4 次现场研究中，间歇测试时，对每栋建筑物测试 1 周。测试周内对每个受试者访问 5 ~ 7 次，每次访问时让受试者填写热感觉评价调查表、着衣量和活动量调查表。背景调查表仅第一次访问时填写。受试者填写主观调查表需要 3 ~ 10 min。当连续跟踪测试时，受试者每周报告 1 次热反应值。

3. 其他数据采集

办公室布局及小车所处地点描述、工作区照片、影响局部热舒适的设备(如风扇、电加热器、空调散流器、计算机设备等)、窗开启及可移动式遮阳情况、可见的热条件(如吹风、光照等)、受试者特殊的服装及其特殊的行为方式等。

1.4.5　数据处理

1. 服装热阻

根据调查表中详细记录的受试者的着装情况，先估取单件服装的热阻值，然后叠加计算出每名受试者的总服装热阻值。

2. 新陈代谢率

按照现场调查时受试者填写的活动量调查表，估取新陈代谢率。

3. 热舒适评价指标[1,32]

在热舒适现场研究中，所采用的热舒适评价指标主要有空气温度 t_a、操作温度 t_o、新有效温度 ET^*，见表 1.6。采用不同的热舒适评价指标对同一热环境进行评价，其结果是有差异的。那么，采用哪个热舒适评价指标更合理呢?

de Dear 和 Auliciems(1985) 在澳大利亚的现场研究中使用了空气温度作为热舒适评价指标。由于仅用空气温度过于简单，故以后的热舒适现场研究中基本不用该指标。在此之后，ASHRAE 先后发起组织了 4 次大规模的热舒适现场研究，但除了 1987 年 Schiller 等(1988, 1990) 对美国旧金山湾区的现场调查中使用了新有效温度外，最近 3 次调查中均使用了操作温度作为热舒适指标(de Dear 和 Foutain, 1994; Donnini 和 Molina, 1996; Cena 和 de Dear, 1999)。de Dear 和 Brager(1998) 曾指出，之所以用操作温度而不用新有效温度等复杂的指标，是因为前者计算简单且具有很好的相关性。这可能是因为热指标越复杂，其统计意义越小，并推荐全球热舒适数据库采用操作温度作为热舒适评价指标来计算热中性温度。

表 1.6　世界各地热舒适现场研究结果统计表[1,7]

主要研究者	调查时间	调查地点	热感觉预测模型	热中性温度 (ET^*, t_o 或 t_a)/℃	80% 可接受的温度/℃
de Dear 和 Auliciems	1984 年夏季	澳大利亚 达尔文 布里斯班 墨尔本	—	24.2(24.1) 23.8(25.5) 22.6(21.3)	—
Schiller, Arens 等	1987 年冬季和夏季	美国旧金山湾区	$MTS = 0.328ET^* - 7.20$ $MTS = 0.308ET^* - 7.04$ $MTS = 0.26ET^* - 5.83$	冬季 22.0 夏季 22.6 两季 22.4	20.5 ~ 24.0
de Dear 和 Foutain	1994 年干季和湿季	澳大利亚汤斯威尔	$MTS = 0.522t_o - 12.67$	24.4 (24.4)	22.5 ~ 24.5
Busch	1988 年热季和湿季	泰国曼谷	—	27.4	—
Donnini 等	1995 年冬季和夏季	加拿大蒙特利尔等市	$MTS = 0.493t_o - 11.69$	冬季 23.1 夏季 24.0	冬季 21.5 ~ 25.5 夏季 20.7 ~ 24.7
Cena 和 de Dear	1997 年冬季和夏季	澳大利亚卡尔古利	冬季 $MTS = 0.21t_o - 4.28$ 夏季 $MTS = 0.27t_o - 6.29$	冬季 20.3 夏季 23.3	—
de Paula 和 Lamberts	1997 年 4 ~ 12 月	巴西洛里亚诺波利斯	$MTS = 0.2107t_o - 4.8689$	23.1	20.7 ~ 25.5
夏一哉、赵荣义等	1998 年夏季	中国北京	$MTS = 0.298ET^* - 7.950$	26.7	≤30.0
王昭俊	2000—2001 年冬季	中国哈尔滨	$MTS = 0.302t_o - 6.506$	21.5	18.0 ~ 25.5
曹彬、朱颖心	2011 年冬季	中国北京 中国上海	$MTS = 0.2019t_a - 4.4352$ $MTS = 0.1639t_a - 3.4066$	22.0 20.9	—
张宇峰等	2008—2009 年 2009—2010 年	中国广州	$MTS = 0.256SET - 6.5156$ $MTS = 0.271SET - 6.7565$	25.4 24.9	22.1 ~ 28.7 20.7 ~ 30.2
王昭俊等	2013—2014 年	中国哈尔滨	$MTS = 0.1928t_a - 4.4102$ $MTS = 0.2286t_a - 4.8170$ $MTS = 0.1769t_a - 3.8674$ $MTS = 0.1566t_a - 3.0216$	22.9(住宅) 21.1(办公建筑) 21.9(宿舍) 19.3(教室)	18.6 ~ 27.3 17.4 ~ 24.8 17.1 ~ 26.7 13.9 ~ 24.7

注:①MTS 为某一温度区间的人体热感觉平均值。

②ET^* 为新有效温度,t_o 为操作温度,t_a 为空气温度,SET 为标准有效温度。

③第1行、第5列温度为干球温度,达尔文地区括号内为干季热中性温度,括号外为湿季热中性温度;布里斯班及墨尔本地区括号内为非空调建筑热中性温度,括号外为空调建筑热中性温度。

④最后一行为供暖中期的数据。

4. 热感觉与热中性温度[1,32]

在热舒适现场研究中，所采用的人体热感觉的表述方式有两种，即热感觉(Thermal Sensation, TS) 和平均热感觉(Mean Thermal Sensation, MTS)，见表1.6。前者为某一温度的人体热感觉，后者为某一温度区间的人体热感觉平均值。由于人的个体之间的差异，在同一温度下，不同人的热感觉不同，故TS和温度之间的线性相关系数较低，说明用TS不能很好地预测人体热感觉，故国外学者大都不采用TS预测人体热感觉。

Fanger的PMV指标也是通过实验室研究得到的预测人体热感觉的平均投票值，为了将现场研究结果与PMV预测值进行对比，建议采用MTS来描述人体热感觉投票值。

一般采用温度频率法(Bin法) 对热舒适现场实测数据进行回归分析，可以得到人体MTS关于空气温度或操作温度或新有效温度的回归方程。因为空气温度过于简单，没有考虑其他因素对人体热感觉的影响；新有效温度又过于复杂，当样本数量一定时，其统计意义不大；而操作温度不仅计算简单且具有很好的相关性。

将操作温度t_o以0.5 ℃的间隔分为若干个操作温度区间。以每一操作温度区间中心温度为自变量，以受试者在每一温度区间内填写的热感觉投票值的平均值MTS为因变量，通过线性回归分析得到以下关系式

$$\mathrm{MTS} = a + b \times t_o \tag{1.1}$$

MTS和操作温度t_o之间的线性相关系数很高，说明用MTS可以很好地预测人体热感觉。令MTS = 0，即可计算出热中性温度。

5. 热期望温度

人们所期望的温度的计算采用概率统计的方法，即在某一温度区间内(以0.5 ℃为组距)，统计所期望的热环境比此刻较暖和较凉的人数占总人数的百分数，并将热期望与冷期望的百分比画在同一张图上，两条拟合的概率曲线的交点所对应的温度即为所期望的温度(de Dear和Brager, 1998)。此外，还可以直接统计期望温度不变的人数占总人数的百分数，其最大值所对应的温度作为热期望温度。

6. 热接受率

热接受率调查有两种方法，一种为直接方法，即让受试者直接判断其所处的热环境是否可以接受；另一种为间接方法，即按调查表中受试者填写的热感觉投票值进行统计分析。投票值为 -1、0、+1的为可接受，投票值为 -3、-2、+2、+3的为不可接受。计算在某一操作温度下投票值为可接受的人数占总投票人数的百分数，即为该温度下的可接受率。

7. 预测不满意百分数

由人体平均热感觉的回归公式可求出与人体平均热感觉相对应的操作温度值，统计在某一操作温度下热感觉投票值为 -3、-2、+2、+3的人数占总人数的百分率，记为PPD*。以MTS为横坐标，以PPD*为纵坐标，可得到PPD*与MTS关系的曲线图，该图与Fanger的预测不满意百分数和预测平均投票值即PPD - PMV曲线图相近。

1.4.6 现场研究结果汇总

表1.6汇总了迄今世界各地热舒适现场研究的一些主要成果。

对现场研究结果进行对比分析,可以得出以下几点结论:

(1) 不同地区的气候特征差异较大,人们的热适应能力有所不同。

(2) 不同季节的室外气温不同,人们的热适应能力有所不同。

(3) 自然通风建筑中的热中性温度比空调建筑中的高。

(4) 实测的 80% 可接受的温度超出了 ASHRAE 热舒适温度范围。

(5) 人们主要通过调节服装、开窗、使用风扇、改变活动量等适应热环境。

(6) 对环境的可控制能力有利于提高热环境的可接受度。

(7) 冬季供暖地区室外气温低,室内供暖温度不宜过高,既不舒适,又浪费能源。

本章主要参考文献

[1] 王昭俊. 严寒地区居室热环境与热舒适性研究[D]. 哈尔滨: 哈尔滨工业大学, 2002.

[2] 王昭俊, 王刚, 廉乐明. 室内热环境研究历史与现状[J]. 哈尔滨建筑大学学报, 2000, 33(6):97-101.

[3] FANGER P O. Thermal comfort[M]. Copenhagen:Danish Technical Press, 1970.

[4] ISO Standard 7730. Ergonomics of the thermal environment—analytical determination and interpretation of thermal comfort using calculation of the PMV and PPD indices and local thermal comfort criteria:ISO 7730:2005[S]. Geneva:International Standard Organization, 2005.

[5] ASHRAE Standard 55—2004. Thermal environmental conditions for human occupancy [S]. Atlanta:American Society of Heating, Refrigerating, and Air-Conditioning Engineers, Inc. , 2004.

[6] 国家住房和城乡建设部, 国家质量监督检验检疫总局. 民用建筑室内热湿环境评价标准:GB/T 50785—2012[S]. 北京:中国建筑工业出版社, 2012.

[7] 王昭俊. 室内空气环境评价与控制[M]. 哈尔滨:哈尔滨工业大学出版社, 2016.

[8] HUMPHREYS M A. Field studies of thermal comfort compared and applied[J]. Building Services Engineer, 1976(44):5-27.

[9] NICOL J F, RAJA I A, ALLAUDIN A, et al. Climatic variations in comfortable temperatures:the Pakistan projects[J]. Energy and Buildings, 1999, 30(3):261-279.

[10] BRAGER G S, DE DEAR R J. Thermal adaptation in the built environment:a literature review[J]. Energy and Buildings, 1998, 27(1):83-96.

[11] HUMPHREYS M A, NICOL J F. Understanding the adaptive approach to thermal comfort[J]. ASHRAE Transactions, 1998, 104(1):991-1004.

[12] EN 15251—2007. Indoor environmental input parameters for design and assessment of energy performance of buildings addressing indoor air quality, thermal environment, lighting and acoustics[S]. Brussels:European Committee for Standardization, 2007.

[13] DE DEAR R J, AKIMOTO T, ARENS E A, et al. Progress in thermal comfort research over the last twenty years[J]. Indoor Air, 2013, 23(6):442-461.

[14] ASHRAE Standard 55—2013. Thermal environmental conditions for human occupancy

[S]. Atlanta:American Society of Heating, Refrigerating, and Air-Conditioning Engineers, Inc. , 2013.

[15] 赵荣义. 关于"热舒适" 的讨论[J]. 暖通空调, 2000, 30(3):25-26.

[16] 王昭俊. 关于"热感觉" 与"热舒适" 的讨论[J]. 建筑热能通风空调, 2005, 24(2): 93-94, 102.

[17] 王昭俊, 何亚男, 侯娟, 等. 冷辐射不均匀环境中人体热响应的心理学实验[J]. 哈尔滨工业大学学报, 2013, 45(6):59-64.

[18] 王昭俊, 侯娟, 康诚祖, 等. 不对称辐射热环境中人体热反应实验研究[J]. 暖通空调, 2015, 45(6):59-63, 58.

[19] 王昭俊, 康诚祖, 宁浩然, 等. 严寒地区人体热适应性研究(3):散热器供暖环境下热反应实验研究[J]. 暖通空调, 2016, 46(3):79-83.

[20] WANG Z J, HE Y N, HOU J, et al. Human skin temperature and thermal responses in asymmetrical cold radiation environments[J]. Building and Environment, 2013, 67(9):217-223.

[21] WANG Z J, NING H R, JI Y C, et al. Human thermal physiological and psychological responses under different heating environments[J]. Journal of Thermal Biology, 2015, 52(8):177-186.

[22] 王昭俊, 赵加宁, 刘京. 室内空气环境[M]. 北京:化学工业出版社, 2006.

[23] 王昭俊, 方修睦, 廉乐明. 哈尔滨冬季居民热舒适现场研究[J]. 哈尔滨工业大学学报, 2002, 34(4):500-504.

[24] WANG Z J, WANG G, LIAN L M. A field study of the thermal environment in residential buildings in Harbin[J]. ASHRAE Transactions, 2003, 109(2):350-355.

[25] WANG Z J. A field study of the thermal comfort in residential buildings in Harbin[J]. Building and Environment, 2006, 41(8):1034-1039.

[26] 王昭俊, 宁浩然, 任静, 等. 严寒地区人体热适应性研究(1):住宅热环境与热适应现场研究[J]. 暖通空调, 2015, 45(11):73-79.

[27] 王昭俊, 宁浩然, 张雪香, 等. 严寒地区人体热适应性研究(2):宿舍热环境与热适应现场研究[J]. 暖通空调, 2015, 45(12):57-62.

[28] 王昭俊, 任静, 吉玉辰, 等. 严寒地区住宅与办公建筑热环境与热适应研究[J]. 建筑科学, 2016, 32(4):60-65.

[29] 王昭俊, 宁浩然, 吉玉辰, 等. 严寒地区人体热适应性研究(4)—— 不同建筑热环境与热适应现场研究[J]. 暖通空调, 2017, 47(8):103-108.

[30] WANG Z J, JI Y C, REN J. Thermal adaptation in overheated residential buildings in severe cold area in China[J]. Energy and Buildings, 2017, 146(7):322-332.

[31] WANG Z J, JI Y C, SU X W. Influence of outdoor and indoor microclimate on human thermal adaptation in winter in the severe cold area, China[J]. Building and Environment, 2018, 133(4):91-102.

[32] 王昭俊. 现场研究中"热舒适指标" 的选取问题[J]. 暖通空调, 2004, 34(12): 39-42.

第 2 章　热舒适与热适应基本理论

丹麦技术科学院院士、丹麦技术大学 Fanger 教授提出的热舒适方程和热舒适评价模型 PMV - PPD 在世界各国得到了广泛应用,PMV - PPD 指标适用于预测和评价均匀稳态热环境中人体的热感觉与热舒适。一些学者提出了适用自由运行建筑的适应性热舒适模型。Fanger 教授提出的热舒适理论已被世界多国的相关标准所采用,而热适应理论是近 20 年来该领域的研究热点。因此,本章将主要介绍热舒适理论和热适应理论,并阐述其具体应用中应注意的问题。为了便于读者掌握 PMV - PPD 指标的具体应用情况,本章还给出了应用案例。

2.1　热舒适理论

2.1.1　热舒适方程[1]

1. 人体热平衡方程

人体靠摄取食物获得能量维持生命。食物通过人体新陈代谢被分解氧化,同时释放出能量。其中一部分直接以热能形式维持体温恒定并散发到体外,其他为肌体所利用的能量,最终也都转化为热能散发到体外。人体为维持正常的体温,必须使产热和散热保持平衡。如果将人看作一个系统,则人与环境的热交换同样遵循热力学第一定律。因此,可以用热平衡方程来描述人与环境的热交换,即

$$S = M - W - R - C - E \tag{2.1}$$

式中　S—— 人体蓄热率,W/m^2;

M—— 人体新陈代谢率,W/m^2;

W—— 人体所做的机械功,W/m^2;

R—— 着装人体外表面与环境的辐射换热量,W/m^2;

C—— 着装人体外表面与环境的对流换热量,W/m^2;

E—— 皮肤扩散蒸发、汗液蒸发及呼吸所造成的散热量,W/m^2。

在稳定的环境条件下,式(2.1) 中的人体蓄热率 $S = 0$,这时人体能够保持能量平衡;否则人的体温就会随着蓄热量的正负而升高或降低,人就会感到热或者冷。若 $S = 0$,则式(2.1) 可写成

$$M - W - R - C - E = 0 \tag{2.2}$$

也可写成

$$M - W - E = R + C$$

令

$$H = M - W = (1 - \eta) M$$

$$K = R + C$$

$$E = E_d + E_{sw} + E_{re} + C_{re}$$

有

$$H - E_d - E_{sw} - E_{re} - C_{re} = K = R + C \tag{2.3}$$

式中　H—— 人体净得热，W/m^2；

η—— 人体机械效率，%，见式(2.4)；

E_d—— 人体皮肤表面水分扩散蒸发散热量，W/m^2；

E_{sw}—— 人体汗液蒸发热损失，W/m^2；

E_{re}—— 人体呼吸潜热散热量，W/m^2；

C_{re}—— 人体呼吸显热散热量，W/m^2。

$$\eta = \frac{W}{M} \tag{2.4}$$

式(2.3)的物理意义是，人体内的净得热H减去皮肤表面散热量($E_d + E_{sw}$)、呼吸散热量($E_{re} + C_{re}$)等于服装传热量的总和K；而服装的传热量K等于辐射散热量R和对流散热量C之和，这里假设皮肤表面散热量($E_d + E_{sw}$)仅发生在皮肤表面。下面讨论式(2.3)中各项的物理意义及确定方法。

(1) 人体新陈代谢率。

肌体通过分解自身的成分(其来源是外界环境所提供的食物)释放能量以维持人体热舒适，故新陈代谢是热平衡方程中的主要得热项。生物学家按人体活动所需要的O_2量和排出的CO_2量来确定人体产生的热量。ASHRAE Standard 55 和 ISO Standard 7730 标准中给出了一些典型活动强度下的新陈代谢率。对于一般的人体活动，机械效率η可以取零。

(2) 人体散热量。

人体散热量主要由辐射、对流和导热3种显热散热方式和蒸发构成。其中，辐射散热量约占总散热量的40%，对流散热量约占总散热量的40%。对流散热量大部分是通过皮肤表面散发的，部分是通过衣服表面散发到环境中。人体辐射散热和对流散热均可正可负。

通过水分蒸发散热是人体调节体温的有效手段，蒸发散热约占总散热量的20%。其由两部分组成：一部分是呼吸造成的蒸发热损失；另一部分是皮肤蒸发水分造成的蒸发热损失。其中呼吸造成的蒸发热损失远远小于皮肤蒸发水分造成的蒸发热损失。

① 人体皮肤表面水分扩散蒸发散热量E_d。

人体的一部分热量通过皮肤表面直接蒸发到空气中去，这种情况称为隐形出汗，也称为皮肤扩散，所造成的潜热损失用E_d表示，计算公式见式(2.5)。人体皮肤表面水分扩散蒸发散热量E_d大约为人体新陈代谢率的5%。

$$E_d = 3.054(0.256 t_{sk} - 3.37 - P_a) \tag{2.5}$$

式中　P_a—— 环境空气中水蒸气分压力，kPa；

t_{sk}—— 皮肤表面平均温度，℃。

1937年Pierce研究所的Gagge引用了描述人体排汗时身体状况的皮肤湿润度的概念，其定义为皮肤实际蒸发散热量E_{sk}与在同一环境中皮肤完全湿润而可能产生的最大散热量E_{max}之比w，即

$$w = \frac{E_{sk}}{E_{max}} \tag{2.6}$$

$$E_{max} = \frac{P_{sk} - P_a}{I_{e,cl} + \frac{1}{f_{cl} h_e}} = h'_e (P_{sk} - P_a) \tag{2.7}$$

$$P_{sk} = 0.256 t_{sk} - 3.335 \tag{2.8}$$

$$E_{sk} = E_{sw} + E_d = w E_{max} \tag{2.9}$$

$$E_d = 0.06 E_{max} \tag{2.10}$$

丹麦技术大学的Fanger(1967)根据Nevins的实验研究结果得出了如下回归公式,即

$$t_{sk} = 35.7 - 0.0275H \tag{2.11}$$

$$E_{sw} = 0.42(H - 58.15) \tag{2.12}$$

式中 $I_{e,cl}$—— 服装的潜热换热热阻,clo;

h_e—— 着装人体表面即服装表面的对流质交换系数,W/(m² · kPa);

t_{sk}—— 皮肤表面平均温度,℃;

E_{sw}—— 汗液蒸发热损失,W/m²;

P_{sk}—— 皮肤表面的水蒸气分压力,kPa;

P_a—— 环境空气中水蒸气分压力,kPa。

将式(2.6) ~ (2.12)联立求解,可得到热舒适条件下的皮肤湿润度 w 为

$$w = \frac{M - W - 58.15}{46h_e[5.733 - 0.007(M - W) - P_a]} + 0.06 \tag{2.13}$$

皮肤湿润度的数值为0.06 ~ 1.0。当人体处于舒适状态时,对应热舒适的汗液蒸发量,其皮肤湿润度为0.06;而当人体完全被汗液湿透时,对应的皮肤湿润度为1.0。如果皮肤湿润度值太高,将会引起不舒适。Nishi 和 Gagge(1977)给出了会引起不舒适的皮肤湿润度的上限,即

$$w < 0.0012M + 0.15 \tag{2.14}$$

皮肤湿润度相当于湿皮肤表面积所占人体皮肤表面积的比例。皮肤湿润度的增加被感受为皮肤的"黏着性"增加,从而增加了热不舒适感。潮湿的环境令人感到不舒适的主要原因就是皮肤的"黏着性"增加了。高温高湿会使人感觉不舒适,因为相对湿度的增加将导致皮肤湿润度的增加,人体不舒适感也将随之增加。

② 人体呼吸潜热散热量 E_{re}。

由呼吸排出的气体比舒适环境中的吸入气体中含有较多的热量和水分,因此呼吸导致潜在的热损失,E_{re} 计算公式为

$$E_{re} = 0.0173M(5.867 - P_a) \tag{2.15}$$

③ 人体呼吸显热散热量 C_{re}。

呼吸不仅从人体带走水分造成潜热损失,同时环境空气的温度与人体温度不一致,吸入的空气经呼吸道被加热,也会造成显热损失,C_{re} 计算公式为

$$C_{re} = 0.0014M(34 - t_a) \tag{2.16}$$

④ 由皮肤表面到服装外表面的传热损失 K。

通过服装从皮肤表面到服装外表面的显热传递是相当复杂的,在人体与服装之间、服

装与服装之间、服装纤维之间的空隙内都含有空气层，服装织物本身有热阻。因此，该传热过程是包含了导热、对流和辐射 3 种传热方式在内的复杂过程。为了反映服装的这一综合特性，这里将用到服装的基本热阻 I_{cl}(clo) 的概念，I_{cl} 包含了上述提到的各种空气层及纤维本身的热阻。通过服装的传热量 K 可表示为

$$K = (t_{sk} - t_{cl})/0.155I_{cl} \tag{2.17}$$

式中　t_{cl}——着装人体服装外表面平均温度，℃；

I_{cl}——服装的基本热阻，clo($1\ \text{clo} = 0.155\ \text{m}^2 \cdot \text{K/W}$)。

⑤ 辐射热损失 R。

辐射热损失 R 可表示为

$$R = 3.9 \times 10^{-8} f_{cl}(T_{cl}^4 - T_{mrt}^4) \tag{2.18}$$

式中　f_{cl}——着装人体表面与裸体体表面积之比，见式(2.19)；

T_{cl}——着装人体服装外表面平均温度，K；

T_{mrt}——环境的平均辐射温度，K。

$$f_{cl} = \frac{A_{cl}}{A_D} \tag{2.19}$$

式中　A_{cl}——人体着装后的实际表面积，m^2；

A_D——人体裸身的表面积，m^2。

⑥ 对流热损失 C。

对流热损失 C 可用牛顿换热公式计算，即

$$C = f_{cl}h_c(t_{cl} - t_a) \tag{2.20}$$

$$h_c = \begin{cases} 2.38(t_{cl} - t_a)^{0.25} \\ 12.1\sqrt{v} \end{cases} \tag{2.21}$$

式中　h_c——对流换热系数，W/(m^2·℃)，取式(2.21)中的较大值；

v——空气流速，m/s。

(3) 人体热平衡方程。

将式(2.5)和式(2.15)～式(2.20)代入式(2.3)，可得到人体热平衡方程，即

$$\begin{aligned} &M(1-\eta) - 3.054(0.256t_{sk} - 3.37 - P_a) - E_{sw} - \\ &0.0173M(5.867 - P_a) - 0.0014M(34 - t_a) = \frac{t_{sk} - t_{cl}}{0.155I_{cl}} = \\ &3.9 \times 10^{-8} f_{cl}(T_{cl}^4 - T_{mrt}^4) + f_{cl}h_c(t_{cl} - t_a) \end{aligned} \tag{2.22}$$

满足此热平衡方程意味着人体的产热量等于散热量，即蓄热量 $S = 0$；于是，体温不会升高或降低，人体可以处于较好的生存状态。但这并不表明满足此方程的各种条件的任意组合都可以评价为热舒适条件。

2. 热舒适方程

ASHRAE Standard 55—2013 中热舒适的定义为：对热环境表示满意的意识状态，热舒适需要人的主观评价，即人体通过自身的热平衡和感觉到的环境状况，综合起来获得是否舒适的感觉。舒适的感觉是人在生理和心理上对热环境都感到满意的意识状态。

人在某一环境中感到热舒适的第一个条件是人体必须处于热平衡状态。人体为了维

持恒定的体温，就必须满足人体热舒适方程中蓄热量 $S=0$。否则，人体将蓄热或失热，体温将升高或下降，这种状态一定是远离热舒适的。因此热舒适的第一个前提条件就是人体达到热平衡时蓄热率为零，这样人体热舒适方程可整理为

$$f(M, I_{cl}, t_a, t_{mrt}, P_a, v, t_{sk}, E_{sw}) = 0 \tag{2.23}$$

由于人体自身的热调节系统是相当有效的，通过水分蒸发散热等人体调节体温的有效手段，人可以在上述8个变量的很宽的范围内维持 $S=0$，但这时可能远离热舒适，即人体处于热平衡状态只是满足人体热舒适的必要条件，而不是充分条件。

从式(2.23)也可以看出，对于活动量及着装一定的人，在一定热环境中，可以产生一定的生理反应，以维持热平衡。而这一反应主要可通过皮肤温度 t_{sk} 和汗液蒸发热损失 E_{sw} 的适当组合来实现，即保持一定的皮肤温度及出汗量。因此，Fanger 进一步认为，如果人处于热舒适状态下，那么皮肤表面平均温度 t_{sk} 及人体实际的汗液蒸发热损失 E_{sw} 应保持在一个较小的范围内，并且两者都是新陈代谢率 M 的函数，即热舒适的第二个前提条件就是皮肤平均温度应具有与舒适相适应的水平；第三个基本条件是人体应具有最佳的排汗率。用公式表示为

$$a < t_{sk} < b \tag{2.24}$$

$$c < E_{sw} < d \tag{2.25}$$

式中　a,b,c,d——稳态热环境中皮肤平均温度 t_{sk} 和汗液蒸发热损失 E_{sw} 的界限值。

上述两式只适用于稳态热环境。

将式(2.11)和式(2.12)代入式(2.22)，即可得到著名的热舒适方程(Fanger，1967)，见式(2.26)。

$$\begin{aligned} &M(1-\eta) - 3.054(5.765 - 0.007H - P_a) - 0.42(H - 58.15) - \\ &0.0173M(5.867 - P_a) - 0.0014M(34 - t_a) = \\ &\frac{35.7 - 0.0275H - t_{cl}}{0.155I_{cl}} = \\ &3.9\times10^{-8} f_{cl}(T_{cl}^4 - T_{mrt}^4) + f_{cl}h_c(t_{cl} - t_a) \end{aligned} \tag{2.26}$$

由式(2.26)左侧等号两边的两项可得出 t_{cl} 的计算公式，见式(2.27)。由式(2.26)右侧等号两边的两项可得出式(2.28)。

$$\begin{aligned} t_{cl} = {} & 35.7 - 0.0275H - 0.155I_{cl}[M(1-\eta) - 3.054(5.765 - 0.007H - P_a) - \\ & 0.42(H - 58.15) - 0.0173M(5.867 - P_a) - 0.0014M(34 - t_a)] \end{aligned} \tag{2.27}$$

$$t_{cl} = 35.7 - 0.0275H - 0.155I_{cl}[3.9\times10^{-8} f_{cl}(T_{cl}^4 - T_{mrt}^4) + f_{cl}h_c(t_{cl} - t_a)] \tag{2.28}$$

式中　t_{cl}——着装人体表面平均温度，$t_{cl} = T_{cl} - 273.15$，℃；

h_c——对流换热系数，W/(m²·℃)，见式(2.21)；

H——人体净得热，W/m²，$H = M(1-\eta)$；

M——人体新陈代谢率，W/m²；

η——人体机械效率，%；

I_{cl}——服装热阻，clo；

f_{cl}——服装的面积系数，%，见式(2.19)；

v——空气流速，m/s；

t_a—— 空气温度,℃;

P_a—— 环境空气中的水蒸气分压力,kPa,见式(2.29);

t_{mrt}—— 环境的平均辐射温度,$t_{mrt} = T_{mrt} - 273.15$,℃。

$$P_a = \phi_a \times \exp[16.6536 - 4030.183/(t_a + 235)] \tag{2.29}$$

式中　ϕ_a—— 空气相对湿度,%。

式(2.23)可以简化为

$$f(M, I_{cl}, t_a, t_{mrt}, P_a, v) = 0 \tag{2.30}$$

式(2.30)说明,热舒适方程中有两类变量:环境变量和个人变量。当人体新陈代谢率 M 和服装热阻 I_{cl} 一定时,可以通过环境变量空气温度 t_a、平均辐射温度 t_{mrt}、环境空气中水蒸气分压力 P_a 和空气流速 v 的合理组合得到一个热舒适环境,即热舒适方程反映了人体处于热平衡状态时,影响人体热感觉的 6 个变量 M、I_{cl}、t_a、t_{mrt}、P_a 和 v 之间的定量关系。

2.1.2　PMV - PPD 指标[1]

Fanger 的热舒适方程只给出了创造热舒适环境的变量组合形式,不能预测在任意微气候环境下的人体热感觉。能否根据上述 6 个变量 M、I_{cl}、t_a、t_{mrt}、P_a 和 v 对人体热感觉进行预测呢?为此必须建立用热感觉标度表示的人体热感觉和以上 6 个变量之间的联系。当热舒适方程满足时,人们希望大多数人的平均热感觉投票值为零,即热中性。如何从热舒适方程推导出用物理量表示的人体热感觉投票值呢?

人体能够通过血管收缩或舒张、汗液分泌或发抖等进行自身调节,在较大的环境变化范围内维持热平衡。偏离热舒适条件越远,不舒适程度越大,环境给人体的调节机能造成的负荷就越重。因此,假设在一定活动量下的人体热感觉是人体热负荷的函数。人体热负荷的定义是,在一定活动量下,为了保持皮肤平均温度 t_{sk} 及皮肤蒸发散热量 E_{sw} 在舒适范围内,人体内的产热与对环境的散热之差值,记作 L(W/m^2)。根据定义,单位人体表面积的热负荷可以用数学公式表示为

$$\begin{aligned} L = {} & M(1-\eta) - 3.054(5.765 - 0.007H - P_a) - 0.42(H - 58.15) - \\ & 0.0173M(5.867 - P_a) - 0.0014M(34 - t_a) - \\ & 3.9 \times 10^{-8} f_{cl}(T_{cl}^4 - T_{mrt}^4) - f_{cl}h_c(t_{cl} - t_a) \end{aligned} \tag{2.31}$$

由式(2.31)可以看到,若 $L = 0$,则满足热舒适条件,此时的式(2.31)就是热舒适方程(2.26)。在热舒适条件下,人体热负荷应该为零。否则,人体会通过改变皮肤平均温度和出汗散热以维持人体热舒适。因此,热负荷是作用于人体的生理应力,而一定活动水平的人体热感觉应与该应力有关。故假设在一定活动量下的人体热感觉是人体热负荷与活动量的函数,即

$$Y = f(L, M) \tag{2.32}$$

1970 年,Fanger 对 McNall 等在美国堪萨斯州立大学所进行的实验得出的 4 种新陈代谢率下的热感觉数据进行曲线回归分析,得到如下曲线方程[1]。

$$Y = (0.303e^{-0.036M} + 0.0275)L \tag{2.33}$$

将式(2.31)代入式(2.33)中的 L 项,得到了至今被广泛使用的热舒适评价指标 —— 预测平均投票值(PMV)。

$$\mathrm{PMV} = (0.303e^{-0.036M} + 0.0275)[M(1-\eta) - 3.054(5.765 - 0.007H - P_a) -$$

$$0.42(H-58.15)-0.0173M(5.867-P_a)-0.0014M(34-t_a)-$$
$$3.9\times10^{-8}f_{cl}(T_{cl}^4-T_{mrt}^4)-f_{cl}h_c(t_{cl}-t_a)] \quad (2.34)$$

早期的 ASHRAE 热感觉 7 级标度的数值从冷到热依次为 1 ~ 7。PMV 指标值在此基础上减 4,变成了 -3 ~ +3 的指标值,以 0 代表热中性(即热舒适),小于 0 的指标值表示冷感觉,大于 0 的指标值对应于热感觉。随后 ASHRAE 热感觉 7 级标度的数值也改为 -3 ~ +3 的指标值,以 0 代表热中性(即热舒适)。

PMV 指标与有效温度等环境指标有所不同,它给出的指标值不是某种当量温度值,而是以 ASHRAE 热感觉分级法确定的人群对热环境的平均投票值。PMV 指标是包括了人体新陈代谢率 M、服装热阻 I_{cl}、空气温度 t_a、空气流速 v、平均辐射温度 t_{mrt} 和环境空气中水蒸气分压力 P_a 在内的综合指标,即该指标综合了个人变量和环境变量 6 个影响人体热舒适的因素,是迄今为止最全面的评价热环境的指标,显然它的适用范围更广。

PMV 指标代表了同一环境下绝大多数人的热感觉,即用 PMV 指标可以预测一定变量组合环境下的人体热感觉,但还不能完善地评价热环境,或者说,难以确切地说明某一特定的 PMV 值究竟意味着什么。例如,当 PMV 等于 -0.3 时,介于热中性和稍凉之间,这样的环境能接受吗? 由于 PMV 指标是对 1 396 名美国受试者通过实验得出的平均热感觉投票值,如果每个人的热感觉没有差别,即将所有受试者视为一个"平均人",则上述热环境是可以接受的,且人人都感觉舒适,对其所处的热环境都无抱怨。但事实上,每个人都是不同的个体,人的热感觉是有差别的。即使一群人处于同样的热环境条件下,其热感觉也有所不同。人们会更关注对热环境感到不满意的人群,因为他们会对热环境抱怨。因此,给出一个对热环境感到不满意的百分数指标似乎更有实际意义。对热环境不满意的人为热感觉投票值为 -2、-3、+2、+3 的人。通过统计分析,Fanger 又提出了预测不满意百分数 PPD 指标,即

$$PPD=100-95e^{-(0.03353PMV^4+0.2179PMV^2)} \quad (2.35)$$

图 2.1 给出了 PMV 与 PPD 的关系曲线。由图 2.1 可见,当 PMV = 0 时,PPD 为5%。说明:即使室内热环境处于热中性状态,仍然有 5% 的人感到不满意。即不可能创造一个让所有的人都感到满意的环境。因此,ISO Standard 7730[2] 推荐以 PPD ≤ 10% 作为设计依据,即允许有 10% 的人对热环境感觉不满意,此时对应的 PMV =-0.5 ~ +0.5。

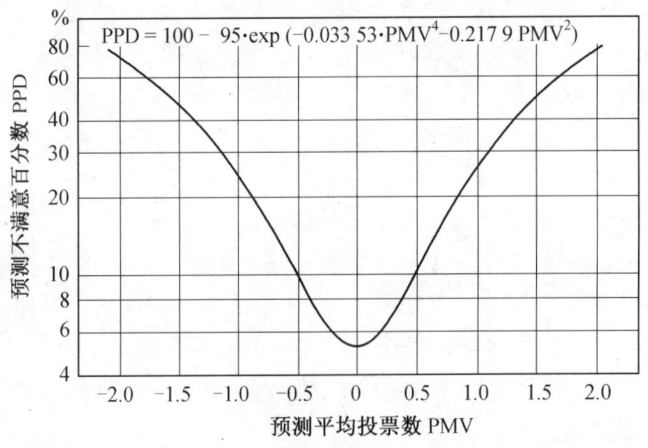

图 2.1 PMV 与 PPD 的关系曲线[1]

PMV－PPD指标是在热舒适方程的基础上,通过对大量的美国受试者的热感觉进行统计分析建立起来的环境评价指标。由于有大量的实验数据,因此得到了世界的公认。1984年,ISO Standard 7730中引入了PMV和PPD指标对热环境进行评价。2004年,ASHRAE Standard 55中也开始引用该指标评价热环境舒适性。

Fanger还对影响人体热舒适的其他因素如年龄、性别、种族和健康水平等做了进一步研究,Fanger将他对128名丹麦大学生进行的实验结果与Nevins等对1 600名美国大学生进行的实验结果相比较,并没有发现两个种族之间具有显著的热反应差别。Fanger对128名丹麦大学生(平均年龄23岁)和128名老年人(平均年龄68岁)进行了暴露于同样的环境条件下的人体热感觉实验。不同年龄段的受试者中男性和女性都各占50%。实验结果表明:人体热舒适不受上述因素影响。

需要注意的是,$-2.0<\text{PMV}<+2.0$是比较可信的。如果超出此范围,必须谨慎使用,尤其在$\text{PMV}>2.0$的热区域,由于蒸发散热量的增加,可能有明显的误差。

用PMV指标可以对稳态、均匀的室内热环境的热舒适性进行预测和评价;根据M、I_{cl}和t_{mrt},确定适宜的t_a、P_a和v;用热舒适传感器进行空调房间的热环境控制。丹麦技术大学热阻实验室依据Fanger的热舒适理论已经研制出热舒适仪,可以测定环境的物理参数并计算PMV和PPD值,使用这一仪器可使环境检测和评价大为方便。

2.1.3　PMV－PPD指标的应用

为了便于读者掌握PMV－PPD指标的具体应用,本节将根据我国严寒地区居民生活习惯和衣着情况,用PMV－PPD指标计算冬季室内热舒适温度,并对照ISO Standard 7730标准[2]和我国相关标准,从改善居室热环境与建筑节能两方面,对规范中规定的冬季供暖室内计算温度进行分析探讨。

1. PMV－PPD指标中参数的设置

计算热舒适指标PMV－PPD需先确定6个参数,即人体新陈代谢率M、服装热阻I_{cl}、空气流速v、平均辐射温度t_{mrt}、空气温度t_a和空气相对湿度ϕ_a。分别讨论如下:

(1)M的取值。

居民在室内一般静坐休息或从事轻体力活动,对应的人体新陈代谢率分别为$M=58.15\ \text{W/m}^2$(相当于静坐)和$M=69.78\ \text{W/m}^2$(相当于从事轻体力活动),符合ISO Standard 7730规定的人体新陈代谢率$M\leqslant1.2$ met($69.78\ \text{W/m}^2$)。

(2)I_{cl}的取值。

冬季居民在室内一般习惯于穿棉内衣、内裤、厚毛衣、厚毛裤、袜子、拖鞋,热阻较高。但随着生活条件的改善,人们在室内的着衣量将逐渐减少,这样在居室内从事一些轻体力活动较方便。且ISO Standard 7730规定冬季的服装热阻值为$I_{cl}=1.0$ clo,本节旨在用ISO Standard 7730中的PMV－PPD指标计算室内热舒适温度,故取服装热阻$I_{cl}=1.0$ clo。

(3)v的取值。

冬季居民只是偶尔开窗通风换气,根据现场测试结果,室内空气流速一般很低,故取$v=0.1$ m/s,在ISO Standard 7730规定的冬季室内空气流速$v\leqslant0.15$ m/s范围内。

(4)t_{mrt}的取值。

为简化计算,近似认为围护结构内表面的平均辐射温度等于室温,即$t_{mrt}=t_a$。

(5) t_a 的取值。

本节旨在找出满足人体热舒适要求的空气温度和相对湿度范围,故认为空气温度参数为变量。为了与我国现行暖通设计规范规定的室内计算温度(16 ~ 20 ℃)相比较,设空气温度在 16 ~ 26 ℃ 范围内取值。因为空气温度是影响人体热感觉的主要指标,故温度间隔取 1 ℃。

(6) ϕ_a 的取值。

本书作者认为相对湿度参数亦为变量。由于严寒地区居室内的相对湿度较低,而 ISO Standard 7730 中并未规定相对湿度的界限,故设相对湿度在 0% ~ 100% 范围内取值。因为在热舒适温度范围内相对湿度对人体的热感觉影响并不显著,故相对湿度的取值间隔较大,为 10%。

2. PMV - PPD 计算结果分析

由于 PMV - PPD 指标计算需反复迭代求解,计算较烦琐,而本书又需对空气温度和相对湿度进行组合后反复循环计算,计算的工作量较大。采用计算机编程计算,可以方便、快捷、精确地计算 PMV - PPD 值。因此,作者编写了 PMV - PPD 指标计算程序。采用该计算程序,得到两种人体代谢率(活动量)下的 PMV - PPD 计算结果,见表 2.1 和 2.2。

表 2.1 PMV - PPD 计算表(M = 58.15 W/m^2)[3,4]

ϕ_a/%	t_a					
	21 ℃	22 ℃	23 ℃	24 ℃	25 ℃	26 ℃
0	-0.95 24.03	-0.70 15.30	-0.46 9.32	-0.21 5.91	0.04 5.03	0.28 6.67
10	-0.88 21.49	-0.63 13.35	-0.38 8.03	-0.14 5.38	0.12 5.31	0.37 7.87
20	-0.82 19.12	-0.56 11.60	-0.31 6.97	-0.06 5.06	0.20 5.85	0.46 9.41
30	-0.75 16.93	-0.49 10.06	-0.23 6.14	-0.02 5.01	0.29 6.69	0.55 11.28
40	-0.68 14.81	-0.42 8.73	-0.17 5.57	0.11 5.23	0.37 7.82	0.64 13.48
50	-0.62 13.01	-0.35 7.60	-0.09 5.17	0.18 5.68	0.45 9.25	0.73 16.17
60	-0.55 11.40	-0.28 6.68	-0.01 5.00	0.26 6.40	0.53 10.97	0.82 19.08
70	-0.49 9.97	-0.26 5.96	0.06 5.08	0.34 7.37	0.62 12.99	0.91 22.32
80	-0.42 8.73	-0.15 5.46	0.14 5.39	0.42 8.60	0.71 15.44	0.99 25.88
90	-0.36 7.66	-0.08 5.13	0.21 5.89	0.49 10.09	0.79 18.09	1.08 29.73
100	-0.29 6.78	-0.01 5.00	0.28 6.64	0.57 11.85	0.87 21.04	1.17 33.86

注:上行数字为 PMV 值,下行数字为 PPD 值。

表2.2　PMV－PPD计算表（$M = 69.78\ W/m^2$）[3,4]

ϕ_a/%	t_a						
	19 ℃	20 ℃	21 ℃	22 ℃	23 ℃	24 ℃	25 ℃
0	−0.80 18.52	−0.60 12.65	−0.41 8.41	−0.21 5.90	−0.01 5.00	0.19 5.73	0.39 8.10
10	−0.75 16.91	−0.55 11.31	−0.35 7.55	−0.15 5.46	0.05 5.06	0.25 6.33	0.46 9.34
20	−0.70 15.40	−0.50 10.17	−0.30 6.81	−0.09 5.18	0.12 5.28	0.32 7.12	0.53 10.79
30	−0.65 13.99	−0.45 9.15	−0.24 6.20	−0.03 5.02	0.18 5.64	0.39 8.09	0.60 12.54
40	−0.61 12.69	−0.39 8.24	−0.19 5.71	0.02 5.01	0.24 6.17	0.45 9.24	0.67 14.43
50	−0.56 11.49	−0.34 7.44	−0.13 5.37	0.09 5.15	0.30 6.87	0.52 10.59	0.74 16.54
60	−0.51 10.33	−0.29 6.76	−0.08 5.12	0.14 5.42	0.36 7.72	0.59 12.20	0.81 18.86
70	−0.46 9.35	−0.24 6.19	−0.02 5.01	0.20 5.84	0.42 8.74	0.65 13.94	0.88 21.39
80	−0.41 8.47	−0.19 5.73	0.04 5.03	0.26 6.39	0.49 9.93	0.72 15.87	0.95 24.12
90	−0.36 7.69	−0.14 5.40	0.09 5.17	0.32 7.10	0.55 11.28	0.79 17.99	1.02 27.05
100	−0.31 7.01	−0.09 5.16	0.15 5.43	0.38 7.94	0.61 12.89	0.85 20.30	1.09 30.16

注：上行数字为PMV值，下行数字为PPD值。

由表2.1可见，使PPD ≤ 10%的热舒适室温范围是21～26 ℃，相对湿度范围是0%～100%，最佳室内参数为t_a = 23 ℃，ϕ_a = 60%；由表2.2可见，热舒适室温范围是19～25 ℃，相对湿度范围是0%～100%，最佳室内参数为t_a = 23 ℃，ϕ_a = 0%。

一般相对湿度为20%～80%时人感觉较舒适；如果超出此范围，人会感觉空气过于干燥或潮湿。且由于人在室内活动主要是静坐（$M = 58.15\ W/m^2$）和从事轻体力活动（$M = 69.78\ W/m^2$），在两种新陈代谢率下人体皆感觉舒适的室内环境才为热舒适环境，故满足严寒地区居民热舒适的冬季室内热环境参数为t_a = 21～24 ℃，ϕ_a = 20%～80%，见表2.3。

表 2.3　两种代谢率下的 PPD 值计算表[3,4]

ϕ_a/%	t_a				
	16 ℃	17 ℃	18 ℃	19 ℃	20 ℃
0	84.37	73.57	60.57	47.52	34.95
	45.59	35.11	25.99	18.52	12.65
10	82.55	71.09	57.64	44.43	32.00
	43.46	33.04	24.11	16.91	11.31
20	80.63	68.54	54.69	41.39	29.18
	41.35	31.03	22.31	15.40	10.17
30	78.61	65.91	51.73	38.42	26.50
	39.28	29.09	20.59	13.99	9.15
40	76.48	63.23	48.79	35.54	23.96
	37.25	27.20	18.96	12.69	8.24
50	74.27	60.51	45.87	32.75	21.56
	35.26	25.39	17.42	11.49	7.44
60	71.97	57.75	43.00	30.06	19.33
	33.31	23.65	15.97	10.33	6.76
70	69.60	54.98	40.18	27.50	17.25
	31.42	21.98	14.60	9.35	6.19
80	67.16	52.21	37.42	25.05	15.33
	29.58	20.38	13.33	8.47	5.73
90	64.67	49.44	34.74	22.74	13.47
	27.80	18.86	12.16	7.69	5.40
100	62.14	46.70	32.15	20.56	11.91
	26.07	17.42	11.07	7.01	5.16

注：上行数字对应 M = 58.15 W/m^2，下行数字对应 M = 69.78 W/m^2。

由表2.3可见，当室温为16 ~ 20 ℃时，若M=58.15 W/m^2，PPD指标皆超过了10%，即人静坐时室内环境参数都不能达到人体热舒适要求。其中最差的环境参数为t_a = 16 ℃，ϕ_a=0，此时PPD=84.37%。当然，ϕ_a=0的情况几乎是不可能出现的。但是，在严寒地区冬季室内相对湿度一般都较低，即使相对湿度达到50%，所对应的PPD值仍高达74.27%。若M=69.78 W/m^2，PPD指标大多数也超过了10%，即人从事轻体力活动时室内环境参数大多数亦不能满足人体热舒适要求；当环境参数为t_a = 16 ℃、ϕ_a = 50%时，PPD可达35.26%。

上述结论是假设t_{mrt} = t_a时得到的，实际上严寒地区冬季外围护结构内表面的温度较低，故t_{mrt} < t_a，且t_{mrt}随外围护结构、室外温度、人在房间所处位置的变化而变化。有人计

算了人在普通房间（具有一面外墙、一扇外窗）靠近外窗处从事轻体力活动（M = 69.78 W/m^2）时的环境平均辐射温度 t_{mrt} 是 17 ℃，所需的热舒适温度为 22 ℃。当人在该房间的同一位置静坐（M = 58.15 W/m^2）时，环境平均辐射温度仍为 17 ℃。Fanger 的舒适线图显示，热舒适温度 t_a = 27 ℃。即若考虑外围护结构内表面冷辐射对人体热舒适的影响，为满足人体热舒适实际所需的室温应为 22 ~ 27 ℃；同理，当室温为 16 ~ 20 ℃ 时，人们对热环境的不满意率（PPD 值）还应更高。

3. ASHRAE 舒适标准[3,4]

1961 年，Nevins 指出热舒适温度标准从 1900 年的 18 ~ 21 ℃（干球温度）平稳上升到 1960 年的 24 ~ 26 ℃。舒适的有效温度（ET）从 1923 年的 18 ℃ 上升到 1941 年的 20 ℃。这种上升趋势可能是由人们着装逐年变薄及生活方式、饮食习惯和热舒适期望值的改变引起的。

ASHRAE Standard 55—1974 中热舒适温度范围是 21.8 ~ 26.4 ℃；ASHRAE Standard 55—1981 中热舒适温度为 22.2 ~ 25.6 ℃；ASHRAE Standard 55—1992 中冬季热舒适操作温度是 20 ~ 23.5 ℃，夏季是 23 ~ 26 ℃。ASHRAE Standard 55—2002 中冬季热舒适操作温度是 21 ~ 24 ℃，夏季是 24 ~ 27 ℃。近年来，ASHRAE Standard 55 发布的标准中，由于服装热阻为 0.5 ~ 1.0 clo，冬季热舒适操作温度范围更宽了。由此可见，从 1974 年至今，ASHRAE 标准中舒适温度范围变化不大。

4. 讨论[3,4]

从以上分析可见，按欧洲普遍采用的国际标准 ISO Standard 7730 和美国目前使用的标准 ASHRAE Standard 55 得出，满足人体热舒适的室温为 21 ~ 24 ℃，高于中国暖通设计规范中规定的室内计算温度 16 ~ 20 ℃。在既强调建筑节能又提倡改善人居环境的今天，究竟以哪个参数为基准呢？本书作者的观点有如下几点。

（1）热舒适温度平均值为 22 ℃，室内计算温度平均值为 18 ℃，二者之差为 4 ℃。以哈尔滨市为例，温度每降低 1 ℃，可节约燃料 3.6%。采用规范中建议的室内计算温度 18 ℃ 比采用舒适温度 22 ℃ 可节能 14.4%，但 PPD 指标由 5.15%（t_a = 22 ℃、ϕ_a = 50%、M = 69.78 W/m^2）提高到 45.87%（t_a = 18 ℃、ϕ_a = 50%、M = 58.15 W/m^2），即这种建筑节能是以降低环境的热舒适为代价的。这与当前正大力倡导的提高人居热环境品质是极不相符的。

（2）我国 1988 年颁布实施的《采暖通风与空气调节设计规范》（GBJ 19—87），与以前的标准《工业企业供暖通风和空气调节设计规范》（TJ 19—75）中对室内计算温度的规定基本相同，即民用建筑主要房间室温宜为 16 ~ 20 ℃。我国现行的暖通设计规范《民用建筑供暖通风与空气调节设计规范》（GB 50736—2012）将严寒地区民用建筑主要房间供暖室内设计温度提高到 18 ~ 24 ℃，但目前进行供暖设计时，室内设计温度仍然采用18 ℃。由此可见，40 多年来我国暖通设计规范中对“室内计算温度”一项的修正尚缺少室内热环境的基础数据，应加大该领域基础研究的力度。随着我国人民生活水平的提高，人们对居室热环境的要求也越来越高。现行暖通设计规范能否满足我国人民的热舒适需求，值得商榷。那么是否就该以欧美指标计算出的热舒适温度为基准呢？

（3）PMV - PPD 指标是以欧美国家的青年人为实验对象得出的预测室内热环境的评

价指标,对中国人未必适用,原因有:① 中国人与欧洲人、美国人的饮食结构不同。欧洲人和美国人以蛋白质含量较高的肉蛋类为主,而中国人的食物中所含碳水化合物较高,故人体新陈代谢率不同。Tao 对中国留学生和美国大学生所做的对比实验已证明了美国人的新陈代谢率较高。② 中国与欧洲国家、美国的地理位置不同,气候迥异,故建筑围护结构保温情况、人体着衣量皆不同。③ 中国人的生活习俗、文化背景与欧美等国家不同。④ 中国与欧美等发达国家的经济实力不同,人民的生活水平、经济承受能力不同,人们对热环境的生理适应性、心理期望值不同。中国是发展中国家,目前的供暖空调水平远低于欧美等发达国家的热舒适标准,但人们已从生理上和心理上适应了当地的居住热环境,这已得到了验证。欧洲人、美国人感觉热舒适的室温,中国人可能会觉得偏高。因此,当务之急是研究适于中国人生活水平、生活习惯的热舒适指标。

(4) 由于中国地域辽阔、气候类型多样,应对不同地区的室内热环境分别进行研究。通过对严寒地区住宅室内热环境的调查、分析,提出适于该地区居民生活水平、生活习惯的室内热环境热舒适标准,为下一步制定或修改暖通设计规范提供理论依据。

2.2 热适应理论

迄今为止,世界各地的研究者开展了大量的实际建筑环境热舒适现场调研。在现场研究中发现,人体可接受的热舒适温度超出了相关标准中的热舒适温度范围,因此人们开始深入研究热适应理论,以求合理解释出现偏差的原因。本节将主要介绍该领域具有代表性的 3 个热适应模型,并探讨热适应的机理。

2.2.1 热适应模型

1. Humphreys 的热适应模型

Humphreys(1976) 对 1975 年以前近 50 年中在世界各地所进行的 36 个现场调查结果进行了总结,得出了热中性温度与室内平均温度的回归方程,见式(2.36),其相关系数为 0.96[5]。

$$t_n = 2.56 + 0.83t_a \tag{2.36}$$

式中 t_n—— 热中性温度,℃;

t_a—— 室内平均温度,℃。

式(2.36) 表明,人们的热中性温度与室内平均温度有很强的相关性,故 Humphreys 认为这与人对室内微气候环境的行为调节和生理适应有关。由此,Humphreys 提出了“适应性假说”(Adaptation Hypothesis),即人们对环境温度的生理适应会影响人体的热中性温度。

人们对热环境的适应性很强,其中一组受试者的热中性温度为 17 ~ 32 ℃,远远超出了热舒适标准规定的温度范围。这可以由人的行为调节和生理适应解释。因为这些现场调查主要是在办公室内进行的,人们在工作中并不穿标准服装,而是可以根据实际室内热环境状况随意增减衣服,其服装热阻的变化范围是 0.3 ~ 1.2 clo,相应地,温度变化调节范围约为 6 ℃。

由于室内微气候环境经常会受室外气候条件的影响,尤其是在自然调节的建筑内的人们,其近期内的热经历应该与其在室外环境的热暴露情况及室内环境参数有关。Humphreys(1976)假设人们的热中性温度与室外气候条件有关。故Humphreys对室内热环境能否控制的建筑物进行了对比分析,给出了热中性温度与室外月平均温度的回归方程。对于自由运行的建筑(Free-running Buildings),如室内既不供暖也不供冷,热中性温度与室外月平均温度之间有很高的相关性,其相关系数为0.97,回归方程[5]为

$$t_n = 11.9 + 0.534t_w \tag{2.37}$$

式中　t_n——热中性温度,℃;

　　　t_w——室外月平均温度,℃。

而对于室内环境可控制的建筑(Climate-controlled Buildings),其热中性温度与室外月平均温度的相关性不大,其相关系数为0.56。这说明自由运行的建筑的室内微气候环境受到室外气候的影响较大;而可控制的建筑的室内微气候环境基本上不受室外气候的影响。式(2.37)进一步验证了Humphreys的“适应性假说”。

生活在自然通风环境中的人们的热中性温度与室外空气的平均温度关系密切,这也进一步证明了人对气候的生理适应和心理适应。自由运行的建筑内的人员预先知道不能进行温度控制,故对热环境的心理期望值不高,人们通过调节着衣量等方法来适应热环境,故可以接受的热中性温度范围很大,对热环境的热接受率高于可控制的建筑内的受试者。

Humphreys指出采用适应性方法很有可能研究出全球各地的热舒适新标准。新标准的制定将考虑气候和文化习俗对热适应的影响,以降低建筑能耗。适应性方法强调人与热环境之间存在动态热平衡,即人们会通过改变着衣量或活动量以适应热环境变化。

Humphreys和Nicol认为建筑环境中人们进行主动调节的机会越多,人们对周围的环境就越容易适应。一般来说,在自然通风环境中,人们最常采取也是最为有效的行为调节手段,一是开窗通风或使用电风扇来改变气流速度,二是通过调整着衣量来改变服装热阻。

尽管人们可以通过行为调节(如增减衣服)尽可能地适应热环境,但并不意味着温度对热舒适的影响很小。当人们在室内穿着较厚的衣服时,尽管其热感觉可以达到热中性,但因人们的活动不便并不感到舒适。研究表明,生活在寒冷气候条件下的人们喜欢较高的温度;而在炎热条件下,人们更偏爱较低的温度。在过去的近20年中,哈尔滨市住宅的平均室温增加了3.7 ℃。这反映了随着人们生活水平的提高,人们更趋向于在室内穿比较轻薄的服装。

Auliciems(1983)对Humphreys的回归结果进行了修改,将其中对小学生的现场调查数据用1975年以后在澳大利亚的现场研究数据替代,得出了热中性温度与室内平均空气温度以及室外月平均空气温度的回归关系式[6]为

$$t_n = 9.22 + 0.48t_a + 0.14t_w \tag{2.38}$$

式中　t_n——热中性温度,℃;

　　　t_a——室内平均空气温度,℃;

　　　t_w——室外月平均空气温度,℃。

Auliciems(1984)还重新分析了Humphreys的统计数据，给出了适用于办公建筑的热中性温度与室内平均空气温度的回归方程[6]为

$$t_n = 5.41 + 0.73t_a \tag{2.39}$$

式中　t_n——热中性温度，℃；

t_a——室内平均空气温度，℃。

人体并不是只与环境进行热交换的“热机”，而是能随着气候、生活习惯、社会条件变化等主动适应环境。

Nicol和Auliciems(1993)提出的适应性模型，不仅考虑了人体与环境之间的热交换，而且注意到了人体为了适应环境以获得理想的热舒适而采取的一系列行为调节活动，认为人们的基本行为调节方式可引起对人体产热的修正、散热的修正，以及对热环境的修正和不同环境的选择。人体与环境之间的动态平衡关系取决于人体适应环境调节行为的实现，而维持这种平衡关系的约束条件是气候、费用、生活习惯和社会需求。

Humphreys(1995)讨论了人们的行为调节，指出人们倾向于寻求舒适的条件，如遮阳或日照、迎风或避风，以及调节他们的姿势、活动量和着衣量以获得舒适感。Humphreys还进一步指出，当热环境可以预测时，人们更容易获得热舒适感。

Humphreys与Nicol[7]在进一步分析了ASHRAE RP-884中的数据后，也给出了热适应模型，见式(2.40)所示。其形式与de Dear和Brager的模型一致，也是反映室内舒适温度与室外月平均空气温度的线性关系，只是模型的回归系数与前者有所区别。

$$t_{comf} = 0.54t_{out,m} + 13.5 \tag{2.40}$$

式中　t_{comf}——室内舒适温度(热中性温度)，℃；

$t_{out,m}$——室外月平均空气温度，℃。

由于人们会通过行为调节等适应其所处的热环境，因此现场研究中得到的人对环境的适应温度范围远远大于实验研究得到的热舒适温度范围。

2. de Dear和Brager的热适应模型

de Dear和Brager(1998)[8]认为，在建筑环境中人不再是给定热环境的被动接受者，人与环境是相互作用的，人是其中的主动参与者。“适应”是指在重复冷热刺激下人体反应的逐渐削弱。

de Dear和Brager(1998)将人对环境的适应性分为3种方式，即行为调节、生理适应和心理适应。人们可以通过这3种方式的反馈循环，在某种程度上减弱感觉到的热不舒适。

行为调节指人体有意识或无意识地调节人体产热和散热以保持人体热舒适。行为调节可以分为个人行为调节、技术调节和文化背景，如增减衣服属于个人行为调节、开空调属于技术调节，而午睡则属于个人的生活习惯。

生理适应是指人们暴露于热环境中而引起的生理反应的改变，并导致人体再暴露于同一环境时人体对热应力作用的反应程度逐渐降低。生理适应可以分为两代的遗传因素和人一生对气候、水土的适应。

心理适应是指过去的热经历与对环境的期望值使人体热感受器获得热感觉信息发生改变。因此，个人的热舒适点会偏离恒温器设定的温度值。较低的心理期望值会使人们

对重复热暴露的热刺激的反应程度降低。

根据实验室实验中偏好温度的实验结果，生理适应的作用被否定，心理适应和行为调节的作用得到了证明。Brager 和 de Dear 认为，以往的热经历和对当前热环境的感知控制是形成热期望和心理适应的重要原因，但这只是基于定义解释，没提出热期望、感知控制和热经历的具体量化方法。

1998 年，基于 ASHRAE 发起组织的世界各主要气候区的热舒适现场研究，de Dear 和 Brager[8] 共收集了四大洲、160 栋建筑中 21 000 组数据，建立了热舒适数据库 ASHRAE RP－884，并在此基础上提出了热适应模型，将室内最优舒适温度（热中性温度）和室外月平均空气温度联系起来，得到线性回归式为

$$t_{comf} = 0.31 t_{out,m} + 17.8 \tag{2.41}$$

式中　t_{comf}——室内最优舒适温度，℃；

$t_{out,m}$——室外月平均空气温度，℃。

在此基础上，模型还分别给出了 90% 和 80% 的人群可以接受的舒适温度上下限，与之相对应的热感觉投票值分别为 ±0.5 和 ±0.85，室内可接受的操作温度与室外月平均空气温度的关系如图 2.2 所示。

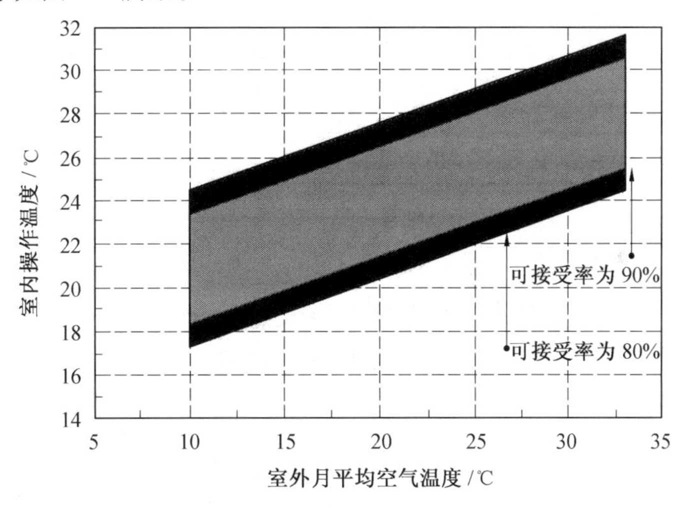

图 2.2　室内可接受的操作温度与室外月平均空气温度的关系[9]

热适应模型可应用于建筑设计和室内环境控制标准的制定。在对室内环境进行设计或制定空调系统的运行策略时，可将利用建筑热环境模拟软件计算出的自然室温与通过热适应模型确定的热舒适温度范围进行对比。若自然室温处于舒适温度范围内，则利用自然通风即可达到舒适要求，反之则需要使用空调系统。自 2004 年开始，该热适应模型已被列入 ASHRAE Standard 55 标准中。

ASHRAE Standard 55—2004[9] 中引入了“适应性设计方法”，鼓励自然通风建筑采用更加可持续的、高能效的、人居友好的设计方法，即在自然通风建筑中，且开关窗户为主要调节方式、室内人员可根据室内外热环境自由增减服装的情况下，可根据室外月平均空气温度确定允许的室内操作温度范围。标准中给出的可接受率为 90% 和 80% 的温度范围宽度分别为 5 ℃ 和 7 ℃。这一方法正是源于 ASHRAE 发起的热舒适现场调查得到的全

球热舒适数据库所建立的自然通风建筑的适应性热舒适模型。

3. Fanger 和 Toftum 的热适应模型

Fanger 等于 2001 年汇总了国外研究者在曼谷、新加坡、雅典和布里斯班非空调建筑中的现场调查结果,非空调建筑中的实际热感觉投票与 PMV 模型预测值的比较如图 2.3 所示。Fanger 发现 PMV 模型高估了人们在偏热环境下的热感觉,出现“剪刀差”现象:环境温度越高,人们的实际热感觉与 PMV 模型预测值的偏离就越大。当室温接近 32 ℃ 时,人们的实际热感觉投票值在“稍暖(+1)”附近;而按照 PMV 预测模型计算得到的热感觉是“暖(+2)”,已经明显超出了热舒适范围,两者相差约 0.8。

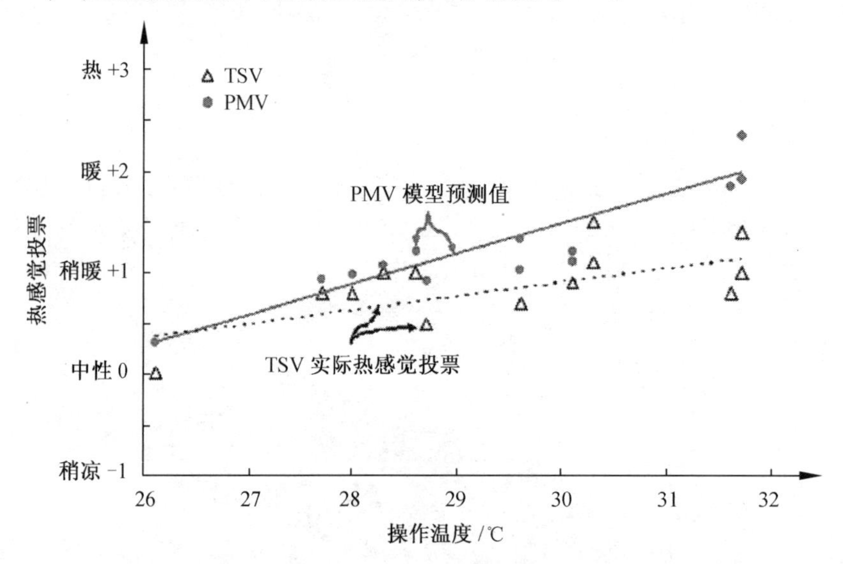

图 2.3　非空调建筑中的实际热感觉投票与 PMV 模型预测值的比较[10]

Fanger 用心理期望解释产生上述“剪刀差”现象的原因,认为非空调建筑中人们对于环境的期望值较低。在非空调环境下,人们认为自己注定要生活在偏热的环境中,因此对于环境的期望值不高;而空调建筑中的使用者长期生活在接近热中性的环境中,对环境的期望值较高。因此在相同的偏热环境中,与空调建筑中的人群相比,非空调建筑中的人群更容易感到满足,其热感觉投票值就会更低一些。

为了使 PMV 模型在非空调建筑中也能应用,Fanger 提出了 PMV 修正模型,引入了心理期望因子(Expectancy Factor)e 的概念,并建立了适用于非空调偏热环境中的 PMVe 模型,即

$$\text{PMVe} = e \times \text{PMV} \tag{2.42}$$

期望因子 e 的范围为 0.5 ~ 1,具体取值由当地全年热天气的持续时间及自然通风建筑与空调建筑数量之比来确定。热天气持续时间较长、自然通风建筑较多的地区,人们更容易适应炎热的气候和自然通风环境,因此所对应的期望因子取值较小。可见,Fanger 等提出的期望因子的取值主观性较大。

偏热环境下无空调房间的期望因子见表 2.4。使用期望因子修正后,PMVe 模型的预测结果与实际热感觉投票结果的吻合程度有所提高,PMVe 模型的预测结果与实际热感觉投票比较如图 2.4 所示。其他一些学者也通过与热气候下非空调建筑的现场调查数据

进行分析比较,使该模型得到了部分验证。

表 2.4　偏热环境下无空调房间的期望因子[10]

期望值	炎热时段	空调普及程度	期望因子 e
高	夏季炎热,时间较短	空调建筑普及	0.9 ~ 1.0
中	夏季炎热	空调建筑有一定普及	0.7 ~ 0.9
低	全年炎热	空调建筑未普及	0.5 ~ 0.7

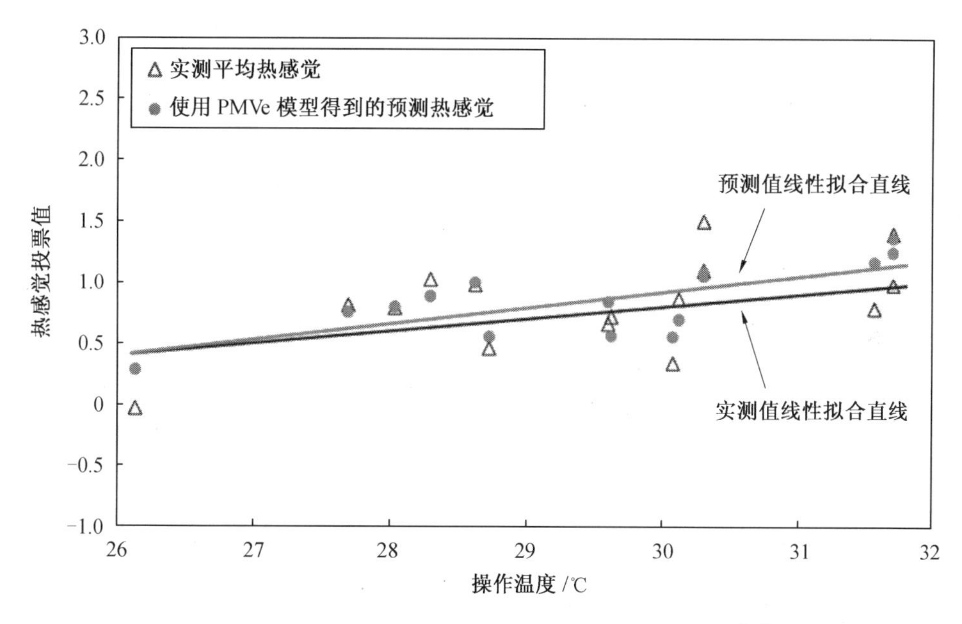

图 2.4　PMVe 模型的预测结果与实际热感觉投票比较[10]

Fanger 和 Toftum 提出的热适应模型认为,热期望是解释 PMV 预测指标在预测非空调建筑内的人体热感觉时出现偏差的原因。通过实验研究否定了感知控制和生理习服的作用,认为行为调节的作用可完全由 PMV 预测模型解释。

4. 其他热适应模型

近年来在世界各地开展了大量的现场研究,人们发现不同热环境中人体的热反应不同,尤其是自然通风建筑与空调建筑中室内人员的热反应差别较大,出现了“剪刀差”现象。自然通风建筑与空调建筑相比,其热舒适温度范围更宽,这是因为在自然通风建筑中,人们有更多的调节机会,如开窗等。此外,对空调建筑的现场研究也发现,在有足够的适应机会的空调建筑中,适应性热舒适理论同样适用。表 2.5 为国外典型的热舒适现场研究结果统计表。

由表 2.5 的统计结果可以看出,不同气候区、不同季节人体的热舒适温度均有差异,这就为人体适应气候提供了有力证据。

上述热适应模型主要用于确定自然通风建筑室内热舒适的温度范围。目前,热适应模型被世界各地很多学者接受,逐渐成为热舒适领域的研究热点,但有学者认为该模型并未体现人体的热适应机理。

表 2.5 国外典型的热舒适现场研究结果统计表[11]

调查时间	调查地点	主要研究者	室温/℃	回归方程	热中性温度/℃
1987—1988 年	美国	Schiller、Arens 等	范围 平均值 冬:17.5 ~ 29.8,22.8 夏:20.7 ~ 29.5,23.3	冬:MTS = $0.328ET^* - 7.20$ 夏:MTS = $0.308ET^* - 7.04$	冬季:$ET^* = 22.0$ 夏季:$ET^* = 22.6$
1993 年	澳大利亚	de Dear 和 Foutain	范围 平均值 干:20.1 ~ 25.7,23.3 湿:21.3 ~ 37.6,23.6	$MTS = 0.522t_o - 12.67$	干季:24.4 湿季:24.6
1994—1995 年	加拿大	Donnini 等	冬:20.3 ~ 36.3	$MTS = 0.493t_o - 11.69$	23.7
1993—1994 年	巴基斯坦	Nicol 等	13.3 ~ 45.9	$T_c = 0.70t_g + 7.8$	舒适温度:21 ~ 31
1993—1996 年	欧洲	McCartney 等	—	$T_{MR80} < 10, T_c = 22.8$ $T_{MR80} > 10$, $T_c = 0.302T_{MR80} + 19.39$	—
1997 年	澳大利亚	Cena 和 de Dear	范围 平均值 冬:16 ~ 24.5,22 夏:9.1 ~ 30.5,23.4	冬:$MTS = 0.21t_o - 4.28$ 夏:$MTS = 0.27t_o - 6.29$	冬季:20.3 夏季:23.3
2003 年	新加坡	Wong	—	TC = 0.560 5MTS + 0.18	—
2003 年	新加坡	Wong	t_o:27 ~ 31.9	—	28.8
2004 年	印度尼西亚	Feriadi	范围 平均值 干季:26 ~ 32.6,29.2 雨季:26.2 ~ 32.6,29.8	$MTS = 0.59t_o - 17.21$	29.2
2007 年	日本	Goto	20.9 ~ 25	—	期望 $SET^* = 26$
2013 年	丹麦	Andersen	自然通风:14.1 ~ 31.2 机械通风:9.8 ~ 28.8	—	—

注:① 表中 ET^* 为有效温度,SET^* 为标准有效温度,t_o 为操作温度。

② MTS 为平均热感觉投票,T_c 为热舒适温度,t_g 为黑球温度,TC 为热舒适投票,T_{MR80} 为指数权重室外平均温度。

与稳态热舒适理论相比,热适应理论最大的特点在于其强调了人与建筑环境二者之间的交互性,而这种交互性是以多种形式、通过一系列复杂的反馈循环过程来实现的,其中主要包括心理期望、感知控制、行为调节,以及人体自身的生理习服过程等。然而,热适应模型中唯一的变量是室外温度,而对于已经被公认的对于人体热感觉有明显影响的室内环境因素(空气温度、空气流速等)及人体自身因素(着衣量、活动量等),模型中却没有体现。

此外,热适应模型仅给出了舒适温度和 80%、90% 的人群可接受的舒适温度范围,而对于在偏离热中性状态较远的环境下的人体热感觉,该模型并没有给出预测评价方法,也使其应用受到一定限制。

ASHRAE Standard 55 和 EN 15251[12] 两大国际标准的制定分别基于 RP－884 项目和 SCATs 项目的一系列热舒适现场调查数据，其中 RP－884 数据库中仅涵盖了极少数亚洲热带地区国家的调查结果，EN 15251 则是针对欧洲国家的标准，两大数据库中均没有中国地区的调研数据。由于生活习惯、文化背景、经济水平等的差异，我们不能直接照搬国外的热舒适标准，而应研究适于中国不同气候区的热舒适和热适应标准。因此，多年来我国很多学者在不同气候区开展了大量的热舒适现场调查，主要结果见表 2.6。

表 2.6　国内典型的热舒适现场研究结果统计表[13]

调研时间	调研地点	主要研究者	回归方程	热中性温度/℃
1998 年	北京	夏一哉、赵荣义等	$MTS = 0.319t_a - 8.068$	夏季:25.3
2000 年	哈尔滨	王昭俊	$MTS = 0.302t_o - 6.506$	21.5
2005—2006 年	重庆	刘晶、李百战、姚润明	冬:$MTS = 0.163\,7t_a - 3.208\,9$ 夏:$MTS = 0.238\,9t_a - 6.155\,8$ $t_n = 0.23t_{out} + 16.9$	冬季:19.6 夏季:25.7
2008—2009 年	广州	张宇峰等	春:MTS = 0.184SET − 4.654 夏:MTS = 0.196SET − 5.223 秋:MTS = 0.290SET − 7.376	25.4
2009—2010 年	哈尔滨	王昭俊、张琳	供暖开始前: $MTS = 0.0915t_a - 2.297\,7$ 供暖期: $MTS = 0.107\,4t_a - 2.189$	供暖开始前:25.1 供暖期:20.4
2011 年	北京 上海	曹彬、朱颖心	北京:$MTS = 0.201\,9t_a - 4.435\,2$ 上海:$MTS = 0.163\,9t_a - 3.406\,6$	北京冬季:22.0 上海冬季:20.9
2011—2012 年	哈尔滨	王昭俊、李爱雪	冬季办公建筑: $MTS = 0.275\,t_a - 5.423$ 冬季教室: $MTS = 0.240\,t_a - 5.432$ 春季教室: $MTS = 0.153\,t_a - 3.323$	冬季办公建筑:19.7 冬季教室:22.6 春季教室:21.7
2011—2012 年	哈尔滨	王昭俊、绳晓会	$MTS = 0.161t_o - 1.145$	冬季:23.5
2013—2014 年	哈尔滨	王昭俊、任静、张雪香等	$MTS = 0.192\,8t_a - 4.410\,2$ $MTS = 0.228\,6t_a - 4.817\,0$ $MTS = 0.176\,9t_a - 3.867\,4$ $MTS = 0.156\,6t_a - 3.021\,6$	22.9(住宅) 21.1(办公建筑) 21.9(宿舍) 19.3(教室)

注:①t_n 为热中性温度，t_o 为操作温度，t_a 为空气温度，SET 为标准有效温度，t_{out} 为室外温度，MTS 为平均热感觉。

② 最后一行为供暖中期的数据。

综上所述,20 世纪 90 年代中期,ASHRAE 在世界主要气候区开展了热舒适与热适应研究,共收集了四大洲、160 栋建筑中 21 000 组数据,并建立了热舒适数据库 ASHRAE RP - 884, 以期通过解释适应性热舒适模型来探索热适应理论的内在机理。

几年后,欧盟在欧洲的 5 个国家开展了 SCATs 项目,也开始了对适应性热舒适的研究[14]。最终,ASHRAE Standard 55—2004[9] 和 EN 15251[12] 两大标准中都接受了"适应性热舒适"的观点。

目前世界范围内热舒适和热适应现场研究主要集中在热带、亚热带、温带地区,而针对严寒和寒冷地区的研究相对较少。

近年来国内外的热舒适研究机构也在展开合作,2015 年悉尼大学 de Dear 教授和清华大学朱颖心教授主持了国际能源署 Annex 69 项目 —— 低能耗建筑中适应性热舒适的策略与实践项目。该项目由美国加州大学伯克利分校、澳大利亚悉尼大学、中国清华大学和哈尔滨工业大学等十几个国家著名高校和科研单位热舒适领域专家共同合作,开展了继美国 ASHRAE RP - 884 和欧洲 SCATs 两大现场调查后的第三次全球性热适应现场调查,为深入揭示人体热适应机理、推动适应性热舒适模型的应用、制定建筑节能减排政策提供科学依据。本书作者带领的科研团队代表哈尔滨工业大学参与了该项目。

2.2.2 热适应模型应用中的问题

2004 年,ASHRAE Standard 55 标准中引入了 de Dear 和 Brager 提出的热适应模型。ASHRAE Standard 55—2013[15] 标准的热适应模型中采用主导平均室外温度(Prevailing Mean Outdoor Air Temperature)代替了原标准中的月平均室外温度。主导平均室外温度是基于某一时期日平均室外温度的算术平均值得到的,对于已经从生理、行为和心理上适应了室外气候的建筑使用者来说,它能更好地反映室外气候环境。

标准规定主导平均室外温度应是计算日之前的7 ~ 30个序列天的室外温度平均值。主导平均室外温度也可简单地通过气象学上的标准月平均空气温度进行估算,也可使用动态热模拟软件在室外温度数据的基础上以典型气象年的形式进行计算。其计算形式为对计算日之前一段时期的日平均室外温度进行连续的指数加权计算。过去的每一天距离计算日越远,对建筑使用者感到热舒适的温度的影响就会越弱,这种影响主要体现在计算日平均室外温度序列的指数权重上。其计算公式为

$$\overline{t_{\mathrm{pma(out)}}} = (1-\alpha)\left[t_{\mathrm{e(d-1)}} + \alpha t_{\mathrm{e(d-2)}} + \alpha^2 t_{\mathrm{e(d-3)}} + \alpha^3 t_{\mathrm{e(d-4)}} + \cdots\right] \tag{2.43}$$

式中 $\overline{t_{\mathrm{pma(out)}}}$—— 连续指数加权温度(即主导平均室外温度),℃;

α—— 常数(介于0 ~ 1之间,反映了连续7 ~ 30 d 中的室外温度对人体舒适温度影响衰减的快慢);

$t_{\mathrm{e(d-1)}}$—— 计算日前一天的日平均温度,℃;

$t_{\mathrm{e(d-2)}}$—— 计算日前两天的日平均温度,℃;依次类推。

标准中推荐α值为0.6 ~ 0.9,分别对应慢速和快速的滑动平均。根据适应性热舒适理论,标准建议α的取值在气象尺度上室外温度波动较小的地区宜取0.9 更为适宜,例如湿热气候区;而在气象尺度上室外温度波动较大的地区,人们更加了解天气的变化,因此

建议降低 α 的取值，例如中纬度气候区（指南北纬30°～60°之间的纬度带）。

式(2.43)也可以简化为

$$\overline{t_{pma(out)}}=(1-\alpha)t_{e(d-1)}+\alpha t_{rm(d-1)} \tag{2.44}$$

式中　$t_{rm(d-1)}$——$t_{e(d-1)}$ 前一天的滑动平均温度，℃。

例如，如果 $\alpha=0.7$，则所计算日的主导室外日平均空气温度等于前一日的日平均室外温度的30%加上前一日的滑动平均室外温度的70%。这种方程形式推进了滑动平均值从一日到前一日的累加计算，无论是为计算机算法，还是人工计算均提供了便利。实际计算时，滑动平均值也可以按计算日之前7天的日平均空气温度的平均值计算。

ASHRAE Standard 55—2013标准中对于自然通风条件下80%可接受温度上下限的规定除了可以在图中确定外，还可以应用式(2.45)和式(2.46)计算得到。

$$80\%\text{ 可接受操作温度上限}=0.31\ \overline{t_{pma(out)}}+21.3 \tag{2.45}$$

$$80\%\text{ 可接受操作温度下限}=0.31\ \overline{t_{pma(out)}}+14.3 \tag{2.46}$$

ASHRAE Standard 55—2013标准中同时规定自然通风条件下，在环境操作温度大于25 ℃时，允许环境中空气流速大于0.3 m/s，并根据表2.7对热适应模型和相应公式计算得到的可接受操作温度上限进行附加。

表2.7　自然条件下当空气流速大于0.3 m/s时可接受操作温度的附加值[15]

平均空气流速为0.6 m/s	平均空气流速为0.9 m/s	平均空气流速为1.2 m/s
1.2 ℃	1.8 ℃	2.2 ℃

值得注意的是，在改进的自然调节热适应模型中，当主导平均室外温度小于10 ℃或者大于33.5 ℃时，同样超出了2004年后发布的标准的适用范围。

同时，ASHRAE Standard 55—2013标准在附录中介绍了用SET模型计算较高空气流速（大于0.15 m/s）对人体冷却效果的影响，包括如何应用SET模型计算较高风速下的PMV。主要计算步骤如下：

(1) 输入平均空气温度、辐射温度、相对湿度、服装热阻和新陈代谢率。

(2) 对高风速进行设定（要满足在0.15～3 m/s风速范围内）。

(3) 计算得到SET值。

(4) 减小平均空气流速到0.15 m/s。

(5) 逐渐减小平均空气温度输入值，并重新计算SET，直到计算结果等于第三步的计算结果为止。

(6) 得到调整后的平均空气温度值，即在接近静风状态下(0.15 m/s)产生相同SET效果的平均空气温度。

(7) 计算两个平均空气温度的差值，即为提高的空气流速对人体冷却产生的温度效果。

(8) 输入原始的平均辐射温度、相对湿度、服装热阻、新陈代谢率、平均空气流速0.15 m/s和接近静风状态下的等效平均空气温度，计算PMV，即为热环境在高空气流速时的PMV值。

以上过程可用热舒适工具(Thermal Comfort Tool)或相似的计算软件来完成。在应用上述方法时应注意,SET模型基于人体处在均匀空气流速场的假想环境,但对于应用主动和被动式系统的建筑来说,使用空间通常处在较强的非均匀空气流速场中,这会导致皮肤热损失和均匀空气流速场不一致。因此,设计者在使用图表法或上述方法时应充分考虑以上因素,从而确定合适的平均空气流速值。如需要兼顾确定的平均空气流速可能会对建筑使用者裸露的身体部位产生较强的冷却效果或局部热不舒适等因素。

ASHRAE Standard 55—2013标准中给出了典型服装热阻随室外温度的变化曲线。另外,SET模型也被应用于确定自然通风条件下可接受的操作温度区间。

2.2.3 热适应的机理

热适应包括生理适应、心理适应和行为调节等,一些学者还给出了热适应原理图。

1. 生理适应

生理适应是人体应对外界环境变化形成的生理热调节系统变化。根据人体热适应机理,生理适应分为遗传适应和生理习服。遗传适应由家族遗传基因导致,生理习服受后天生存环境影响。生理适应可通过人体生理指标和主观评价来体现。生理学研究表明,环境参数的变化会激活人体生理调节系统。人体通过生理调节使自身达到热平衡状态,表现为人体皮肤温度、心率、血压等生理参数的变化。

生理适应受室外气候的影响,不同季节室外气候差异影响人的生理参数变化。作者课题组的研究表明,室外气温对心率和血压有很大影响[16]。

生理适应不仅受室外气候的影响,而且受室内环境的影响。王昭俊等[17]实验研究发现,严寒地区人群主要为冬季热习服。随着冬季室外气温的下降,人们会更容易从心理上接受偏冷的环境,对室内温度期望不高,在相同的室内环境中感觉越来越热;相同的室外气温下,随着室内温度的降低,人体的皮肤温度和心率下降;当室外气温下降而室内温度相同时,人体手臂皮肤温度显著升高,心率加快。说明随着冬季供暖期室外气温的逐渐降低,人们对偏冷环境的热适应增强,这为严寒地区人体心理适应和生理习服提供了证据。

由于严寒地区室外气温低,人们冬季主要在室内活动,因此冬季室内热环境对人体短期习服的影响更大。王昭俊等[18]对严寒地区冬季不同供暖阶段的现场研究发现,受试者在供暖初期对室温的变化更敏感,对室温的突然升高表现出不适应;供暖中期至供暖末期,人们逐渐适应了集中供暖较高的室温,即使感觉热,也不希望降低室温。

2. 心理适应

人们过去的热经历和对当前环境的控制能力都会影响心理适应。

气候是人体长期热经历形成的重要原因。不同地域的气候差异也会导致人体适应性不同。Fanger等认为,在炎热气候区的自然通风建筑中,人的热期望值低,更容易适应较高的室温环境[10]。我国气候多样,不同气候区的人群的热经历使其适应特定的环境[19]。

季节同样促成人体热经历的形成。作者课题组对严寒地区不同季节、不同类型建筑环境的热舒适进行调查发现,热中性温度接近人们暴露的热环境的空气温度的平均值[3]。不同季节的热中性温度不同,夏季的热中性温度高于冬季的[20,21],春季的高于冬季的[22]。供暖前后,即使在相同室温下,受试者热感觉也不同[23]。

室内热环境对人体热经历的影响显著,进而影响人们的心理期望。作者课题组对比了哈尔滨市冬季不同供暖室温环境中居民的热反应,发现室温偏高时居民的热中性温度比偏低时高 1.9 ℃[24];当受试者适应了冬季较高的供暖室温环境后,对室温降低较敏感[25]。不同供暖阶段居民的热中性温度随着室温增加而升高[26]。

气候与室内环境共同影响人的适应性。作者课题组的研究结果表明[27],以往的室内外热经历对人的热适应均有影响,在供暖开始前和供暖初期主要体现为人对室外气候的适应性;从供暖中期到供暖末期,相比于室内热经历的影响,室外热经历对人体热适应的作用程度较弱。

上述研究说明不同的气候和室内热环境形成的热经历,影响人的心理适应和心理期望,进而影响人的主观热反应和热中性温度。

人体热适应受人对环境控制程度的影响,在偏热环境中,有感知控制时受试者的热感觉更接近热中性[28],感知控制可以缓解热不舒适[16]。

3. 行为调节

行为调节是指人们有意识或无意识地做出的改变,而这些改变又反过来改变控制身体热平衡。人们对环境的控制程度越高,就越容易适应环境[7]。在自然通风建筑中,人们一般通过开窗通风或使用电扇来改变空气流速,或通过调整着衣量来改变服装热阻。而在严寒地区冬季集中供暖建筑中,对供暖系统的调节比较困难,人们一般通过开关窗或调节自身服装热阻来达到热舒适[3,13,16,24]。大量的现场研究表明,服装热阻与室内外温度存在很强的线性关系。在严寒地区集中供暖建筑中,人们主要根据室内温度调节服装热阻。

室内空气流速是影响热舒适的重要因素之一。人们通常通过风扇或开窗来改变室内空气流速,从而改变可接受的温度范围。Zhang[29] 等人基于 ASHRAE 数据库,提出如果使用风扇个性化调节,舒适温度的上限可达到 30 ℃。在 ASHRAE Standard 55—2010 中给出了热舒适区图[30],通过将室内空气流速由 0.1 m/s 提高到 1.2 m/s,使可接受的操作温度范围提高了,以延长自然通风时间,降低夏季空调运行的能耗。

4. 热适应原理图

1972 年 Nicol 和 Humphreys 提出:建筑的使用者和其经常暴露的室内气候构成了一个完整的自我调节的热舒适反馈系统,如图 2.5 所示。

由图 2.5 可知,当室内环境的变化使人感到热不舒适时,人们会通过主动的行为调节来维持其热舒适状态,这可以解释适应性热舒适理论。

20 世纪 70 年代末,Humphreys 提出了人体室内温度适应性假设。Auliciems 认为热适应的驱动力既来自室内气候也来自室外气候。

1981 年,de Dear 进一步阐述了适应性热舒适理论,提出了适应性假说,包括生理适应(气候适应、体温调节设定点)、行为适应(热平衡参数调节)、心理适应(热期望)、文化适应(习俗、技术等)。de Dear 的热适应反馈系统如图 2.6 所示。

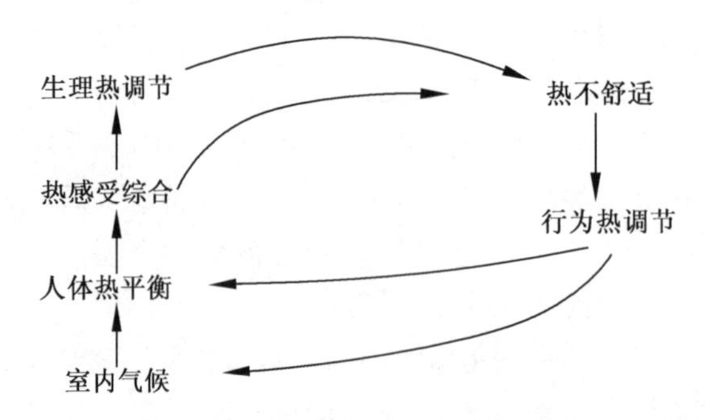

图 2.5　Nicol 和 Humphreys 的热舒适反馈系统(de Dear 教授绘制)

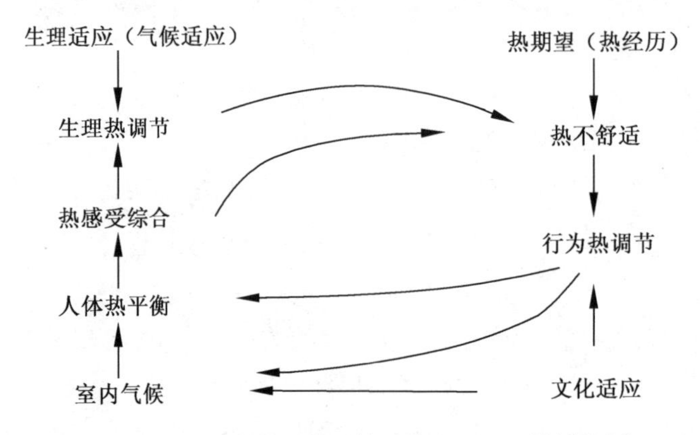

图 2.6　de Dear 的热适应反馈系统(de Dear 教授绘制)

本章主要参考文献

[1] FANGER P O. Thermal comfort[M]. Copenhagen:Danish Technical Press, 1970.

[2] ISO Standard 7730. Ergonomics of the thermal environment—Analytical determination and interpretation of thermal comfort using calculation of the PMV and PPD indices and local thermal comfort criteria[S]. Geneva:International Standard Organization, 2005.

[3] 王昭俊. 严寒地区居室热环境与热舒适性研究[D]. 哈尔滨: 哈尔滨工业大学, 2002.

[4] 王昭俊, 张志强, 廉乐明. 热舒适评价指标及冬季室内计算温度探讨[J]. 暖通空调, 2002, 32(2):26-28.

[5] HUMPHREYS M A. Field studies of thermal comfort compared and applied[J]. Building Services Engineer, 1976(44):5-27.

[6] MCINTYRE D A. Indoor climate[M]. London:Applied Science Published LTD, 1980.

[7] HUMPHREYS M A, NICOL J F. Understanding the adaptive approach to thermal comfort[J]. ASHRAE Transactions, 1998, 104(1):991-1004.

[8] DE DEAR R J, BRAGER G S. Developing an adaptive model of thermal comfort and preference[J]. ASHRAE Transactions, 1998, 104(1):145-167.

[9] ANSI/ASHRAE Standard 55—2004. Thermal environmental conditions for human

occupancy[S]. Atlanta:American Society of Heating, Refrigerating, and Air-Conditioning Engineers, Inc., 2004.

[10] FANGER P O, TOFTUM J. Extension of the PMV model to non-air-conditioned buildings in warm climates[J]. Energy and Buildings, 2002, 34(6):533-536.

[11] 任静. 严寒地区住宅和办公建筑人体热适应现场研究[D]. 哈尔滨:哈尔滨工业大学,2014.

[12] EN 15251—2007. Indoor environmental input parameters for design and assessment of energy performance of buildings addressing indoor air quality, thermal environment, lighting and acoustics[S]. Brussels:European Committee for Standardization, 2007.

[13] 王昭俊. 室内空气环境评价与控制[M]. 哈尔滨:哈尔滨工业大学出版社, 2016.

[14] MC CARTNEY K J, NICOL J F. Developing an adaptive control algorithm for Europe[J]. Energy and Buildings, 2002,34:623-635.

[15] ANSI/ASHRAE Standard 55—2013. Thermal environmental conditions for human occupancy[S]. Atlanta:American Society of Heating, Refrigerating, and Air-Conditioning Engineers, Inc. 2013.

[16] 吉玉辰. 严寒地区室内外气候对热舒适与热适应的影响研究[D]. 哈尔滨:哈尔滨工业大学, 2020.

[17] 王昭俊, 康诚祖, 宁浩然, 等. 严寒地区人体热适应性研究(3):散热器供暖环境下热反应实验研究[J]. 暖通空调, 2016, 46(3): 79-83.

[18] WANG Z J, JI Y C, SU X W. Influence of outdoor and indoor microclimate on human thermal adaptation in winter in the severe cold area, China[J]. Building and Environment, 2018,133(4):91-102.

[19] 曹彬, 罗茂辉, 朱颖心, 等. 基于实际建筑环境的人体热适应研究(3)——冬季不同气候区人体热适应特征对比[J]. 暖通空调, 2015, 45(1):55-58.

[20] WANG Z J. A field study of the thermal comfort in residential buildings in Harbin[J]. Building and Environment, 2006, 41(8):1034-1039.

[21] WANG Z J, ZHANG L, ZHAO J N, et al. Thermal comfort for naturally ventilated residential buildings in Harbin[J]. Energy and Buildings, 2010, 42(12): 2406-2415.

[22] WANG Z J, LI A X, REN J, et al. Thermal adaptation and thermal environment in university classrooms and offices in Harbin[J]. Energy and Buildings, 2014, 77(7):192-196.

[23] WANG Z J, ZHANG L, ZHAO J N, et al. Thermal responses to different residential environments in Harbin[J]. Building and Environment, 2011, 46(11):2170-2178.

[24] 宁浩然. 严寒地区供暖建筑环境人体热舒适与热适应研究[D]. 哈尔滨:哈尔滨工业大学, 2017.

[25] NING H R, WANG Z J, ZHANG X X, et al. Adaptive thermal comfort in university dormitories in the severe cold area of China[J]. Building and Environment, 2016,

99(4):161-169.

[26] WANG Z J, JI Y C, REN J, Thermal adaptation in overheated residential buildings in severe cold area in China[J]. Energy and Buildings, 2017, 146(7):322-332.

[27] 王昭俊，宁浩然，张雪香，等. 严寒地区人体热适应性研究(2):宿舍热环境与热适应现场研究[J]. 暖通空调, 2015, 45(12):57-62.

[28] ZHOU X, OUYANG Q, ZHU Y X, et al. Experimental study of the influence of anticipated control on human thermal sensation and thermal comfort[J]. Indoor Air, 2014, 24(2):171-177.

[29] ZHANG H, ARENS E, PASUT W. Air temperature thresholds for indoor comfort and perceived air quality[J]. Building Research & Information, 2011, 39(2):134-144.

[30] ASHRAE Standard 55—2010. Thermal environmental conditions for human occupancy[S]. Atlanta:American Society of Heating, Refrigerating, and Air-Conditioning Engineers, Inc., 2010.

第3章　基于时间尺度的热舒适与热适应

近年来，随着经济的发展和生活水平的提高，人们更加关注居室热环境与热舒适问题。为了研究适于严寒地区居民热舒适的热环境参数指标以及探讨如何改善该地区居室热环境现状，本书作者及其研究团队自2000以来，对严寒地区代表性城市哈尔滨市的住宅室内热环境及居民热舒适进行了长期的现场调查研究。以住宅中的居民作为受试者，研究其热舒适与热适应更具有代表性，因为居民在自己家里参与调查，便于进行开窗和增减服装等行为调节，且居民年龄分布范围较广。本章将介绍基于季节和以年为周期的较长时间尺度开展的居民热舒适与热适应的现场研究成果。

3.1　冬季居民的热舒适与热适应

本书作者在攻读博士学位期间，于2000年至2001年的冬季，对严寒地区代表性城市哈尔滨市的住宅室内热环境及居民热舒适进行了现场调查，也由此开辟了作者在严寒地区室内热环境与人体热舒适领域的研究方向。尽管这项研究距今已有20多年了，但作者所提出的一些研究方法和热环境评价指标等思想仍具有借鉴意义。下面重点介绍当时的研究思路和研究方法，以及数据分析方法，以飨读者。

3.1.1　研究方法

1. 研究目的

(1) 考察哈尔滨市冬季集中供暖住宅的室内热环境。

(2) 分析哈尔滨市冬季居民的热舒适状况，并与相关热舒适标准相比较。

(3) 了解居民在改善居室热环境方面采取的措施，探讨居民热舒适与热适应行为。

(4) 确定居民热感觉与室内热环境参数之间的关系。

(5) 提出热环境评价指标，建立热感觉评价模型。

2. 样本选择[1]

在严寒地区，住宅集中供暖末端设备主要是散热器，因此本次调查对象为哈尔滨市住宅散热器供暖的居室和居民。由于供暖情况、居室朝向、楼层、居中还是靠山墙、窗和墙体保温情况、户型、居室布置情况、小区环境等因素可能对室内热环境及人体热反应有影响，且即使在同一室内热环境条件下，不同年龄和性别的居民热反应可能不同，因此选择样本时尽量使上述因素在所选择的样本中分布均匀。

人体热反应是室内环境参数的函数，可将其视为随机变量。根据中心极限定理，当样本充分大时，人体热反应的分布近似为标准正态分布。一般认为样本数不应小于50，最好100以上。因此,本次调查采用随机抽样调查的方法,分别在哈尔滨工业大学二校区(绿化程度一般)选择了29户住宅,在闽江小区(绿化程度好)选择了37户住宅,共调查了120名居民,得到了120组人体热反应的样本。

对120名受试者的背景进行统计,结果见表3.1。可见,此次被调查对象的平均年龄为46.4岁,在哈尔滨市居住的平均时间为33.6年,说明大多数受试者已基本适应了哈尔滨市冬季寒冷干燥的气候。

表3.1　受试者背景统计表

受试者/人	总人数	120
性别	男	59(49.2%)
	女	61(50.8%)
年龄/岁	平均值	46.4
	标准偏差	15.25
	最大值	80
	最小值	14
在哈尔滨市居住的时间/年	平均值	33.6
	标准偏差	16.31
	最大值	67
	最小值	0.25

3. 数据采集

在2000年12月初至2001年1月上旬供暖期内,作者对所选择的66户住宅室内热环境进行了现场测试,对其中的120名居民受试者进行了现场调查。在此期间的室外平均气温为-15.5~-29.5℃,是近30年来最寒冷的一个冬天。现场研究分对住宅室内热环境参数进行测量和对居民进行问卷调查两种方式同时进行。一个现场调查小组由3人组成,其中一人负责指导受试者填写问卷调查表,另外两人负责测量居室热环境参数。

4. 测试仪器及测试要求

(1)测试仪器简介。

该研究采用丹麦技术大学Fanger教授团队开发的室内气候分析仪1213和热舒适仪1214,室内气候分析仪测试图如图3.1所示,热舒适仪测试图如图3.2所示[1]。

室内气候分析仪1213是一个功能独特、携带方便、能直接读取数据的仪器,可以用来测量空气温度、表面温度、不对称辐射温度、湿度和空气流速等所有热环境参数。该仪器操作简单,可以用在建筑物及任何具有封闭空间的交通工具内。测试结果可以直接由数字显示器读出,也可以存在存储器内,以便读出或打印出来。

室内气候分析仪1213有5个传感器,分别介绍如下:

①空气温度传感器MM0034采用带有防辐射屏蔽的Pt100电阻感温元件。由于Pt100具有良好的感温性能,可根据其热阻的变化精确地计算出温度值。

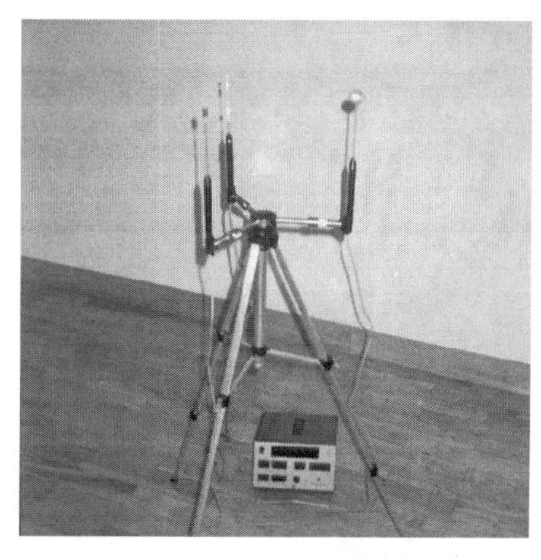

图3.1　室内气候分析仪测试图[1]

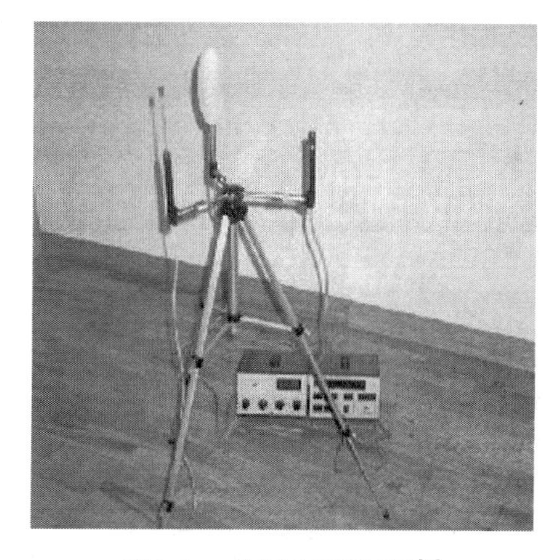

图3.2　热舒适仪测试图[1]

② 表面温度传感器 MM0035 的感温元件也是 Pt100 电阻,并附在与测温表面相接触的膜片上,膜片附于保护感温元件的锥体端部,传感器与手柄之间用弹簧连接,可起到进一步保护传感器的作用。

③ 不对称辐射温度传感器 MM0036 由两个半球包裹的 A、B 两个平面黑体感温元件组成,分别测量各自的入射辐射。传感器的每一个小表面均由一个镀金反射元件和一个涂黑的元件组成,两个元件大小相同,并通过热电池与中心体连接。当表面被环境加热或冷却时,镀金表面完全通过对流得热或失热,而涂黑表面以辐射和对流的方式得热或失热。当两个元件具有相同的温度时,通过热电池产生的电位差是黑体元件与环境之间的辐射换热量的函数,平面辐射温度通过此测量值与中心体内由 Pt100 感温电阻的测量值进行计算。

④ 湿度传感器 MM0037 是露点式传感器。当进行湿度测量时,传感器内锥形镜下边的冷却元件开始工作,降低镜子的温度,直到大气中的水蒸气开始凝结,水蒸气在镜面上凝结时的温度即为露点温度。露点温度每 3 min 测量一次,人体散发的水蒸气可能引起露点的微小变化,当测量的露点温度不稳定时,显示器会给出提示。

⑤ 空气流速传感器 MM0038 基于恒温式热线风速仪的原理。风速是热物体表面热损失的函数,可通过测量为了维持两个热敏元件之间的恒定温差而输入的能量来测得。

热舒适仪 1214 也是便于携带且能直接读取数据的仪器,该仪器可直接测得热舒适评价指标 PMV 和 PPD。使用该仪器时,需先设定两个参数,即水蒸气分压力和服装热阻。水蒸气分压力可由室内气候分析仪 1213 测出,服装热阻可依据被调研居民的衣着状况进行估取。

虽然测试仪器室内气候分析仪 1213 和热舒适仪 1214 在出厂时已进行了标定,但由于近年来未被使用,作者在黑龙江省计量检定测试所对其进行了精度检测。检测结果表明:其精度和响应时间均满足 ASHRAE Standard 55—1992[2] 和 ISO Standard 7726[3] 标准。传感器特性表见表 3.2。

表 3.2　传感器特性表

传感器	测量范围	精度	反应时间
空气温度	-20 ~ 50 ℃	5 ~ 40 ℃，±0.2 ℃ -20 ~ 50 ℃，±0.5 ℃	突变 50%:20 s 90%:50 s
表面温度	-20 ~ 100 ℃	5 ~ 40 ℃，±0.5 ℃ -20 ~ 100 ℃，±1.0 ℃	50%:2 s 90%:7 s
不对称辐射温度	t_a ±50 ℃	$\|t_{pr} - t_a\|$ < 15 ℃，±0.5 ℃	50%:15 s 90%:60 s
湿度	$t_a - t_d$ < 25 ℃	$t_a - t_d$ < 10 ℃，±0.5 ℃ 10 ℃ < $t_a - t_d$ < 25 ℃，±1.0 ℃	正常:1 min 间隔:2 min
空气流速	0.05 ~ 1.0 m/s	±5%，±0.05 m/s	90%:0.2 s

(2) 测试要求。

ASHRAE Standard 55—1981 对办公建筑的测试要求如下。

测试房间:典型楼层的任何区域;

测点位置:距外墙 0.6 m,两侧墙之间的中点以及房间的中心;

湿度测量:在房间的中心;

温度变化测量:在房间的中心;

测试时的室外气象条件:测试期间室内外温差不应低于设计温差的 50%,从阴天到部分有云的天气。

ISO Standard 7726 对环境物理参数的测量位置和测量高度的要求见表 3.3 和表 3.4。

表 3.3　环境物理参数的测量位置

传感器位置	计算平均值的权系数				推荐高度/m	
	均匀环境		非均匀环境		坐姿	站姿
	舒适	热强度	舒适	热强度		
头部			1	1	1.1	1.7
腰部	1	1	1	2	0.6	1.1
脚踝			1	1	0.1	0.1

表 3.4　环境物理参数的测量高度

环境变量	0.1 m	0.6 m	1.1 m	1.7 m
空气温度	*	*	*	
空气相对湿度			*	
水蒸气分压力			*	
空气流速	*	*	*	
平均辐射温度		*		
露点温度			*	
不对称辐射温差		*		
地板表面温度				

注:"*"表示某参数在某高度进行测量。

5. 环境物理参数测量

ASHRAE Standard 55 和 ISO Standard 7726 标准皆适用于办公建筑。对居住建筑，可参考上述测试要求布置测点位置。因为现场调查期间，居民一般坐着填写问卷调查表，故在居室中心位置距地面垂直高度为 0.1 m、0.6 m 和1.1 m 3个测点上（分别代表坐姿受试者的脚踝、腰部和头部高度）分别测量空气温度和空气流速；在距地面垂直高度为 0.6 m 的测点上分别测量平均辐射温度和不对称辐射温差；在距地面垂直高度为 1.1 m 的测点上分别测量水蒸气分压力、露点温度、空气相对湿度和围护结构表面温度，并根据居民的着衣量、活动量和水蒸气分压力，在距地面垂直高度为 1.1 m 的测点上测量 PMV 和 PPD 值。

6. 主观调查问卷设计

请受试者填写调查表，并对居室热环境进行主观评价，内容包括：

(1) 居民的背景情况。

如性别、年龄、在哈尔滨市居住的时间等。

(2) 居民的着衣量和活动量调查。

详细记录居民的穿着情况，以便于统计。热舒适标准规定人体新陈代谢率不大于 1.2 met，故居民在室内的活动量取为 1.0 ~ 1.2 met。

(3) 居民的热感觉调查。

采用 ASHRAE 7 级标度[- 3（冷）、- 2（凉）、- 1（稍凉）、0（热中性）、1（稍暖）、2（暖）、3（热）] 表示，因为 ASHRAE 标度比 Bedford 标度更准确地描述了人体热感觉，而 Bedford 标度容易让人混淆“舒适” 与“令人舒适的暖和”“太暖和” 与“过分暖和” 等概念。

(4) 热接受率调查。

让受试者直接对热环境能否接受进行判断。为便于统计，将主观评价结果定量化，令 1 表示能接受、0 表示不能接受。

(5) 热期望度调查。

以 Preference 标度 - 1（较凉）、0（不变）、+ 1（较暖）表示。

(6) 热舒适调查。

采用热舒适 5 级指标，即 + 1（很舒适）、0（舒适）、- 1（稍不舒适）、- 2（不舒适）、- 3（很不舒适）。

(7) 室内空气潮湿状况调查。

- 1（干燥）、0（尚可）、+ 1（潮湿）。

(8) 室内空气清新程度调查。

- 1（闷热）、0（尚可）、+ 1（新鲜）。

(9) 居民常采用的改善室内热环境的措施调查。

如采用电加热器、加湿器、窗帘等。

7. 服装热阻

服装热阻值是在实验室内用暖体假人进行测定的。在实际应用时，不可能对每一种服装组合都进行测定，而是根据单件服装的热阻由经验公式估算整套服装的热阻。本节采用 ASHRAE 推荐的组合服装的热阻计算公式(3.1) 进行估算[2]。

$$I_{cl} = 0.82 \sum I_{cli} \tag{3.1}$$

式中　I_{cl}—— 整套服装的热阻,clo;

　　　I_{cli}—— 单件服装的热阻,clo。

单件服装的热阻可查阅有关资料获得。早期的服装热阻主要是在美国堪萨斯州立大学的实验室测试得到的。我国可供参考的资料很少,一般参考国外测得的类似服装的热阻进行估计。根据调查表中详细记录的受试者的着装情况,先估取单件服装的热阻,然后按式(3.1) 计算每个受试者的总服装热阻。

8. 新陈代谢率

因调查时受试者主要坐着看材料和回答问题,ASHRAE Standard 55 标准及 ISO Standard 7730[4] 标准适用于以坐着为主的轻体力活动,新陈代谢率 $M \leqslant 1.2$ met,故新陈代谢率定为1.2 met (70 W/m^2)。

3.1.2　热舒适评价指标

1. 热舒适评价的温度指标[1,5]

在热舒适现场研究中,所采用的热舒适评价的温度指标主要有空气温度 t_a、操作温度 t_o、新有效温度 ET*。采用不同的热舒适温度评价指标对同一环境进行评价其结果是有差异的。那么,采用哪个热舒适温度指标更合理呢? de Dear 和 Auliciems 在澳大利亚的现场研究中使用了空气温度 t_a 作为热舒适温度评价指标[6]。由于仅用空气温度 t_a 过于简单,故在以后的热舒适现场研究中基本不用该指标。此后,ASHRAE 先后发起组织了 4 次大规模的热舒适现场研究,但除了 1987 年 Schiller 等对旧金山地区的现场调查中使用了新有效温度 ET* 外[7],最近 3 次调查中均使用了操作温度 t_o 作为热舒适温度评价指标[8-10]。文献[11,12] 中也采用了操作温度 t_0。文献[12] 指出:之所以用操作温度 t_o 而不用新有效温度 ET* 等复杂的指标,是因为前者计算简单且具有很好的相关性,这可能是因为热指标越复杂,其统计意义越小。该文献推荐全球热舒适数据库采用操作温度 t_o 作为热舒适评价温度指标来计算热中性温度。

新有效温度 ET* 是综合考虑了空气温度、平均辐射温度、相对湿度对人体热感觉的影响而得出的等效的干球温度。在严寒地区,冬季居室内相对湿度一般较低,当温度接近热舒适温度时,湿度对人体温暖感的影响不明显,但空气温度和平均辐射温度对人体热感觉的影响较显著。

操作温度 t_o 是综合考虑了空气温度和平均辐射温度对人体热感觉的影响而得出的合成温度。故用操作温度 t_o 作为热舒适温度评价指标来评价寒地居民热感觉更加准确,其物理意义也十分明确,即该指标综合考虑了环境与人体的对流换热与辐射换热。操作温度 t_o 可由式(3.2) 计算。

$$t_o = \frac{h_c t_a + h_r t_r}{h_c + h_r} \tag{3.2}$$

式中　h_c—— 对流换热系数,W/(m^2 · ℃);

　　　h_r—— 辐射换热系数,W/(m^2 · ℃)。

米森纳尔德曾证明人在静止空气中辐射与对流换热系数之比为1∶0.9[13]，将这一结果代入式(3.2)中，可得出式(3.3)。

$$t_o = 0.47t_a + 0.53t_r \tag{3.3}$$

式(3.3)说明当空气静止时，辐射换热对人体的影响要大于对流换热对人体的影响。

当空气流动时，对流换热系数增加，对流换热对人体的影响加剧，当对流换热系数与辐射换热系数相等时，式(3.3)变为

$$t_o = 0.5t_a + 0.5t_r \tag{3.4}$$

文献[8,11]就直接用式(3.4)计算操作温度 t_o，即认为操作温度 t_o 是空气温度 t_a 和平均辐射温度 t_r 的平均值。

当空气流速加大时，对流换热系数可能大于辐射换热系数，此时空气温度对人体热感觉的影响要大于辐射温度对人体的影响。McIntyre曾提出主观温度的概念[13]，本书作者认为主观温度与操作温度的物理意义是一样的，主观温度的计算式为

$$t_{sub} = 0.56t_a + 0.44t_r \tag{3.5}$$

式(3.5)适用于空气流速 $v < 0.15$ m/s 的情况。

在本节的测试数据中，空气流速的平均值为0.06 m/s，很低，故作者采用式(3.4)计算操作温度 t_o。

2. 热感觉与热中性温度

在热舒适现场研究中，所采用的人体热感觉的表述方式有两种——热感觉TS(Thermal Sensation)和平均热感觉MTS(Mean Thermal Sensation)。前者为某一温度的人体热感觉，后者为某一温度区间的人体热感觉平均值。由于个体之间的差异，在同一温度下，不同人的热感觉不同，故变量TS和温度之间的线性相关系数较低，说明用TS不能很好地预测人体热感觉。故国外学者都不采用TS预测人体热感觉。

采用温度频率法(Bin 法[7,9,10,12])，通过线性回归分析得到关系式(3.6)。

$$\mathrm{MTS} = a + b \times t_o \tag{3.6}$$

变量MTS和操作温度 t_o 之间的线性相关系数较高，说明用MTS可以较好地预测人体热感觉。

Fanger教授的PMV指标也是通过实验室研究得到的预测人体热感觉的平均投票值，为了将现场研究结果与PMV预测值进行对比，本节采用MTS来描述人体热感觉投票。令MTS = 0，即可计算出热中性温度[12]。

3. 热期望温度

人们所期望的温度的计算采用概率统计的方法，即在某一温度区间内(以0.5 ℃为组距)，统计所期望的热环境比此刻较暖和较凉的人数占总人数的百分数，并将热期望与冷期望的百分比画在同一幅图上，两条拟合的概率曲线的交点所对应的温度即为所期望的温度[12]。

3.1.3　室内热环境参数

对室内热环境参数的统计结果见表3.5。可见，室温为12.0 ~ 25.6 ℃，平均值为

20.1 ℃；操作温度为12.1 ~ 29.4 ℃，平均值为20.8 ℃；平均相对湿度为35.3%；平均空气流速为0.06 m/s。

表3.5　室内热环境参数统计表[1,14]

	平均值	标准偏差	最大值	最小值
空气温度/℃	20.1	2.43	25.6	12.0
相对湿度/%	35.3	8.05	53.0	22.0
空气流速 m/s	0.06	0.04	0.22	0.01
辐射温度/℃	21.6	3.65	34.4	12.2
操作温度/℃	20.8	2.91	29.4	12.1
预测平均投票值	-0.41	0.54	0.92	-2.1
预测不满意百分数/%	14.1	12.23	85.0	5.0

注：① 空气温度为0.1 m、0.6 m、1.1 m 3个测点上的空气温度的平均值。

② 空气流速也是上述3个测点上的空气流速的平均值。

③ 辐射温度为0.6 m测点上的4个方向的辐射温度的平均值。

④ 操作温度为空气温度和辐射温度的平均值。

上述各参数的分布频率分别如图3.3 ~ 3.6所示。由图3.3可见，室温主要分布在18.0 ~ 22.5 ℃之间，占总样本的73.3%，有84.2%的样本的空气温度在16.0 ~ 22.5 ℃之间。室温的平均值为20.1 ℃。由图3.4可见，操作温度主要分布在18.0 ~22.5 ℃之间，占总样本的70.0%。

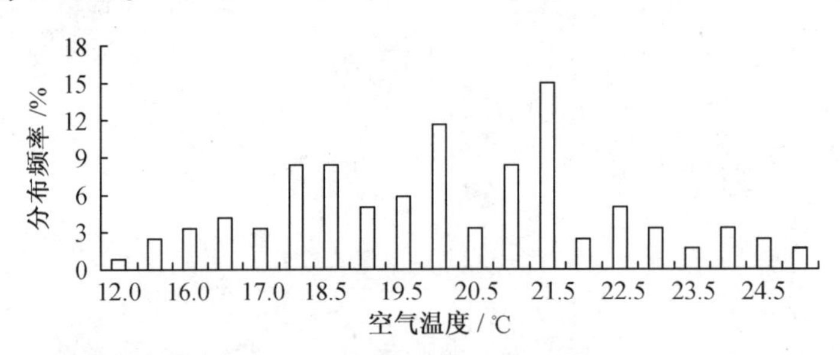

图3.3　空气温度的分布频率[1]

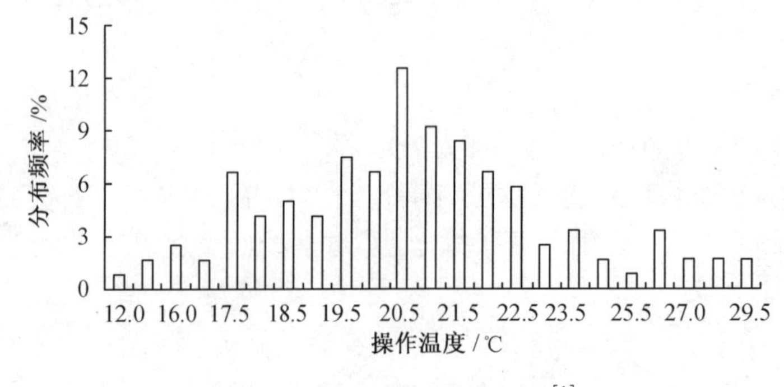

图3.4　操作温度的分布频率[1]

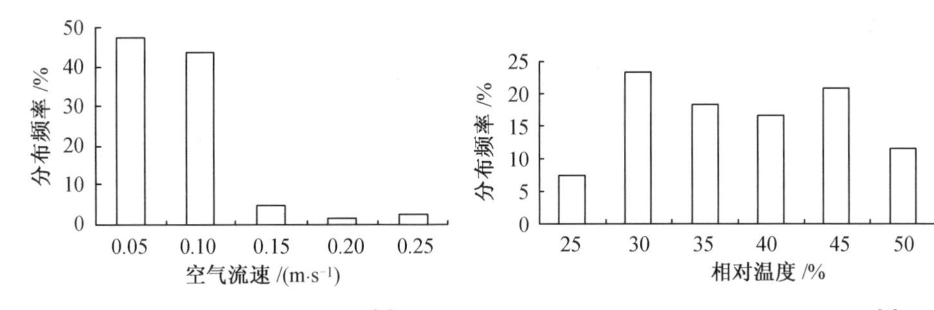

图3.5　空气流速的分布频率[1]　　图3.6　相对湿度的分布频率[1]

由图3.5可见,95.8%的样本的空气流速不超过0.15 m/s,其中有90.8%的样本的空气流速不超过0.1 m/s。室内空气流速的平均值为0.06 m/s,说明在严寒地区冬季居室内空气流速一般很低,95%以上的室内空气流速皆满足ASHRAE Standard 55—1992及ISO Standard 7730热舒适标准及我国《室内空调至适温度》(GB/T 5701—1985)标准的要求,即冬季室内空气流速不应大于0.15 m/s。这主要是由于在寒冷地区外窗的密封性很好,除非人们特意开窗通风换气,一般情况下通过外窗渗入的室外新风量很少。当人们在室内活动且散热器主要以对流方式散热时会引起空气流动,但由此引起的室内空气流速一般很低。

由图3.6可见,相对湿度主要分布在25%～50%之间,占总样本的98.3%。其中有90.8%的样本的相对湿度在30%～50%之间,平均相对湿度为35.3%,说明在严寒地区冬季居室内空气较干燥,但相对湿度都满足ASHRAE Standard 55—1992及ISO Standard 7730热舒适标准的要求。

3.1.4　人体热反应

1. 热感觉与热期望温度

(1) 热感觉。

热感觉投票值统计结果见表3.6。由表3.6可见,现场调研的平均热感觉投票值MTS处于热中性偏冷(-0.075),比预测值PMV(-0.41)高0.335,说明PMV预测值过低估计了寒地居民的热感觉。现场调研的热感觉投票值分布频率如图3.7所示。由图3.7可见,热感觉投票值分布近似为标准正态分布,这与前人研究结果一致。其中热感觉投票值在-1、0和1范围内的样本占76.7%。

表3.6　热感觉投票值统计表

	平均值	标准偏差	最小值	最大值
MTS	-0.075	1.277 9	-3	3
PMV	-0.41	0.54	-2.1	0.92

平均热感觉投票值随操作温度 t_o 变化统计结果见表3.7。在调查中发现,人们很难分清"冷"和"凉"、"热"和"暖"的界限,故将热感觉"冷"(-3)和"凉"(-2)合并,记作"冷"(-2),将热感觉为"热"(+3)和"暖"(+2)合并,记作"热"(+2),以增加热感觉等级(-2)和(+2)的投票次数,即可得到按照ASHRAE 5点标度统计的平均热感觉

MTS* 值。

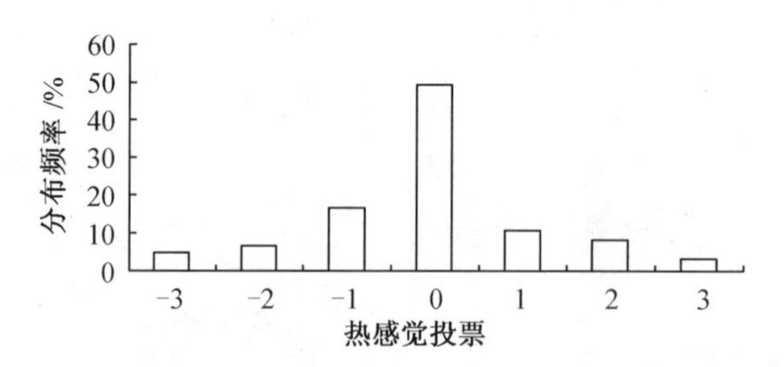

图 3.7　热感觉投票分布频率[1,15]

表 3.7　平均热感觉投票随操作温度 t_o 变化统计表

t_o/℃	12.0	15.0	16.0	17.0	18.0	19.0	20.0	21.0	22.0	23.0	24.0
MTS* 值	-2	-2	-2	-1	-0.75	-0.14	0.13	0.62	0.73	0	0.43
MTS 值	-3	-2	-2	-1	-0.92	-0.14	0.13	0.62	0.91	0	0.43

注:① 第 2 行 MTS* 值是按照 ASHRAE 5 点标度统计的结果。

② 第 3 行 MTS 值是按照 ASHRAE 7 点标度统计的结果。

(2) 热期望温度。

热期望温度的计算如图 3.8 所示。由图 3.8 可求出人们所期望的温度约为 21.9 ℃(以 t_o 表示)。可见在寒冷地区人们所期望的温度要高于热中性温度,二者之差约为 0.4 ℃,这与文献[12]所给出的结论一致。

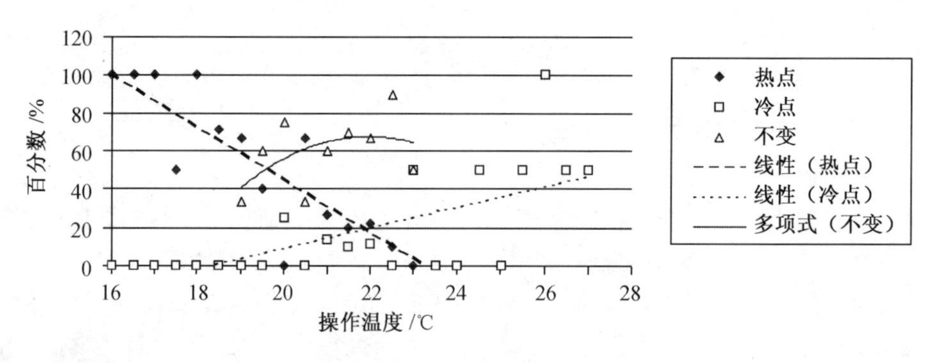

图 3.8　热期望温度的计算[1]

2. 热舒适温度修正与热接受率

(1) 热舒适温度修正。

ASHRAE Standard 55—1992 舒适标准规定冬季服装热阻为 0.9 clo;ISO Standard 7730 舒适标准规定冬季服装热阻为 1.0 clo。本节调研的服装热阻平均值为 1.37 clo,比上述标准中规定的服装热阻值高很多,因此不能直接将测试结果与上述标准进行对照,而应对服装热阻进行折算。根据第 2 章的 PMV - PPD 热舒适指标计算程序,可以计算出平均服装热阻值为 1.37 clo,平均空气流速为 0.06 m/s,而其他参数取值不变时两种新陈代谢率下的 PMV - PPD 值,计算结果见表 3.8 和表 3.9。

表3.8和表3.9中，PPD ≤ 10% 且相对湿度为20% ~ 80% 的温度为热舒适温度。由表3.8可见，热舒适室温范围是18.5 ~ 23.5 ℃；由表3.9可见，热舒适室温范围是16.5 ~ 22.5 ℃。

由于人在室内活动主要是静坐（M = 58.15 W/m^2）和从事轻体力活动（M = 69.78 W/m^2），在两种新陈代谢率下人体皆感觉舒适的室内环境才为热舒适环境，故平均服装热阻值为1.37 clo，平均空气流速为0.06 m/s时所对应的冬季热舒适温度范围是t_o = 18.5 ~22.5 ℃。

表3.8　PMV - PPD 计算表（M = 58.15 W/m^2）[1]

相对湿度 /%	空气温度 /℃						
	18.5	19.5	20.5	21.5	22.5	23.5	24.5
0	- 0.90	- 0.69	- 0.48	- 0.27	- 0.06	0.15	0.35
	21.99	15.11	9.75	6.55	5.07	5.48	7.61
10	- 0.84	- 0.63	- 0.41	- 0.20	0.01	0.22	0.44
	19.93	13.42	8.57	5.82	5.00	6.02	9.07
20	- 0.79	- 0.57	- 0.35	- 0.13	0.09	0.30	0.52
	18.00	11.89	7.56	5.37	5.15	6.91	10.72
30	- 0.73	- 0.51	- 0.29	- 0.06	0.15	0.38	0.60
	16.20	10.52	6.79	5.09	5.48	8.01	12.66
40	- 0.68	- 0.45	- 0.23	0.00	0.22	0.46	0.69
	14.71	9.18	6.09	5.00	6.03	9.36	14.88
50	- 0.62	- 0.39	- 0.16	0.06	0.30	0.53	0.76
	13.15	8.15	5.53	5.08	6.88	10.96	17.19
60	- 0.57	- 0.33	- 0.10	0.13	0.37	0.60	0.84
	11.73	7.26	5.22	5.36	7.90	12.65	19.94
70	- 0.51	- 0.28	- 0.04	0.20	0.45	0.68	0.92
	10.45	6.58	5.03	5.82	9.14	14.71	22.96
80	- 0.45	- 0.22	0.03	0.27	0.51	0.76	1.00
	9.31	5.97	5.02	6.54	10.45	17.03	26.24
90	- 0.39	- 0.15	0.09	0.34	0.58	0.83	1.08
	8.20	5.46	5.18	7.41	12.10	19.60	29.77
100	- 0.34	- 0.10	0.15	0.40	0.65	0.91	1.16
	7.36	5.20	5.47	8.37	13.98	22.40	33.52

注：上行数字为 PMV 值，下行数字为 PPD 值。

表 3.9　PMV - PPD 计算表(M = 69.78 W/m²)[1]

相对湿度/%	空气温度/℃						
	16.5	17.5	18.5	19.5	20.5	21.5	22.5
0	-0.72	-0.55	-0.38	-0.21	-0.04	0.13	0.30
	15.77	11.26	8.03	5.94	5.03	5.33	6.87
10	-0.67	-0.51	-0.33	-0.16	0.01	0.18	0.36
	14.54	10.38	7.25	5.54	5.00	5.69	7.71
20	-0.63	-0.46	-0.28	-0.11	0.07	0.24	0.42
	13.39	9.47	6.66	5.24	5.10	6.24	8.62
30	-0.59	-0.42	-0.24	-0.06	0.12	0.30	0.48
	12.32	8.64	6.15	5.08	5.29	6.90	9.75
40	-0.55	-0.37	-0.19	-0.01	0.18	0.35	0.54
	11.32	7.90	5.77	5.00	5.64	7.61	11.04
50	-0.51	-0.33	-0.15	0.04	0.23	0.41	0.60
	10.40	7.25	5.44	5.03	6.09	8.52	12.49
60	-0.47	-0.28	-0.09	0.09	0.28	0.47	0.66
	9.64	6.63	5.18	5.17	6.67	9.56	14.09
70	-0.43	-0.24	-0.05	0.14	0.33	0.52	0.72
	8.85	6.16	5.05	5.40	7.29	10.75	15.85
80	-0.39	-0.20	0.00	0.19	0.38	0.58	0.78
	8.13	5.81	5.00	5.79	8.09	12.07	17.93
90	-0.35	-0.15	0.04	0.25	0.44	0.64	0.84
	7.49	5.48	5.04	6.25	9.00	13.66	20.02
100	-0.30	-0.10	0.09	0.29	0.49	0.70	0.90
	6.92	5.22	5.17	6.76	10.04	15.29	22.27

注:上行数字为 PMV 值,下行数字为 PPD 值。

(2)热接受率。

关于居民对热环境的接受率的研究有两种方法,一种为直接方法,即让居民直接判断热环境是否可以接受,统计结果表明:91.7% 的居民能够接受其所处的热环境。而对照 ASHRAE Standard 55—1992 及 ISO Standard 7730 舒适标准,仅有60% 的居民所处的热环境满足上述舒适标准(t_o = 18.5 ~ 22.5 ℃)。说明人们对热环境的心理期望值不高,故对热环境的接受率调查值远远高于按 ISO Standard 7730 舒适标准的统计值。

另一种为间接方法,即按调查表中居民填写的热感觉投票值进行统计分析得出,投票值为 -1、0、1 的为可接受,投票值为 -3、-2、2、3 的为不可接受。计算在某一操作温度下投票值为可接受的人数占总投票人数的百分数,即为该温度下的可接受率,热接受率如

图 3.9 所示。ASHRAE Standard 55—1992 和 ISO Standard 7730 舒适标准中规定:80% 的居民能接受的环境即为热舒适环境,即 PPD ≤ 20% 的温度为人们可接受的温度,则该地区居民可接受的操作温度范围是 18.0 ~ 25.5 ℃,比上述标准中规定的舒适温度范围(t_o =18.5 ~ 22.5 ℃)宽很多。由此可见,人们对热环境的适应性是很强的。

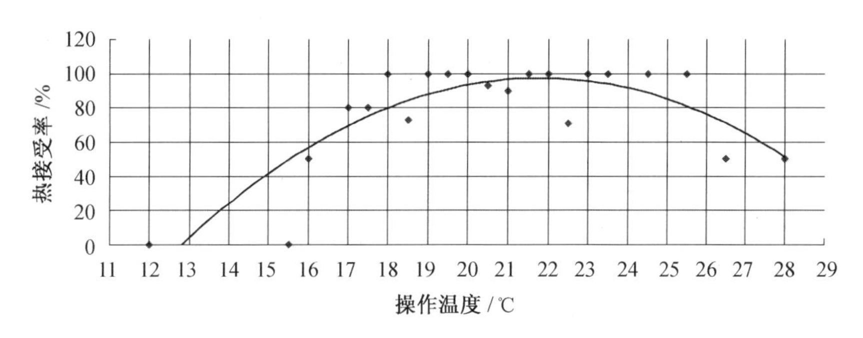

图 3.9　热接受率[1]

3. 预测不满意百分数

由式(3.6) 可求出与 MTS 相对应的 t_o 值,PMV – PPD、MTS – PPD* 统计表见表 3.10。统计在某一温度下热感觉投票值为 – 3、– 2、2、3 的人数占总人数的百分率,记为 PPD*,现场调研的热感觉投票值 MTS 与 PPD* 的关系如图 3.10 所示。由图 3.10 可见,当 MTS = 0 时,PPD* = 3%,即哈尔滨地区居民对热环境要求不高,所以 PPD* 最小值低于 Fanger 教授的 PMV – PPD 预测值。此外,当温度偏离热中性温度时,PPD 值比 PPD* 增加得快,说明人们对温度的敏感程度低于 Fanger 教授的预测值。

表 3.10　PMV – PPD、MTS – PPD* 统计表

MTS/PMV	– 2	– 1.5	– 1	– 0.5	– 0.35	0	0.35	0.5	1	1.5	2
t_o	14.9	16.6	18.2	19.9	20.4	21.5	22.7	23.2	24.9	26.5	28.2
PPD	80	52	27	10	7.5	5	7.5	10	27	52	80
PPD*	–	50	20	0	7	0	20	0	–	50	50

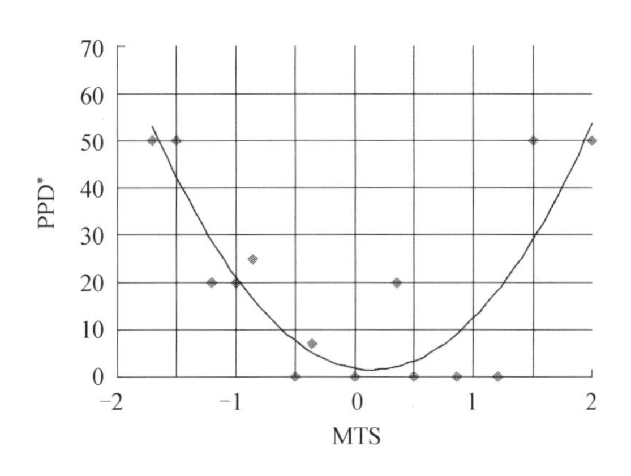

图 3.10　PPD* – MTS 关系图[1]

3.1.5 热感觉预测模型与热中性温度

对室内空气流速 $v \leqslant 0.15$ m/s 的样本(占总样本的95.8%)进行回归分析,热感觉投票与操作温度的线性拟合的结果如图3.11所示,线性回归方程见式(3.7)和式(3.8)。

$$\text{MTS} = 0.302t_o - 6.506 \quad (\text{相关系数 } R = 0.872\,2) \tag{3.7}$$

$$\text{PMV} = 0.185t_o - 4.252 \quad (\text{相关系数 } R = 0.986\,6) \tag{3.8}$$

式中 t_o——操作温度;

MTS——现场调研的平均热感觉投票;

PMV——预测的平均热感觉投票。

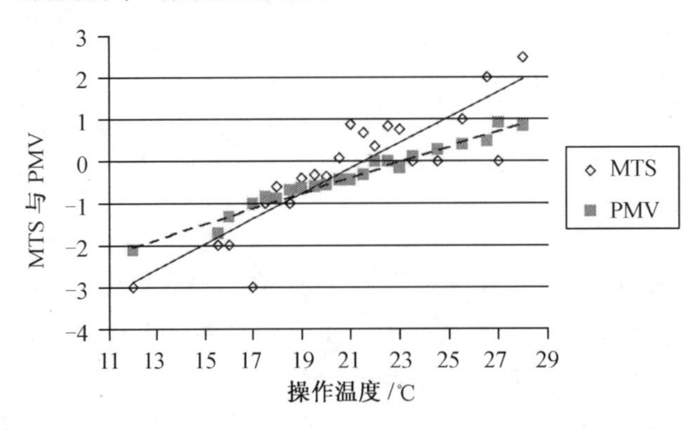

图3.11 热感觉投票与操作温度的线性拟合的结果[1]

热感觉投票值MTS、PMV随操作温度 t_o 变化的曲线的斜率分别为0.302和0.185,说明人们对温度的敏感程度现场调研值要高于PMV预测值。

令MTS = 0、PMV = 0,求出其对应的热中性温度分别为21.5 ℃(以 t_o 表示)和23.0 ℃,即实测的热中性温度比PMV预测的热中性温度低1.5 ℃。说明严寒地区的居民已经适应了当地的气候,更喜欢比PMV预测值偏低的操作温度。由表3.5可见,平均操作温度为20.8 ℃,比实测的热中性温度低0.7 ℃,这与de Dear对全球热舒适数据库的统计研究结果相近[12],说明了人对热环境的生理适应性。

3.1.6 热适应行为

调查中详细记录了受试者的衣着状况,并按照ASHRAE标准计算受试者所穿整套服装的热阻值,现场调查时居民主要坐着填写调查问卷,受试者的座椅一般为沙发,其附加热阻值为0.15 clo[16]。服装热阻的分布频率如图3.12所示。

由图3.12可见,受试者的服装热阻为0.81 ~ 2.08 clo,集中分布在1.2 ~ 1.5 clo范围内,占总样本的76.7%,说明冬季哈尔滨市居民在室内的着衣量普遍较多。服装热阻平均值为1.37 clo,相当于穿内衣、内裤、厚毛衣、厚毛裤。

ASHRAE Standard 55—1992舒适标准规定冬季服装热阻为0.9 clo;ISO Standard 7730舒适标准规定冬季服装热阻为1.0 clo。而本节的服装热阻平均值为1.37 clo,比上述标准规定的服装热阻值高很多,符合我国国情。在中国,较高级的写字楼、宾馆等建筑冬季室内温度较高,工作人员的服装热阻一般取0.9 clo或1.0 clo。而对于一般办公建筑和居住建筑,人们着装较厚,服装热阻可在1.2 ~ 1.5 clo之间取值。故我国《室内空调至适温度》(GB/T 5701—85)中规定冬季的服装热阻为 1.2 ~ 1.8 clo。本次调查的服装热阻平均值在此范围之内。

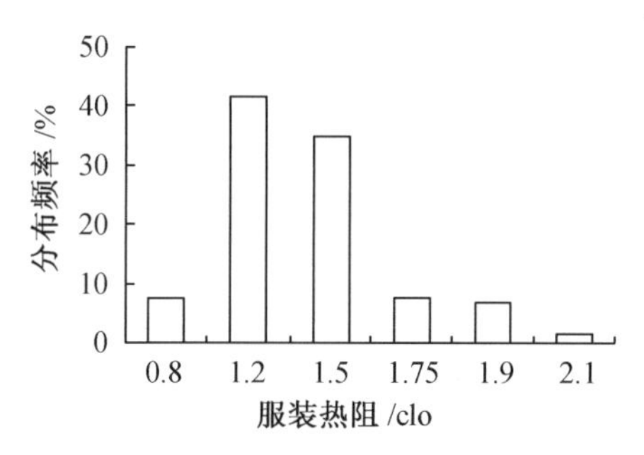

图 3.12　服装热阻的分布频率[1]

如前所述,80% 居民可接受的温度范围是 18.0 ~ 25.5 ℃,表明人们在适应热环境方面是很成功的。人们所采取的适应性措施主要是增减衣服,服装热阻为 0.81 ~ 2.08 clo。

服装热阻随操作温度变化的关系图如图 3.13 所示,其相关系数为 -0.548 6。为了防止居室过于干燥,居民常采用浴盆存水、晾衣服、使用加湿器等措施。现场调查期间,采用加湿器的居民仅占 10%,但随着生活水平的提高,采用加湿器对居室进行加湿的方法将逐渐被人们接受。

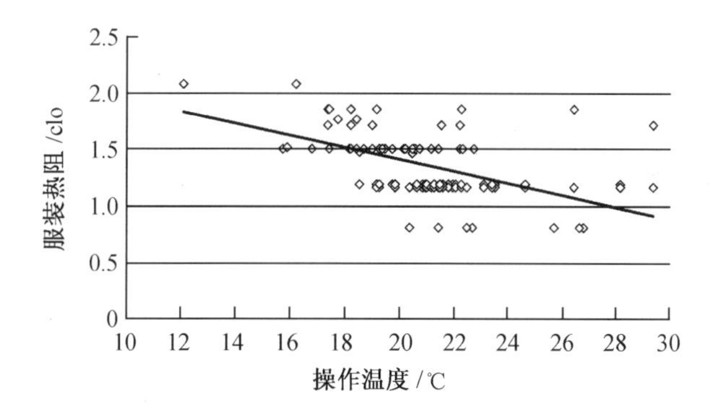

图 3.13　服装热阻随操作温度变化的关系图[1]

3.1.7　讨论

1. 性别对人体热感觉的影响

因为男性和女性新陈代谢率不同,故下面讨论不同性别的人体热感觉。

对室内空气流速不超过 0.15 m/s 的样本(占总样本的 95.8%)进行回归分析,不同性别热感觉投票与操作温度的线性拟合的结果如图 3.14 所示,男性和女性样本的线性回归方程见式(3.9)和式(3.10)。

$$MTS = 0.199 \times t_o - 4.158 \quad (相关系数\ R = 0.658\ 2) \tag{3.9}$$

$$MTS = 0.243 \times t_o - 5.330 \quad (相关系数\ R = 0.800\ 2) \tag{3.10}$$

式中　t_o—— 操作温度;

MTS—— 平均热感觉投票。

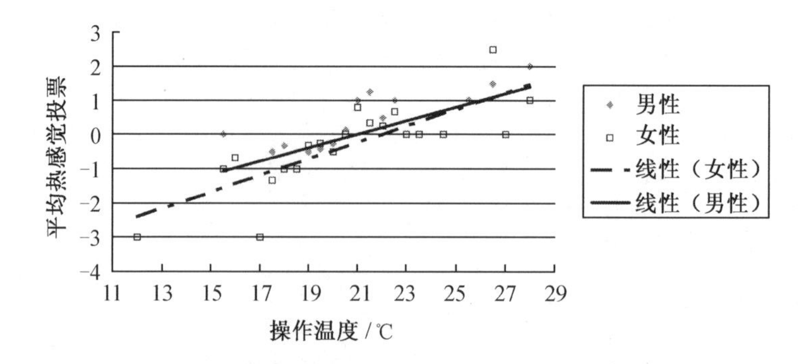

图3.14　不同性别热感觉投票与操作温度的线性拟合的结果[1,17]

图3.14中直线的斜率表示人们对温度的敏感程度。由图3.14可见，女性对温度的变化更敏感，故女性热感觉与操作温度的线性相关系数大于男性的。

式(3.9)和式(3.10)中平均热感觉投票值MTS随操作温度t_o变化的曲线的斜率分别为0.199和0.243，说明男性对温度的敏感程度要低于女性对温度的敏感程度。

令MTS = 0，求出其对应的热中性温度分别为：男性20.9 ℃(以t_o表示)，女性21.9 ℃，即男性的热中性温度比女性的热中性温度低1 ℃。这与其他现场研究结果一致，说明男性更适应较低的温度，而女性更偏爱较高的温度。这是因为：男性的新陈代谢率高于女性的新陈代谢率；女性对温度较敏感，在室内着衣量随室温调节较男性多。

2. 与其他现场研究结果比较

由表1.6可见，平均热感觉投票值MTS随操作温度t_o变化曲线的斜率从卡尔古利的0.21到汤斯威尔的0.522，变化较大。本次测试结果为0.302，见式(3.7)，与北京、天津地区的调研结果相近。此斜率表示人们的热感觉对温度变化的敏感程度，本结果说明哈尔滨地区居民对温度的敏感程度与北京、天津地区的居民对环境温度变化的敏感程度相近。

本次调查的热中性操作温度为21.5 ℃，介于卡尔古利冬季的20.3 ℃与蒙特利尔冬季的23.1 ℃之间。

本次现场研究中，男性的热中性温度为20.9 ℃，女性的热中性温度为21.9 ℃，二者相差1 ℃。Donnini对蒙特利尔的研究结果为：男性的热中性温度为23.5 ℃，女性的热中性温度为23.8 ℃，二者相差0.3 ℃[9]。de Dear对汤斯威尔的研究结果为：男性的热中性温度为24.2 ℃，女性的热中性温度为24.3 ℃，二者相差0.1 ℃[8]。

本次调查的热感觉与操作温度两个变量之间的相关系数为0.872 2，介于卡尔古利冬季的0.842 6和蒙特利尔的0.989 9之间。

本次调查的对热环境不满意率PPD最小值为3%，与天津地区的研究结果相近，而低于国外现场测试结果，说明中国人对热环境的心理期望值低于国外的受试者。

3. 与寒冷地区现场研究结果比较

(1) 与加拿大的蒙特利尔市现场研究结果比较。

哈尔滨市与蒙特利尔市两个城市的室内热环境参数测试结果见表3.11。

表3.11　哈尔滨市与蒙特利尔市室内热环境参数测试结果

		哈尔滨市	蒙特利尔市
空气温度/℃	平均值	20.1	23.0
	标准偏差	2.43	0.8
	最大值	25.6	26.3
	最小值	12.0	20.3
相对湿度/%	平均值	35.3	21.4
	标准偏差	8.05	7.0
	最大值	53.0	39.2
	最小值	22.0	9.7

哈尔滨市位于北纬45°41′、东经126°37′，与加拿大的蒙特利尔市所处的地理位置（北纬46°、西经73°）相近，两个城市的气候特点亦相近，即冬季干冷。冬季室外平均气温：哈尔滨市为 -9.9 ℃，蒙特利尔市为 -7 ℃；冬季室外平均相对湿度：哈尔滨市为66%，蒙特利尔市为72%。

哈尔滨市冬季居民的热中性温度为21.5 ℃，低于蒙特利尔市冬季受试者的23.1 ℃，见表1.6。哈尔滨市居民所期望的温度为21.9 ℃，与蒙特利尔市的22 ℃ 接近。哈尔滨市居民对热环境的敏感程度为0.302，即温度变化约3 ℃时，热感觉改变1个单位；蒙特利尔市为0.493，即温度变化约2 ℃时，热感觉改变1个单位，即哈尔滨市居民对热环境的敏感程度低于蒙特利尔市受试者的。80% 可接受的温度范围：哈尔滨市为18.0 ~ 25.5 ℃，蒙特利尔市为21.5 ~ 25.5 ℃。哈尔滨市居民对热环境的不满意率PPD最小值为3%，低于蒙特利尔市的12%。哈尔滨市居民的服装热阻平均值为1.37 clo，蒙特利尔市为1.06 clo。正因为哈尔滨市居民在室内着装较厚，所以其热中性温度、对温度的敏感程度、80% 可接受的温度下限值均低于蒙特利尔市受试者的。反映了哈尔滨市居民的生活水平、生活习惯与蒙特利尔市受试者的差异，导致了两地受试者的生理适应性和心理期望值的差异。

（2）与哈尔滨市办公建筑现场研究结果比较。

由表3.12可见，办公建筑室内平均温度比住宅室内平均温度低2.6 ℃；平均相对湿度二者相差约4%，相对湿度的最大值较接近，约为55%，说明冬季哈尔滨市的室内相对湿度普遍较低；平均空气流速二者很接近，为0.06 ~ 0.07 m/s，说明冬季哈尔滨市的室内空气流速一般较低；办公建筑室内平均辐射温度比住宅室内平均辐射温度低4.5 ℃。

办公建筑中服装热阻平均值为1.74 clo，对应的热中性温度为17.69 ℃，接近室内平均温度17.47 ℃；住宅服装热阻平均值为1.37 clo，对应的热中性温度为21.5 ℃，与室内平均温度20.1 ℃ 相近。按服装热阻每增加0.1 clo，热中性温度可降低0.6 ℃ 折算，当办公建筑服装热阻平均值为1.37 clo时，其所对应的热中性温度将变为19.9 ℃，与本次调查的热中性温度相差1.6 ℃。这说明近10年来，随着生活水平的提高，室内平均温度提高了2.6 ℃，人们的着衣量减少了0.37 clo，热中性温度提高了3.8 ℃，对服装热阻折算后的热中性温度提高了1.6 ℃，即热中性温度是随着室内温度条件的变化而变化的，从而进一步证明了人对环境的生理适应性。

表 3.12　哈尔滨市住宅与办公建筑室内热环境参数测试结果

		住宅	办公建筑
空气温度/℃	平均值	20.1	17.47
	标准偏差	2.43	1.86
	最大值	25.6	22.4
	最小值	12.0	12.8
相对湿度/%	平均值	35.3	31.4
	标准偏差	8.05	9.7
	最大值	53.0	57.0
	最小值	22.0	11.0
空气流速/($m \cdot s^{-1}$)	平均值	0.06	0.07
	标准偏差	0.04	0.03
	最大值	0.22	0.16
	最小值	0.01	0.02
辐射温度/℃	平均值	21.6	17.1
	标准偏差	3.65	0.30
	最大值	34.4	21.1
	最小值	12.2	11.4

居民对热环境的敏感程度为0.302,办公人员为0.36,二者相差不大。90% 可接受的温度范围:哈尔滨市居民为19.0 ~ 24.5 ℃,办公人员为15.9 ~ 19.3 ℃。由于人们的着衣量减少了,故可接受的温度约上升了3 ~ 5 ℃。居民对热环境的接受率为91.7%,办公人员对热环境的接受率为86.5%。

不同类型建筑空气干燥程度对比图如 3.15 所示。由图 3.15 可见,当相对湿度为20% ~ 40% 时,在两种建筑内人们的湿感觉相近,说明在冬季哈尔滨人普遍感觉空气较干燥。

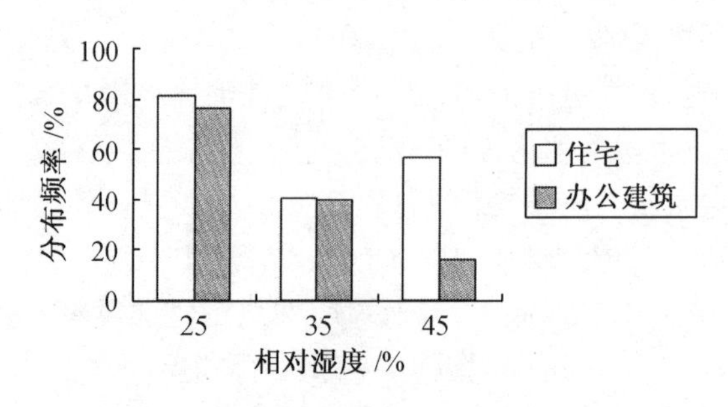

图 3.15　不同类型建筑空气干燥程度对比图[1]

4. 与热舒适标准比较

（1）温度梯度的影响。

ASHRAE Standard 55—1992 中规定，距离地面垂直高度 1.7 m 与 0.1 m 的温差不能大于 3 ℃，ISO Standard 7730 中规定，与地面垂直方向 1.1 m 与 0.1 m 的温差不能大于 3 ℃。实际测试中 1.1 m 与 0.1 m 的垂直方向的温差不超过 3 ℃ 的占 82.5%，有 17.5% 的样本不满足上述标准。但调查中发现，不满足标准规定的这些居民中的 52.4% 认为热环境舒适，47.6% 的居民反映脚部稍凉。之所以产生这么大的差别主要在于 0.1 m 处的空气温度，前者为不低于 16 ℃，而后者低于 16 ℃。由此可见：地表温度应不小于 16 ℃，比 ASHRAE Standard 55—1992 中规定的最低地板表面温度 18 ℃ 低 2 ℃。

（2）相对湿度的影响。

当相对湿度为 20% ~ 30% 时，80% 以上的居民感到空气干燥，而当相对湿度为 30% ~55% 时，只有约 40% 的居民感到空气干燥，40% 的居民认为空气尚可，故较舒适的相对湿度为 30% ~ 55%。ASHRAE Standard 55—1992 中规定较舒适的相对湿度为 20% ~ 80%，与测试结果相比，该标准推荐的相对湿度的下限似乎过低了。

3.2　夏季居民的热舒适与热适应

本书作者所领导的课题组自 2000 年开始对严寒地区室内热环境与人体热舒适进行了连续的调查研究，本节将介绍课题组对严寒地区代表性城市哈尔滨市住宅夏季热环境及居民热舒适进行的现场调查，这也是课题组参与“十一五”国家科技支撑计划重大项目“城镇人居环境改善与保障关键技术研究”之课题九——“建筑室内热湿环境控制与改善关键技术研究”（2006BAJ02A09）的部分研究成果。

3.2.1　研究方法

1. 研究目的

（1）考察哈尔滨市住宅夏季自然通风室内热环境状况，调查居民对热环境的主观感觉。

（2）计算热中性温度和热期望温度及可接受的温度范围，并与其他地区夏季现场研究结果进行比较。

（3）探究哈尔滨市夏季湿度和室内空气流速对居民热感觉的影响。

（4）考察改善居室热环境的措施。

（5）建立适于哈尔滨市夏季自然通风建筑的热适应模型。

2. 样本选择

课题组于 2009 年 7 月 23 日至 9 月 14 日对哈尔滨市 6 个住宅小区的 34 栋住宅楼进行了现场测试，图 3.16 给出了样本在这 6 个小区的分布情况。课题组共调查了 257 户住宅，得到 423 个样本，其中男性 177 人，女性 246 人。受试者的背景统计表见表 3.13。

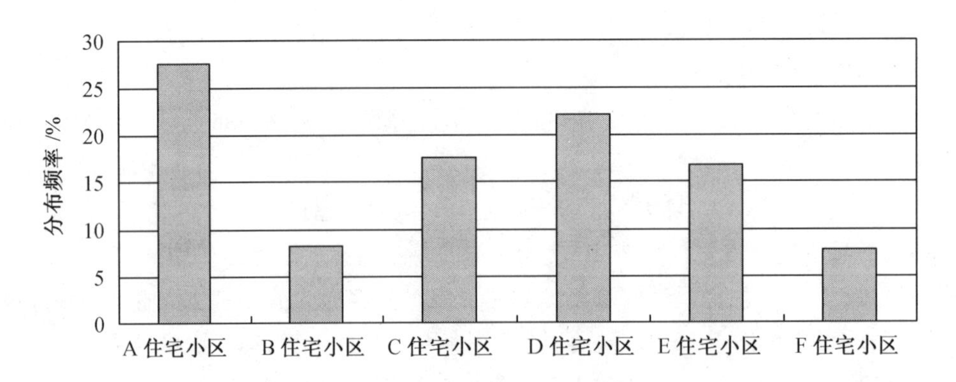

图 3.16　夏季调研的住宅小区样本分布[18]

表 3.13　受试者的背景统计表

样本数/个		423
性别	男	177(41.8%)
	女	246(58.2%)
年龄/岁	平均值	40.5
	标准偏差	11.66
	最大值	60
	最小值	20
在哈尔滨市居住的时间/年	平均值	28.4
	标准偏差	18.15
	最大值	60
	最小值	1

3. 测试仪器及测试要求

(1) 测试仪器简介。

采用的仪器主要有:

Dwyer 485 - 1 数字式温湿度计。其测量范围是,温度: - 30 ~ + 85 ℃;湿度:0 ~ 100%。精度是,温度: ±0.5 ℃,湿度: ±2% RH。

Testo 425 型热线风速仪。其测量范围为 0 ~ 20 m/s, ±0.03 m/s, ±5% 测量值。

使用前在黑龙江省计量检定测试所对其进行了精度检测。检测结果表明:其精度和响应时间均满足 ASHRAE Standard 55—2004、ISO Standard 7730 和 CEN 标准。

(2) 测试要求。

根据本次现场研究的主要目的,以及 ASHRAE Standard 55—2004 中的相关要求,确定要进行现场测试的主要热环境参数为室内外空气温度、相对湿度及空气流速。

ASHRAE Standard 55—2004 对现场测试的要求如下:

房间可以是典型楼层的任何区域。对于有人员停留的区域,选取该区域中具有代表性的地点进行测量;对于没有人员停留的区域,测量者必须确定该点是该房间将来人员停留的点,并且进行恰当的测量;测点位置需距离外墙 0.6 m,可以在两侧墙之间的中点以及房间的中心;湿度的测点应位于房间的中央位置。

本次现场调查按照相关标准要求进行。此外,按照"十一五"课题组的要求,调查时居民受试者的位置应避免被阳光直晒,应测量人体腹部位置的热环境参数,即坐姿受试者测量附近垂直高度 0.6 m 处的室内热环境参数,站姿受试者测量附近垂直高度 1.1 m 处的,室内空气流速为 3 min 内的平均值。测试时间为每天 8:00 ~ 20:00。同一个月内,同一户内测试和问卷量不超过2份,同一建筑内不超过20份。为保证测试的代表性,测试时间要能代表该月的气象条件,避免在同一时间段集中测试。

3.2.2　室内热环境参数

表3.14 给出了室内热环境参数的统计结果。从表中可看出,室温为20.7 ~ 31.9 ℃,平均值为 26.9 ℃,接近于平均室外温度 27.0 ℃。这说明在调查期间,居民经常开窗通风。低于 21.0 ℃ 和高于 30.0 ℃ 的样本数目都较少,说明哈尔滨市夏天是非常凉爽的,高温出现的情况很少。相对湿度为38.6% ~ 81.2%,平均值为59.3%。室内空气流速为 0.01 ~ 0.9 m/s,平均值为 0.11 m/s。

表 3.14　夏季室内热环境参数统计表

	平均值	标准偏差	最大值	最小值
空气温度 /℃	26.9	2.18	31.9	20.7
相对湿度 /%	59.3	7.62	81.2	38.6
空气流速 /($m \cdot s^{-1}$)	0.11	0.10	0.90	0.01
服装热阻 /clo	0.54	0.10	0.77	0.21

图 3.17 ~ 3.19 给出了夏季室温、相对湿度和空气流速的分布频率。可见,室温主要分布在25 ~ 29.5 ℃ 之间,占总样本的80%。只有22% 的温度落在 ASHRAE 标准规定的舒适标准 23 ~ 26 ℃ 之间。

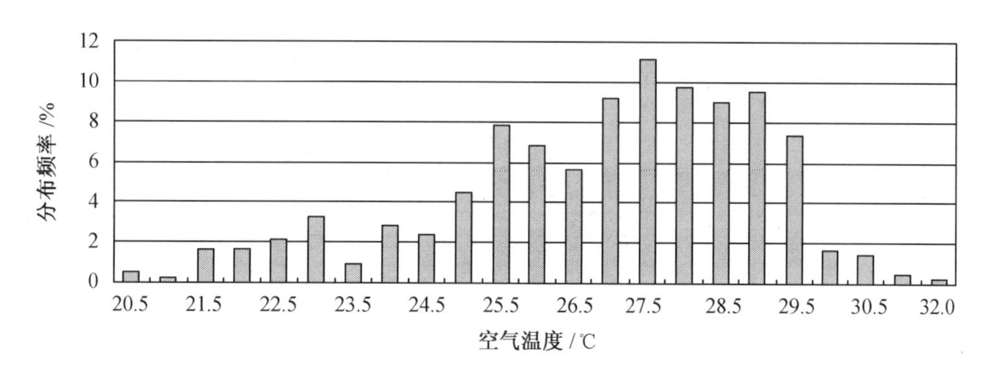

图 3.17　夏季室温分布频率[18]

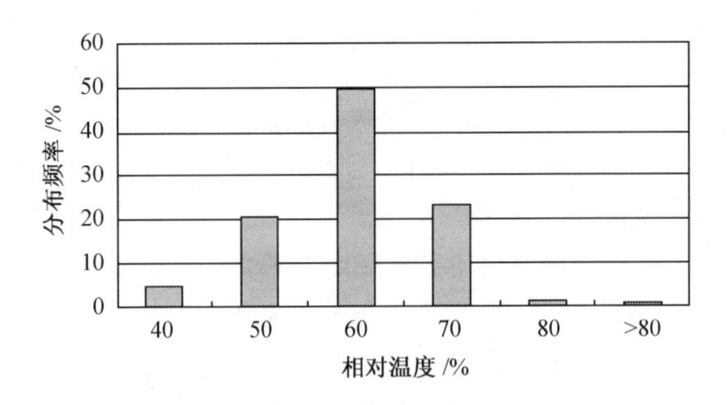

图 3.18　夏季室内相对湿度分布频率[18]

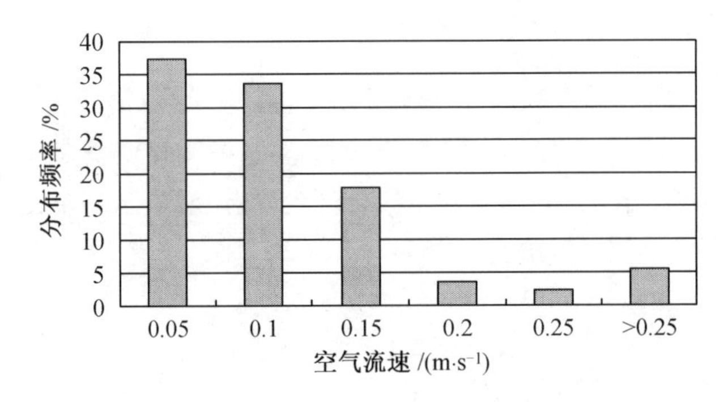

图 3.19　夏季室内空气流速分布频率[18]

由图 3.18 可以看出,大约一半的湿度落在 60%。相对湿度的舒适范围是 20% ~ 80%,相对湿度低于 20%,人们会感到空气干燥;相对湿度大于 80%,人们会感到潮湿。本次测试没有低于20% 的样本,而仅有0.7% 的相对湿度大于80%。相对湿度为40% ~ 50% 的占15%,相对湿度为50% ~60% 的占38%,相对湿度为60% ~70% 的占42%,相对湿度为 70% ~ 80% 的占 4.3%。可见,哈尔滨市夏季室内偏湿,相对湿度处于舒适区的上限部分。

从图 3.19 中可以看出,虽然所调查的住户居民都开窗,但是室内空气流速仍很低,94% 的空气流速均没有超过相关标准中给出的夏季室内空气流速的上限值 0.25 m/s。

3.2.3　人体热反应

1. 热感觉

夏季热感觉投票分布频率如图 3.20 所示。可见,热感觉投票分布近似为标准正态分布。热感觉投票为 0 的样本占总样本的 57%,平均热感觉投票为 0.50,表示稍暖。

居民感觉舒适的温度范围为 21.4 ~ 30.4 ℃,平均值为 26.4 ℃,低于平均室温 26.9 ℃。

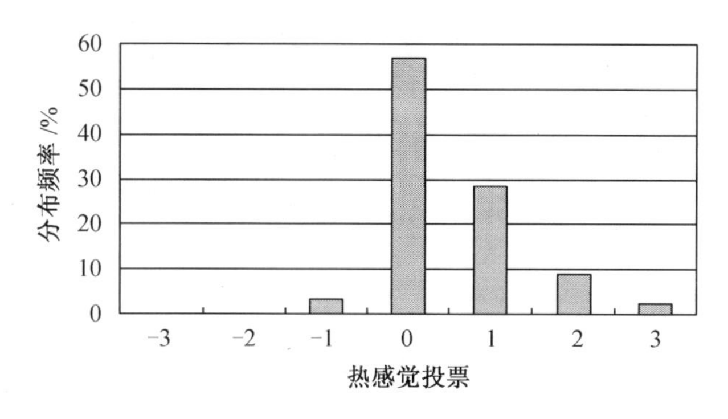

图3.20　夏季热感觉投票分布频率[18]

2. 热期望温度

热期望温度调查结果为:37% 的投票者希望温度减小,6% 的投票者希望温度增加,57% 的投票者希望温度不变。

考虑统计分析的准确性,只对样本数多于10个的温度进行分析,符合要求的温度区间为24.0～29.5 ℃。当空气温度为24.0～28.0 ℃时,希望温度不变的投票数明显多于其他两种投票数。当空气温度高于28.0 ℃时,希望温度减小的投票数明显多于希望温度不变的投票数,除了30.5 ℃例外,大多数投票者希望不变的温度就是期望温度。因此,期望温度为24.0 ～ 28.0 ℃。

3. 湿感觉

夏季湿感觉投票分布频率如图3.21所示,可见湿感觉投票分布近似为标准正态分布。湿感觉投票为0的样本占总样本的57%,投票在－1、0和＋1的样本占总样本的91%。可见,大部分受试者对其所处环境的相对湿度表示可以接受。哈尔滨市夏季室内温度较适宜,湿度对热舒适的影响不明显。平均湿感觉投票为0.27,表示偏潮。

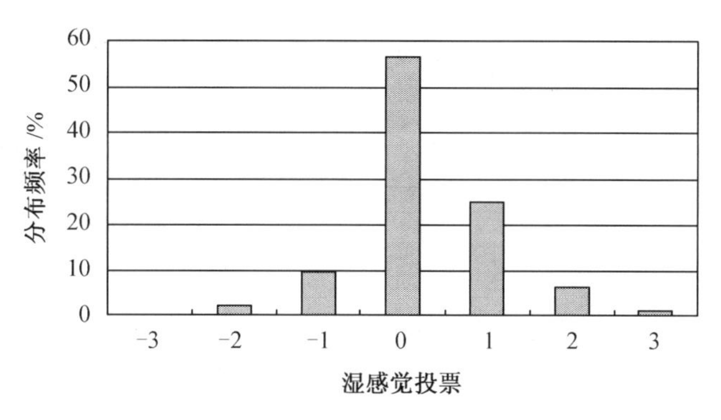

图3.21　夏季湿感觉投票分布频率[18]

4. 风速感觉

夏天风速是影响热舒适的重要因素。研究结果表明,风速对人们的热舒适有着非常重要的作用。图3.22给出了夏季风速感觉投票分布频率,有大约69.7% 的投票落在0(舒适无风)和＋1(舒适有风),即有69.7% 的投票值对其所处环境的风速表示可以接受,对应的空气流速为 0.01 ~ 0.90 m/s。30% 的受试者投票在 - 3(很闷) 到 - 1(有点闷)。只有一位受试者在风速为 0.09 m/s 时投票在 + 2(风有点大),没有人投票在 + 3(风很大),说明夏季人们偏爱较高的风速。

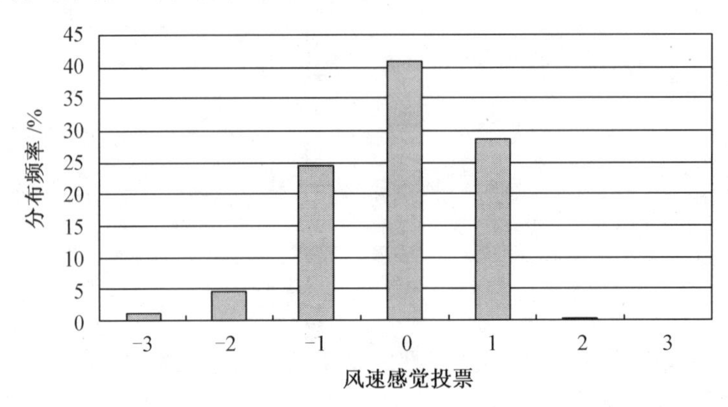

图 3.22　夏季风速感觉投票分布频率[18]

5. 热接受率

采用直接方法,结果表明有 92% 的投票者表示热环境可以接受。剩余的 8% 的投票者表示不可接受,原因是湿度过高或感觉环境太闷。

采用间接方法,统计投票为 - 1、0 和 + 1 的样本,占总样本的 89%,即 89% 的受试者认为热环境可以接受。

6. 整体环境可接受率

室内环境包括室内热环境、声环境、光环境和室内空气品质。统计得到受试者对整体环境可接受率投票值分布频率,如图 3.23 所示。

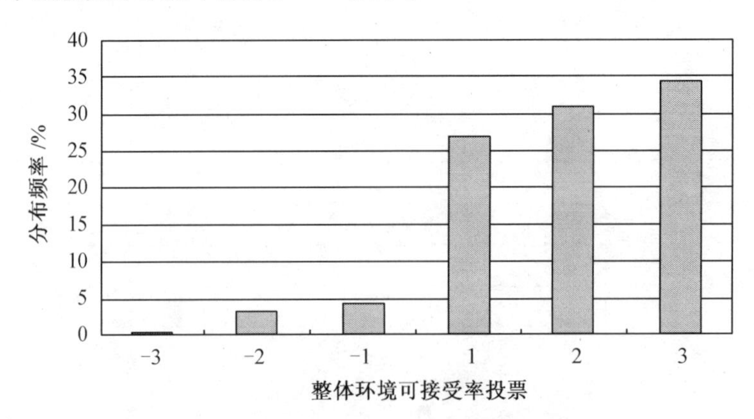

图 3.23　夏季整体环境可接受率投票分布频率[18]

投票在 + 1 到 + 3 的受试者被认为对其所处整体环境可以接受。由图可知,92% 的受试者可以接受其所处的环境。

超过 80% 的受试者可接受的室温为 21.5 ~ 31.0 ℃,91% 的受试者可接受的湿度为 40% ~ 80%,69.7% 的受试者可接受的空气流速为 0.05 ~ 0.9 m/s,说明居民对热环境的关注程度要高于其他因素,例如室内空气品质。

3.2.4　热舒适温度与热适应模型

1. 热舒适温度

对受试者的热感觉投票和室温进行回归分析，线性拟合的结果如图3.24所示，线性回归方程见式(3.11)，相关系数 $R = 0.867\,4$。

$$\text{MTS} = 0.149\,8 \times t_a - 3.546\,8 \tag{3.11}$$

式中　t_a——室温，℃；

MTS——平均热感觉投票。

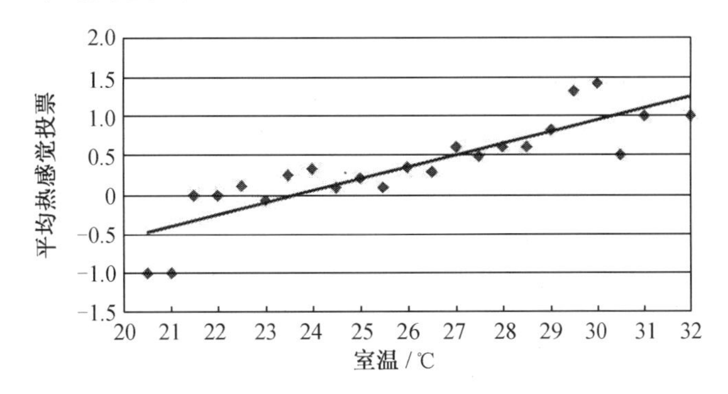

图3.24　夏季热中性温度的计算[18,19]

计算可得到热中性温度为23.7 ℃，低于平均室温26.9 ℃，说明夏季人们偏爱较低的室温。

2. 热适应模型

通过对热中性温度和平均室外温度的回归分析，可得到哈尔滨市夏季人体热适应模型，其拟合结果如图3.25所示，线性回归方程见式(3.12)。

$$t_n = 0.486t_w + 11.802(\text{相关系数 } R^2 = 0.661\,5) \tag{3.12}$$

式中　t_n——室内热中性温度，℃；

t_w——平均室外空气温度，℃。

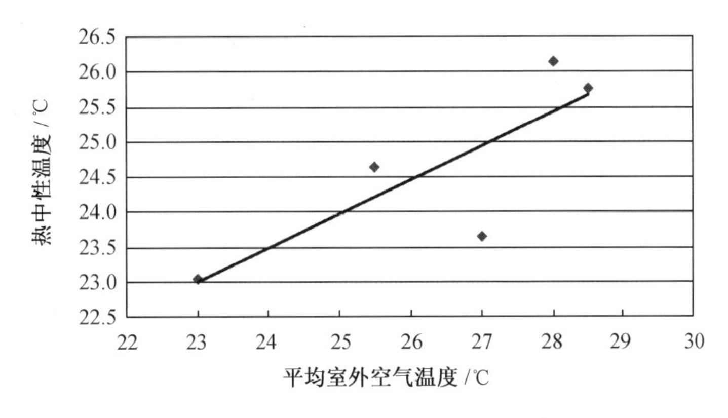

图3.25　夏季人体热适应模型[18,19]

热适应模型揭示了室外气候对人体热舒适温度的影响。采用该模型,可以预测夏季不同室外气温对应的室内热中性温度,并且可以给出80%和90%可接受的温度范围,有利于引导人们夏季尽量采用自然通风方式改善热环境与热舒适,以减少空调的运行时间。

3.2.5 热适应行为

调查发现,哈尔滨市夏季居民经常用增减衣物的方式来应对环境的变化。图3.26给出了夏季服装热阻随室温变化的趋势。可以看到,随着室温的升高,服装热阻减小,人们着衣量减少,二者有相当好的线性关系,说明人们会随着室温的变化来调整着衣量,以适应热环境。

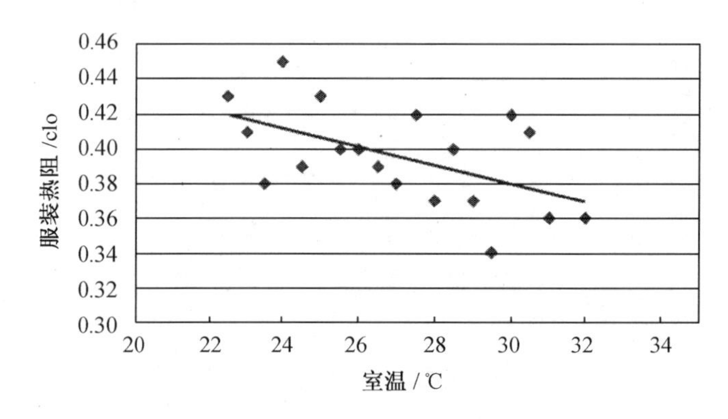

图3.26 夏季服装热阻随室温变化的趋势[18]

在热湿环境下,服装对人体热舒适的影响很大。由于测试时间为夏季,调查得到的居民服装热阻值变化范围为0.21 ~ 0.77 clo,平均值为0.54 clo。这与其他地区调查结果相比稍高,这是由于哈尔滨市夏季室内较凉爽,出现高温的情况很少,人们着装比其他地区稍多。

3.3 供暖前后居民的热舒适与热适应

本节将介绍课题组对严寒地区代表性城市哈尔滨市住宅供暖前后热环境及居民热舒适进行的现场调查,这也是课题组参与“十一五”国家科技支撑计划重大项目之课题九——“建筑室内热湿环境控制与改善关键技术研究”(2006BAJ02A09)的部分研究成果。

3.3.1 研究方法

1. 研究目的

(1) 考察哈尔滨市住宅供暖前后室内热环境与居民热舒适状况,并进行比较分析。

(2) 与夏季现场研究结果比较。

(3) 与2000年哈尔滨市冬季热舒适现场研究结果比较。

(4) 与热舒适标准比较。

(5) 研究空气温度和湿度对居民热舒适的影响。

2. 样本选择

课题组于2009年9月17日到2010年1月13日对哈尔滨市6个住宅小区进行了现场研究。其中从2009年9月17日到2009年10月24日为供暖前,共调查了23栋楼的135户住宅的199位居民;2009年11月1日到2010年1月13日为供暖期间,共调查了19栋楼的104户住宅的174位居民。供暖前后受试者背景统计表见表3.15和表3.16。

表3.15　供暖前受试者背景统计表

样本数/个		199
性别	男	75(37.7%)
	女	124(62.3%)
年龄/岁	平均	39.6
	标准偏差	11.49
	最大值	60
	最小值	20
在哈尔滨市居住的时间/年	平均值	29.4
	标准偏差	18.22
	最大值	60
	最小值	1

表3.16　供暖期间受试者背景统计表

样本数/个		174
性别	男	69(39.7%)
	女	105(60.3%)
年龄/岁	平均值	36.4
	标准偏差	12.18
	最大值	60
	最小值	20
在哈尔滨市居住的时间/年	平均值	20.7
	标准偏差	18.45
	最大值	60
	最小值	1

3.3.2　室内热环境参数

表3.17和表3.18给出了供暖前后室内热环境参数统计结果。

表3.17　供暖前室内热环境参数统计结果

	平均值	标准偏差	最大值	最小值
空气温度/℃	20.6	2.09	25.0	16.1
相对湿度/%	47.5	9.01	68.7	27.1
空气流速/($m \cdot s^{-1}$)	0.07	0.04	0.34	0.02

表 3.18 供暖期间室内热环境参数统计结果

	平均值	标准偏差	最大值	最小值
空气温度/℃	21.6	2.03	27.0	16.2
相对湿度/%	39.6	8.71	59.2	18.4
空气流速/$(m \cdot s^{-1})$	0.08	0.02	0.17	0.02

图 3.27 给出了供暖前后室温分布频率。供暖前,室温为16.1 ~25.0 ℃,平均值为20.6 ℃。供暖期间,室温为 16.2 ~ 27.0 ℃,平均值为 21.6 ℃。

图 3.28 为供暖前后室内相对湿度分布频率。供暖前,室内相对湿度为 27.1% ~68.7%,平均值为 47.5%。供暖期间,室内相对湿度为 18.4% ~ 59.2%,平均值为39.6%,约比供暖前低 10%。

图 3.29 给出了供暖前后室内空气流速分布频率。可见,供暖前后室内空气流速相差不大。

供暖前服装热阻为 0.36 ~ 1.72 clo,平均热阻为 0.77 clo;供暖期间服装热阻为0.45 ~1.77 clo,平均热阻为 0.88 clo。

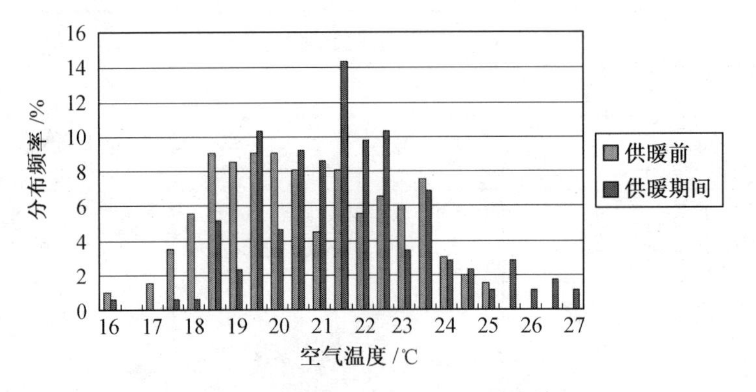

图 3.27 供暖前后室温分布频率[18]

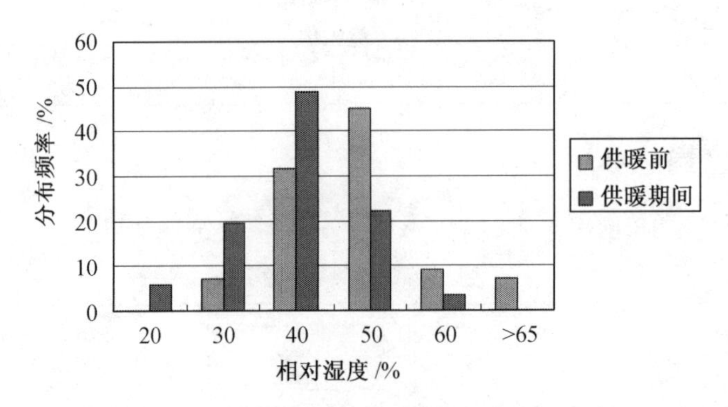

图 3.28 供暖前后室内相对湿度分布频率[18]

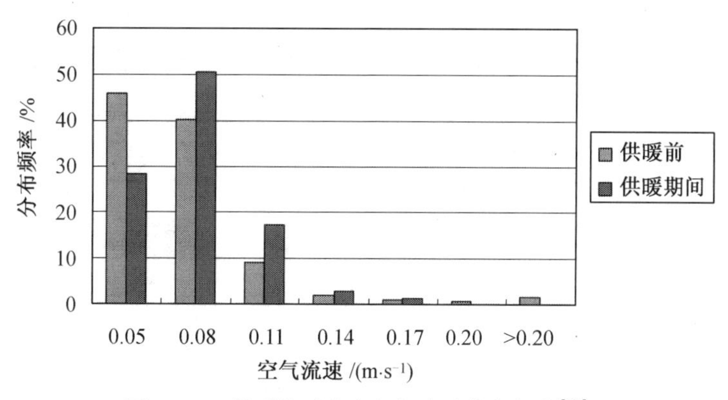

图 3.29　供暖前后室内空气流速分布频率[18]

3.3.3　人体热反应

1. 热感觉

供暖前后受试者热感觉投票分布频率如图 3.30 所示。可见，热感觉投票分布近似为标准正态分布。

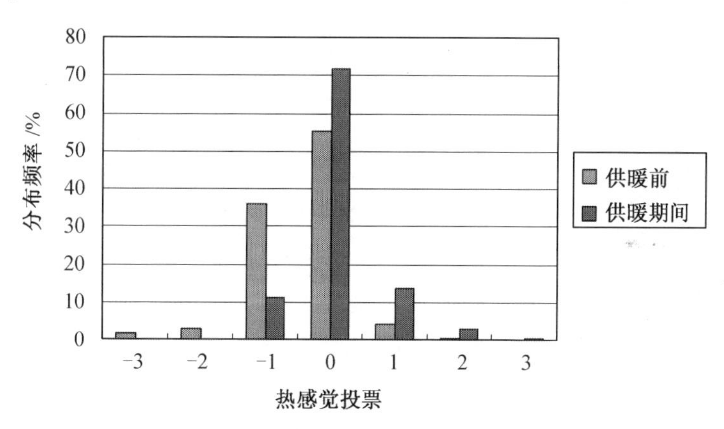

图 3.30　供暖前后受试者热感觉投票分布频率[18]

由图 3.30 可见，供暖前，平均热感觉投票为 -0.4。95% 的居民投票在 -1、0 和 +1，没有人投票在 +3(很热)。供暖期间，平均热感觉投票为 +0.1。97% 的居民投票在 -1、0 和 +1，没有人投票在 -3 或 -2。

供暖前，40% 的人投票值为 -3 到 -1，室温为 16.9 ~ 24.5 ℃。供暖期间，11% 的人投票为 -1，室温为 16.2 ~ 23.9 ℃。

供暖前，投票为 0 的居民对应的室温为 16.1 ~ 25.0 ℃，平均值为 20.7 ℃，与供暖前平均室温 20.6 ℃ 接近。供暖期间，投票为 0 的居民对应的室温为 16.2 ~ 27.0 ℃，平均值为 21.6 ℃，与供暖期间平均室温相等。

2. 热接受率

热接受率调查采用直接方法，即让受试者直接判断其所处的热环境是否可以接受。图 3.31 给出了供暖前后受试者的热接受率分布频率。可见，供暖前后分别有 87% 和 92% 的受试者投票值为 0、+1 和 +2，表明大多数人可以接受其所处的热环境。供暖前后,80% 可接受的温度范围分别为17.5 ~ 24.0 ℃ 和19.0 ~ 26.5 ℃。由于供暖前室温普遍较低,而供暖期间室温较高。另外,人们对环境温度的心理期望也造成了供暖前人们可接受的室温偏低。

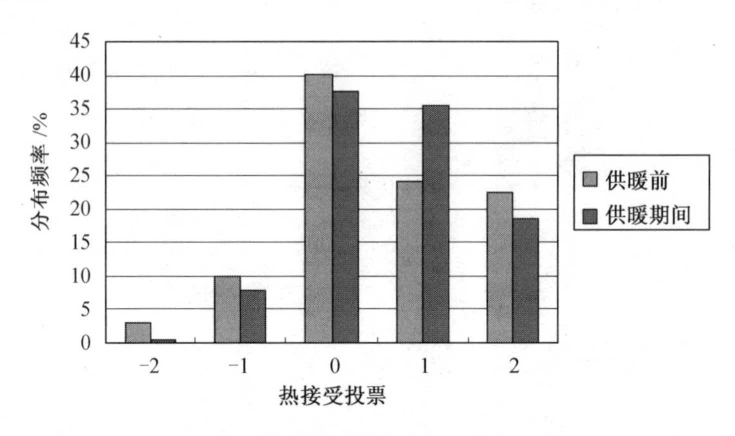

图 3.31　供暖前后热接受投票分布频率

3.3.4　热感觉预测模型与热中性温度

对供暖前后的热感觉投票和室温进行回归分析,线性拟合的结果如图3.32 所示 ,线性回归方程见式(3.13) 和式(3.14)。

$$\mathrm{MTS} = 0.091\,5t_a - 2.297\,7(\text{相关系数 } R = 0.682\,6) \tag{3.13}$$

$$\mathrm{MTS} = 0.107\,4t_a - 2.189(\text{相关系数 } R = 0.746\,3) \tag{3.14}$$

式中　t_a—— 室温,℃;

MTS—— 平均热感觉投票。

计算可得到供暖前后的热中性温度分别为 25.1 ℃ 和 20.4 ℃。供暖前,热中性温度高于室温,二者相差 4.4 ℃。这反映了供暖前居民普遍感觉偏冷,期望温度升高。供暖后,热中性温度比平均室温低 1.2 ℃。

图 3.32 中两条拟合直线的斜率表示居民对空气温度变化的敏感性。可以看出,供暖前后居民对温度变化的敏感性差别不大,分别为 0.091 5 和 0.107 4。这归因于居民在供暖前后的着衣量相差不大,导致对温度的敏感程度相近。

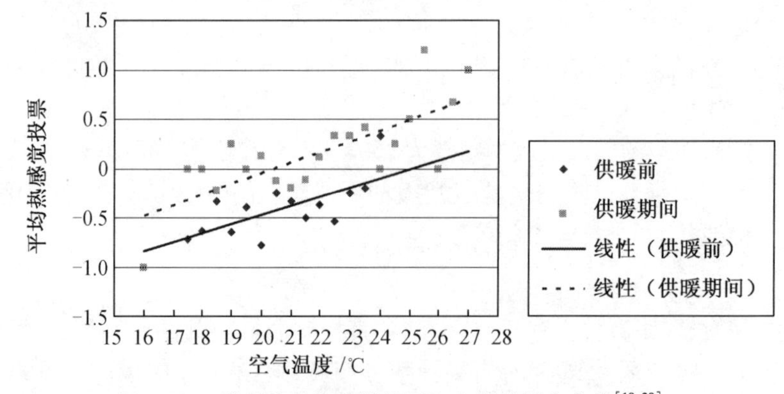

图 3.32　供暖前后热感觉投票和室温的拟合曲线[18,20]

3.3.5　热适应行为

表3.19给出了供暖前居民采用的热适应措施。58.3%的受试者开窗通风,室内平均空气温度为22.1 ℃,室外平均空气温度为18.2 ℃。3名居民使用电暖气,平均室温为21.4 ℃,室外平均空气温度为10.2 ℃。另外的80名居民既没有开窗也没有使用电暖气,对应的室内平均空气温度为18.6 ℃,室外平均空气温度为12.9 ℃。

供暖期间,许多居民抱怨室内空气干燥,故使用加湿器来提高室内湿度。

表3.19　供暖前居民采用的热适应措施

	样本数(百分比)	室内平均空气温度/℃	室外平均空气温度/℃
电供暖	3(1.5%)	21.4	10.2
无措施	80(40.2%)	18.6	12.9
自然通风	116(58.3%)	22.1	18.2

供暖前,9%的受试者感到不舒适,其中多数居民感到口干喉痛和皮肤干燥。而供暖后,有28%的居民感到不适,大部分居民感到口干喉痛,部分居民感到鼻子不适和皮肤干燥。由此可见,哈尔滨市冬季室内空气较为干燥,加湿是居民们普遍采用的措施。

3.3.6　讨论

1.供暖前后居民热感觉比较

供暖前后各温度区间的平均热感觉见表3.20。可以看出,在同一温度下,例如22～24.5 ℃,供暖前平均热感觉偏凉,而供暖后平均热感觉偏暖。供暖前后辐射温度的不同可能导致了供暖前后居民在同一室温下热感觉不同。由于本次调查没有测量辐射温度,因此辐射温度的影响大小无法进行确切判断。另外,供暖前后居民的心理期望不同也可能是原因之一。

表3.20　供暖前后各温度区间的平均热感觉

空气温度/℃	供暖前平均热感觉	供暖后平均热感觉
22	-0.363 6	0.117 6
22.5	-0.538 5	0.333 3
23	-0.25	0.333 3
23.5	-0.2	0.416 7
24.5	-0.5	0.25
25	0	0.5

2.与夏季测试结果比较

表3.21为本次调查中冬季和夏季热舒适测试结果比较,可见,哈尔滨市住宅冬季平均室温为21.6 ℃,夏季平均室温为26.9 ℃。冬季的热中性温度和服装热阻分别为

20.4 ℃ 和 0.88 clo。夏季的热中性温度和服装热阻分别为 23.7 ℃ 和 0.54 clo。冬季 80% 可接受的温度范围为 19.0 ~ 26.5 ℃,夏季为 21.5 ~ 31.0 ℃,上下限比冬季的分别高出 4.5 ℃ 和 2.5 ℃。可见,冬季和夏季人们的热中性温度和热期望温度不同,这是因为人们对气候的生理适应性和行为调节。

表 3.21 冬季和夏季热舒适测试结果比较

	服装热阻 /clo	热中性温度 /℃	热期望温度 /℃	80% 可接受的温度 /℃
夏季	0.54	23.7	24.0 ~ 24.5	21.5 ~ 31.0
冬季	0.88	20.4	21.5 ~ 23.5	19.0 ~ 26.5

3. 与其他冬季室内热环境现场研究比较

本书作者在2000 年至2001 年冬季对哈尔滨市住宅室内热环境的现场调查中,得出平均室温为 20.1 ℃[1],而本节测试的2009 年至2010 年冬季平均室温为21.6 ℃,比10 年前提高了 1.5 ℃。表3.22 是2000—2001 年与2009—2010 年哈尔滨市冬季室内热环境现场研究比较。本书作者调查中得到的热中性温度为 21.5 ℃,所期望的温度为21.9 ℃[1]。而本节得到的热中性温度为 20.4 ℃,所期望的温度为 23.4 ℃。说明随着生活水平的提高,室温平均提高了 1.5 ℃。相应地,人们的着衣量减少了,本次调查的服装热阻为 0.88 clo, 而 10 年前的调查中,服装热阻为 1.37 clo。

表 3.22 2000 年与 2009 年哈尔滨市冬季室内热环境现场研究比较

	2000—2001 年冬季现场测试	2009—2010 年冬季现场测试
室温 /℃	20.1	21.6
热中性温度 /℃	21.5	20.4
服装热阻 /clo	1.37	0.88

4. 与热舒适标准比较

ASHRAE Standard 2004 舒适标准给出了 80% 可接受的热舒适区。热舒适标准中给出了两个区域,一个对应于 0.5 clo 服装热阻,一个对应于 1.0 clo 服装热阻,对于介于 0.5 ~ 1.0 clo 之间的服装热阻,可以通过线性插值法得到,见下列关系式。

$$T_{\min,Icl} = [(I_{cl} - 0.5\ \text{clo})T_{\min,1.0\ \text{clo}} + (1.0\ \text{clo} - I_{cl})T_{\min,0.5\ \text{clo}}]/0.5\ \text{clo} \quad (3.15)$$

$$T_{\max,Icl} = [(I_{cl} - 0.5\ \text{clo})T_{\max,1.0\ \text{clo}} + (1.0\ \text{clo} - I_{cl})T_{\max,0.5\ \text{clo}}]/0.5\ \text{clo} \quad (3.16)$$

查图,得到 $T_{\min,1.0\ \text{clo}} = 20$ ℃, $T_{\min,0.5\ \text{clo}} = 23.5$ ℃, $T_{\max,1.0\ \text{clo}} = 25.5$ ℃, $T_{\max,0.5\ \text{clo}} = 28$ ℃。从而得到对应于服装热阻 0.88 clo 的冬季室内热舒适温度范围为 20.8 ~ 26.1 ℃。

供暖期间,只有63% 的居民受试者对应的室温落在此范围内,但由图3.31 可以看出,供暖期间有 92% 的居民对其所处环境表示满意,多于落在此舒适范围内的投票人数。80% 可接受的温度范围为19.0 ~ 26.5 ℃,宽于舒适温度范围。可见,人们对环境的适应性是很强的。

3.4　以年为周期的居民热舒适与热适应

严寒地区城市住宅冬季一般采用集中连续供暖方式，前面几节采用了定期入户测试的间歇测试方法。为了深入分析冬季住宅室温的连续变化情况，并对近20年来冬季室温的变化趋势进行分析，课题组于2011年至2012年冬季，对哈尔滨市住宅热环境与热舒适进行了长期的现场研究[21]。

3.4.1　研究方法

1. 样本选择和测试仪器

课题组于2011年11月19日至2012年3月25日对哈尔滨市3个住宅小区的10个住户进行了热环境调研[21]。采用纵向连续跟踪调查方法，对哈尔滨市住宅热环境进行了连续测试，并同期对居民主观热反应进行问卷调查。受试者每周填写一次主观调查问卷。

调研期间，在每个受访住户的室内放置一个WSZY－1A温湿度自记仪，并从中挑选5户人口较多的家庭加放一个WSZYW－1温湿度自记仪，长期记录室内温度和湿度的变化情况。由于实验条件所限，黑球温度和空气流速无法连续测试，每月到受访住户家回访时测试。本次住宅调查采用电子问卷，每周请受试者填写一次主观调查问卷，共得到301份有效主观调查问卷。受试者背景信息见表3.23。

表3.23　受试者背景信息

	平均值	标准偏差	最大值	最小值
年龄／岁	49.1	12.4	69	27
在哈尔滨市居住的时间／年	36.2	19.3	66	3

2. 时间尺度的选取

根据住宅现场调研的数据，将热中性温度和不同形式的室温进行回归分析，得到的相关系数R见表3.24。

表3.24　住宅热中性温度和不同形式的室温的相关系数[21]

方程形式	不同形式的室温	
	即时温度	前一天的平均室温
R	0.906 8	0.919 7
R^2	0.822 2	0.845 8

从表3.24可以看出，采用测试时的室温的相关系数为0.906 8，可见采用即时温度进行热中性温度计算时即可达到很高的相关性，与室内前一天的室温0.919 7相接近。因此，进行室内热舒适评价时，建议采取即时温度作为严寒地区冬季住宅室温的输入值。

3.4.2　室内热环境参数

根据天气网的统计数据,本次调研期间室外温度的变化范围为 -27 ~ 8 ℃。

表3.25给出了纵向调查的10户住宅的室内热环境参数。可见,平均室温为23.6 ℃,接近热舒适区的上限。室内平均相对湿度为33.6%,平均空气流速为0.02 m/s,在热舒适标准规定的范围内。

表3.25　纵向调查时室内热环境参数统计结果[21]

热环境参数	平均值	标准偏差	最大值	最小值
空气温度/℃	23.6	1.83	28.4	17.5
相对湿度/%	33.6	9.70	58.8	15.5
空气流速/($m \cdot s^{-1}$)	0.02	0.016	0.08	0.01
黑球温度/℃	22.7	2.20	27.4	18.8

图3.33为纵向调查中某户室温变化图。由于集中供热系统具有较大的热惰性,调节的时间较长,因此供暖期间室内日平均气温波动较小。室内温度波动与开窗行为密切相关。如图3.33所示,自2月中旬以来,每日最低温度急剧下降,这是由于开窗的原因。

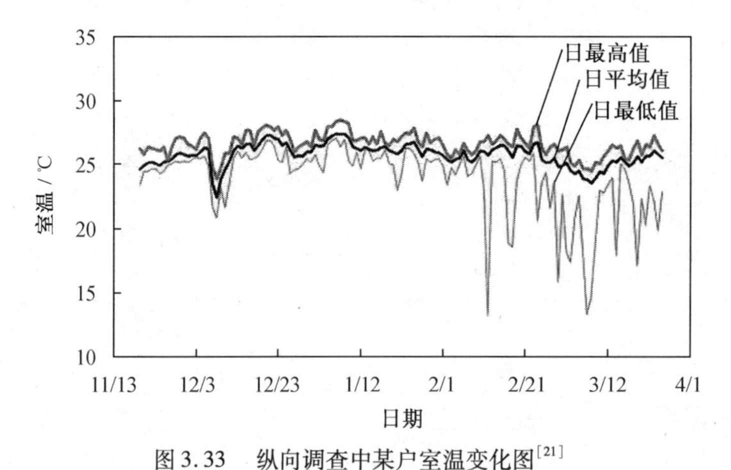

图3.33　纵向调查中某户室温变化图[21]

3.4.3　人体热反应

1. 热感觉投票

图3.34给出了本次纵向调查的热感觉投票分布频率。热感觉投票为 -1、0、1的样本分别为16.6%、67.4%、11.0%,占总样本数的95%,即居民的热接受率高达95%。可见,绝大多数居民对所处的热环境表示可以接受。

2. 热期望投票

图3.35给出了本次纵向调查的热期望投票分布频率,有14.3%的人希望室温降低,有72.4%的人希望室温不变,有13.3%的人希望室温升高。可见,希望温度不变的投票

数多于希望温度降低或升高的投票数之和。

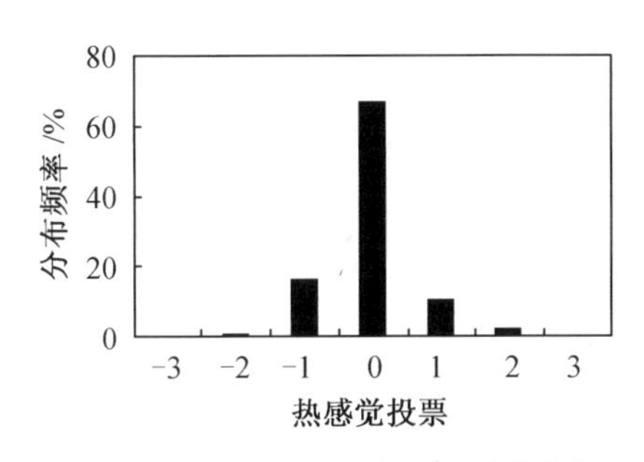

图3.34　纵向调查的热感觉投票分布频率[21]

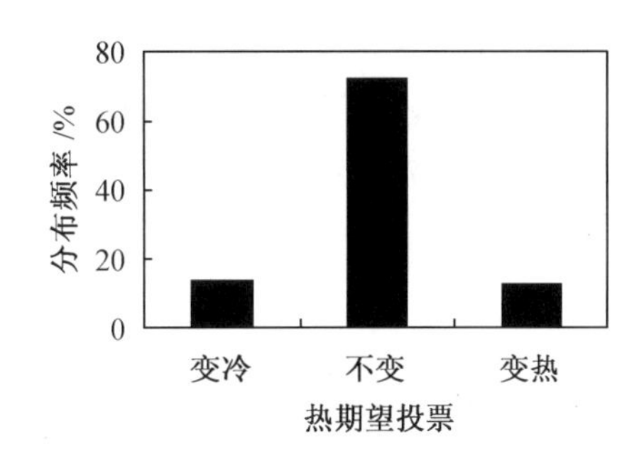

图3.35　纵向调查的热期望投票分布频率[21]

3.4.4　热感觉预测模型与热中性温度

以空气温度作为室内热环境评价指标，取居民填写调查问卷时的即时空气温度作为室温的输入值，对居民的平均热感觉与室温进行线性回归分析，其线性回归方程见式(3.17)。

$$MTS = 0.161t_a - 3.856 \tag{3.17}$$

式中　t_a——室温，℃；

MTS——平均热感觉投票。

其中，相关系数 R 为0.906 8，说明平均热感觉投票与室温的回归方程拟合度非常高。在显著水平0.05下，回归方程的 F 值为87.865，相应的 P 值为0.000，小于显著水平0.05，说明线性回归方程具有显著性。线性回归模型中的常数和室温的 t 值分别为 −9.712 和9.374，相应的概率值为0.000，说明回归模型的系数非常显著。

令MTS=0，计算可得热中性空气温度为24 ℃，明显高于严寒地区冬季供暖计算温度18 ℃，且与室内平均空气温度23.6 ℃接近，这体现了居民对冬季室内热环境的适应性。

以操作温度作为室内热环境评价指标，取平均辐射温度比空气温度低1 ℃，对平均热感觉与室内操作温度进行线性回归，其回归方程见式(3.18)，热感觉投票和操作温度的线性拟合结果如图3.36所示。

$$MTS = 0.161t_o - 3.776 \tag{3.18}$$

式中　t_o——操作温度，℃。

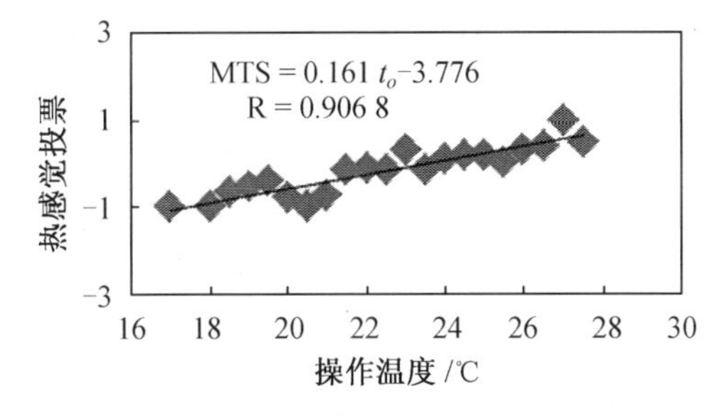

图3.36　热感觉投票和操作温度的线性拟合结果[21]

其中,相关系数 R 为 0.906 8,说明平均热感觉投票与室内操作温度的回归方程拟合度非常高。在显著水平 0.05 下,回归方程的 F 值为 87.865,相应的 P 值为 0.000,小于显著水平 0.05,说明线性回归方程具有显著性。线性回归模型中的常数和室内操作温度的 t 值分别为 -9.717 和 9.374,相应的概率值为 0.000,说明回归模型的系数非常显著。令 MTS = 0,得出其对应的热中性操作温度为 23.5 ℃。

令 MTS =- 0.5 ~+ 0.5,可求得住宅 90% 的可接受空气温度范围为 20.8 ~ 27.1 ℃,90% 的可接受操作温度范围为 20.4 ~ 26.6 ℃。

令 MTS =- 0.85 ~+ 0.85,可求得住宅 80% 的可接受空气温度范围为18.7 ~ 29.2 ℃,80% 的可接受操作温度范围为 18.2 ~ 28.7 ℃。

3.4.5　热适应行为

1. 适应性措施

图 3.37(a) 给出了当居民感觉偏热时采取的改善措施分布频率。其中,通过开门窗降低室温的占 54.5%,通过减少衣物改变热舒适的占 18.5%,认为不必采取任何措施的占 38.6%。可见,开门窗、减少衣物是居民感觉偏热时采取的主要改善措施。

图 3.37(b) 给出了当居民感觉偏冷时采取的改善措施分布频率。其中,提高供暖温度占 12.7%,关门窗占 12.7%,喝热饮占 18.2%,增加衣物占 52.7%,加大活动量占 12.7%,不必采取任何措施的占 27.3%。可见,当居民感觉偏冷时会采取多种措施改善其热舒适,增加衣物是居民的主要改善措施,但是与室内偏热时相比,偏冷时居民并不把

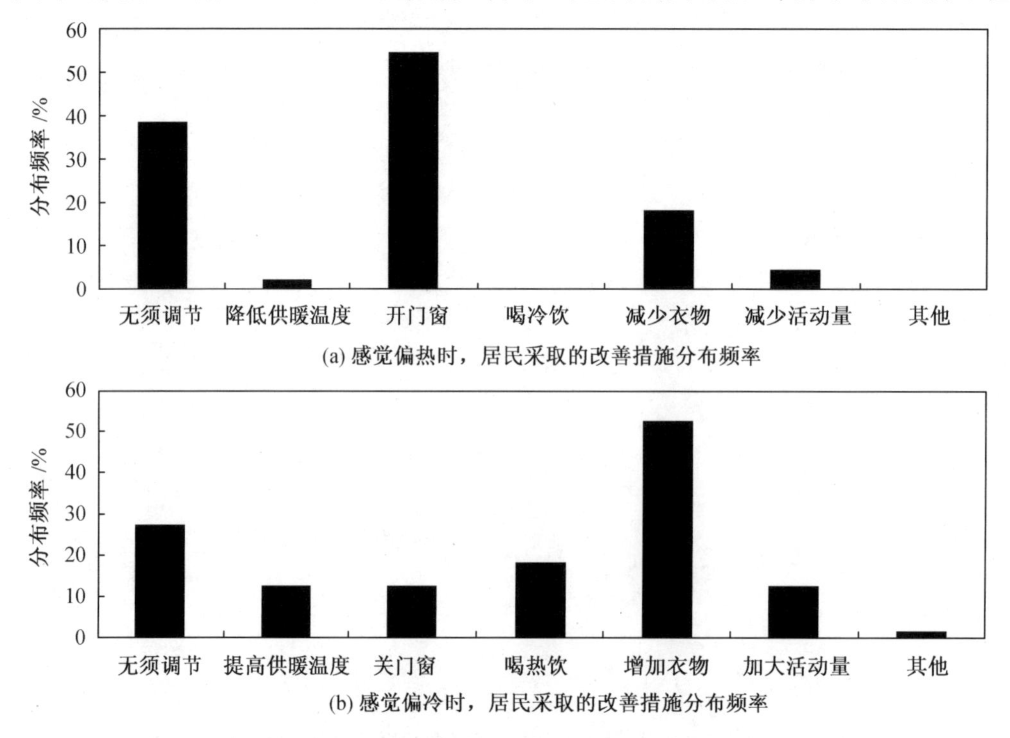

图 3.37　纵向调查中住宅居民改善室内热环境的措施[21]

调节门窗作为首选的改善措施，这是由于关门窗会造成室内空气流通受阻，容易引起人的热不舒适。

2. 服装热阻

图3.38给出了本次纵向调查中居民服装热阻分布频率。可见，平均服装热阻为0.80 clo，变化范围为0.33 ~ 1.51 clo。服装热阻集中分布在0.5 ~ 1.1 clo范围内，且居民的着装落在0.5 ~ 0.7clo范围内的最多，占所有被调查人数的34.2%。

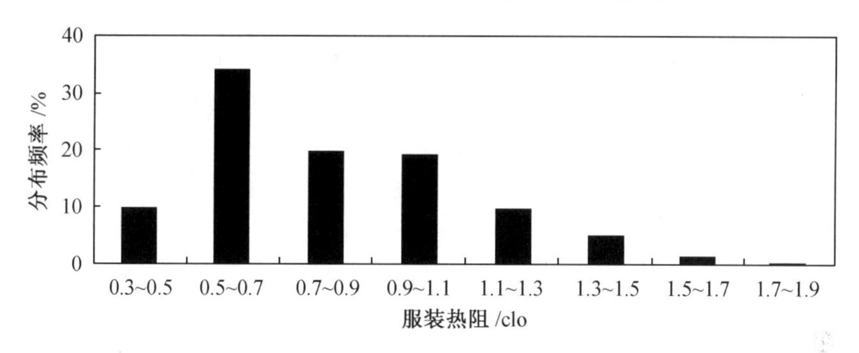

图3.38　纵向调查中居民服装热阻分布频率[21]

本章主要参考文献

[1] 王昭俊. 严寒地区居室热环境与热舒适性研究[D]. 哈尔滨:哈尔滨工业大学,2002.

[2] ASHRAE Standard 55—1992. Thermal environmental conditions for human occupacy [S]. Atlanta:American Society of Heating, Refrigerating and Air Conditioning Engineers, Inc., 1992.

[3] ISO Standard 7726. Thermal Environments—Specifications relating to appliances and methods for measuring physical characteristics of the environment[S]. Geneva: International Standard Organization, 1985.

[4] ISO Standard 7730. Moderate thermal environments—Determination of the PMV and PPD indices and specification of the conditions for thermal comfort[S]. Geneva: International Standard Organization, 1984.

[5] 王昭俊. 现场研究中"热舒适指标"的选取问题[J]. 暖通空调, 2004, 34(12): 39-42.

[6] DE DEAR R J, AULICIEMS A. Validation of the Predicted Mean Vote model of thermal comfort in six Australian field studies[J]. ASHRAE Transactions, 1985, 91(2B):452-468.

[7] SCHILLER G E, ARENS E A, BAUMAN F S, et al. A field study of thermal environment in office buildings[J]. ASHRAE Transactions, 1988,94(2):280-308.

[8] DE DEAR R J, FOUNTAIN M E. Field experiments on occupant comfort and office thermal environments in a hot-humid climate[J]. ASHRAE Transactions,1994, 100

(2): 457-475.

[9] DONNINI G, MOLINA J, MARTELLO C, et al. Field study of occupant comfort and office thermal environments in a cold climate[J]. ASHRAE Transactions, 1996, 102(2):795-802.

[10] CENA K, DE DEAR R J. Field study of occupant comfort and office thermal environments in a hot, arid climate[J]. ASHRAE Transactions, 1999,105(2): 204-217.

[11] DE PAULA XAVIER A A, LAMBERTS R. Indices of thermal comfort developed from field survey in Brazil[J]. ASHRAE Transactions, 2000,106(1):45-58.

[12] DE DEAR R J, BRAGER G S. Developing an adaptive model of thermal comfort and preference[J]. ASHRAE Transactions, 1998,104(1):145-167.

[13] MCINTYRE D A. Indoor climate[M]. London:Applied Science Published LTD, 1980.

[14] 王昭俊,方修睦,廉乐明. 哈尔滨冬季居民热舒适现场研究[J]. 哈尔滨工业大学学报, 2002, 34(4):500-504.

[15] WANG Z J, WANG G, LIAN L M. A field study of the thermal environment in residential buildings in Harbin[J]. ASHRAE Transactions, 2003, 109(2): 350-355.

[16] MCCULLOUGH E A, OLESEN B W, HONG S. Thermal insulation provided by chairs[J]. ASHRAE Transactions, 1994,100(1):795-802.

[17] WANG Z J. A field study of the thermal comfort in residential buildings in Harbin[J]. Building and Environment, 2006, 41(8):1034-1039.

[18] 张琳. 哈尔滨住宅人体热适应性与热舒适性研究[D]. 哈尔滨: 哈尔滨工业大学,2010.

[19] WANG Z J, ZHANG L, ZHAO J N, et al. Thermal comfort for naturally ventilated residential buildings in Harbin[J]. Energy and Buildings, 2010, 42(12):2406-2415.

[20] WANG Z J, ZHANG L, ZHAO J N, et al. Thermal responses to different residential environments in Harbin[J]. Building and Environment, 2011, 46(11):2170-2178.

[21] 绳晓会. 严寒地区农村和城市住宅热舒适现场测试与分析[D]. 哈尔滨:哈尔滨工业大学, 2013.

第4章　基于时空维度的热舒适与热适应

严寒地区冬季供暖室温不仅影响供暖能耗，而且影响人体热舒适、健康与工作效率。

多年来，我国北方冬季集中供暖设计室温一直采用恒定值，相关标准规范也都给出了供暖期间应达到的室温要求。严寒地区冬季室外气温波动大，供暖期间室外最低日平均气温可达 -25 ℃以下，而按照供暖要求，室外日平均空气温度低于5 ℃时即开始供暖。随着供暖季室外气温不同，人体热舒适的室温也可能不同。

不同使用功能建筑中人们适应热环境、改善热环境的方式是有差异的，如住宅或宿舍中人们更容易通过开窗和调节着衣量适应热环境，而公共建筑中人们适应热环境的调节手段相对受限。

在国家自然科学基金项目——严寒地区人体热适应机理及适宜的采暖温度研究（项目编号51278142）资助下，课题组基于时空维度，对严寒地区代表性城市哈尔滨市的不同使用功能建筑热环境开展了为期一年的现场调查，同时针对不同季节室外气温变化开展相应的微气候室实验研究，拟探讨季节、冬季供暖期前后、冬季不同室内外微气候对人体热舒适与热适应的影响规律。

本章将采用纵向现场调查方法，按照时空维度介绍一年内同时开展的居住建筑（住宅和大学生宿舍）、公共建筑（办公建筑、高校教学楼）中的人体热舒适现场研究，通过获取严寒地区冬季供暖期及供暖期前后的气候变化特征、建筑环境特征，以及人体生理反应、心理反应和行为调节特征等，研究基于长时间尺度的季节和不同供暖阶段不同室内外气候对人体热舒适与热适应的影响规律。

4.1　研究方法

4.1.1　研究目的

（1）获取严寒地区冬季供暖期及供暖期前后的气候变化特征和不同使用功能建筑室内热环境特征。

（2）研究人体生理反应、心理反应和行为调节特征。

（3）研究不同供暖阶段不同室内外微气候对人体热舒适与热适应的影响规律。

（4）建立不同供暖阶段各类建筑环境中人体热舒适与热适应模型。

4.1.2　调查样本

1.建筑样本

课题组从2013年9月至2014年5月对住宅、办公建筑、大学生宿舍和高校教学楼4种严寒地区典型建筑室内热环境进行了连续跟踪测试，测试时间包括了整个供暖期[1-12]。

考虑调查样本分布的普遍性，调查时综合考虑了建筑年代、被调查房间的楼层和朝向、冬季不同供暖末端方式等因素。所调查的建筑样本均采用集中供暖，供暖末端多数为散热器供暖方式，少部分为地板辐射供暖方式。

住宅样本选取了A、B、C、D、E 5个住宅小区中的9栋住宅建筑中的10户住宅，其建造年代均在2000年左右，楼层分布在4 ~ 7层。其中，B住宅小区采用地板辐射供暖，其他4个住宅小区采用散热器供暖。图4.1为调研的住宅小区建筑外观。

(a) A 住宅小区建筑外观

(b) B 住宅小区建筑外观

(c) C 住宅小区建筑外观

(d) D 住宅小区建筑外观

(e) E 住宅小区建筑外观

图4.1　调研的住宅小区建筑外观[1]

调查中对受试者经常作息的客厅、卧室和书房等房间进行连续测试，共测试了包括东、南、西、北4个朝向的13个房间。

选择办公建筑调查样本时，考虑了办公建筑使用功能、办公空间布局、室内人数、性别比例等因素，选取了哈尔滨市某高校办公楼F、办公楼G和办公楼H、教学楼I、设计院J、图书馆K 6栋办公建筑中的19个办公室，办公室均匀分布在东、南、西、北4个朝向的1 ~ 4层，所调查的建筑建造年代为2000年左右。

考虑调研的办公室的普适性，综合选取不同类型、面积和人员密度的办公室，如教师办公室、小型阅览室和较大面积的办公隔间等。其中，仅办公楼F为地板辐射供暖方式，其他均为散热器供暖方式。图4.2为调研的办公建筑外观。

调研的5间教室分布于I建筑内，该教学楼于2002年建成，室内供暖方式为散热器供暖。此外学生可以根据阳光照射情况和室内外温度自行调整窗帘遮挡和开关窗。

调研的11间宿舍分布在哈尔滨市某高校的3栋学生公寓，编号分别为建筑L、建筑M和建筑N。3栋学生公寓分别建成于1985、2001和2002年。3栋学生公寓皆采用散热器供暖，宿舍面积和人员密度相近。图4.3为调研的宿舍建筑外观。

(a) F 建筑外观

(b) G 建筑外观

(c) H 建筑外观

(d) I 建筑外观

(e) J 建筑外观

(f) K 建筑外观

图4.2　调研的办公建筑外观[1]

(a) L 建筑外观

(b) M 建筑外观

(c) N 建筑外观

图4.3　调研的宿舍建筑外观[2]

2. 受试者样本

住宅和办公建筑受试者基本信息统计见表4.1。

表4.1　住宅和办公建筑受试者基本信息统计表

调查建筑类型	受试者人数	男女比例	平均年龄	平均在哈尔滨市居住的时间／年
住　宅	20	9∶11	48.5	39.7
办公建筑	24	13∶11	42.1	30.4

选择受试者样本时,10户住宅中,平均每户受试者人数为2人,共20名受试者,受试者男女比例接近1∶1,年龄分布较广,为28 ~ 72岁。19个办公室中共选择了24名受试者,受试者男女比例接近1∶1,年龄分布为23 ~ 58岁。

住宅和办公建筑的受试者都身体健康,男女比例均约为1∶1,且受试者在哈尔滨市居住平均时间都超过30年,已适应了当地的气候。其中,有7名受试者同时参加了住宅和办公建筑两个现场调查。

为了排除经济因素、受教育程度等对受试者热反应的影响,选取样本时住宅和办公建筑的受试者主要为教师、工程师、图书管理员等;教室和宿舍的受试者样本皆为在校大三学生。此外,还考虑了受试者的年龄分布,住宅和办公建筑的受试者选择以中年人为主。

选取30名(15男/15女)身体健康的在校大三学生志愿者作为教室和宿舍的受试者,受试者在哈尔滨市均已生活超过两年,已经适应了当地的气候。

目前,国际上衡量人体胖瘦程度以及是否健康通常采用身体质量指数(Body Mass Index,BMI)来表征,简称体质指数或体重指数。世界卫生组织(WHO)对BMI指数规定为4个等级,分别为“偏瘦”“正常”“偏胖”和“肥胖”。研究表明,BMI指数一定程度上反映了人体脂肪层的厚度,而人体脂肪层厚度是影响人体内部向环境散热的重要参数。因此,BMI指数会影响人的热感觉和热舒适投票。为了排除因受试者BMI指数导致的数据不准确性,本次现场调查对受试者的选择应尽可能保证其BMI指数在正常范围内,BMI指数的计算公式见式(4.1)。

$$\mathrm{BMI} = \frac{W}{H^2} \tag{4.1}$$

式中 W—— 受试者体重,kg;

H—— 受试者身高,m。

根据4种建筑中受试者的体重和身高计算BMI,结果见表4.2。

由表4.2可见,每种建筑的受试者BMI指数整体在正常范围内,只有少部分受试者在偏瘦或偏胖范围。因此,数据统计时可以基本排除受试者偏胖或偏瘦对主观热反应投票的影响。

目前国际上热舒适现场调查通常采用每名受试者只参与一次问卷调查的不重复抽样横向设计,或者让受试者参与多次问卷调查的重复抽样纵向设计。为了尽量减少个体差异对研究的影响,本次现场调查采用纵向设计。

表4.2 受试者BMI[3]

等级	WHO标准	住宅受试者人数	办公建筑受试者人数	大学生受试者人数
偏瘦	< 18.5	2	0	5
正常	18.5 ~ 24.9	14	19	21
偏胖	25.0 ~ 29.9	4	5	3
肥胖	30.0 ~ 34.9	0	0	1

4.1.3 热环境参数测试方案

调研期间,同时对室内外热环境参数进行测试,室外测试的热环境参数包括室外干球温度和相对湿度;室内热环境测试包括连续测试和间歇测试,连续测试参数为室温和相对湿度,间歇测试即为每2 ~ 3周的入户测试,测试的热环境参数包括空气温度、黑球温度、相对湿度、空气流速以及围护结构内表面温度。

使用WSZY - 1A温湿度自记仪测量空气温度和相对湿度,使用HWZY - 1黑球温度计测量黑球温度,使用Testo 425热线风速仪测量空气流速,Testo 830 - T1红外线温度计测量外窗和墙体等围护结构内表面温度。现场测试时使用的热环境参数测量仪器如图4.4所示。测试中使用的测量仪器均符合ISO Standard 7726规定的参数要求。测试前,需对测量仪器进行标定,测量仪器型号及参数见表4.3。

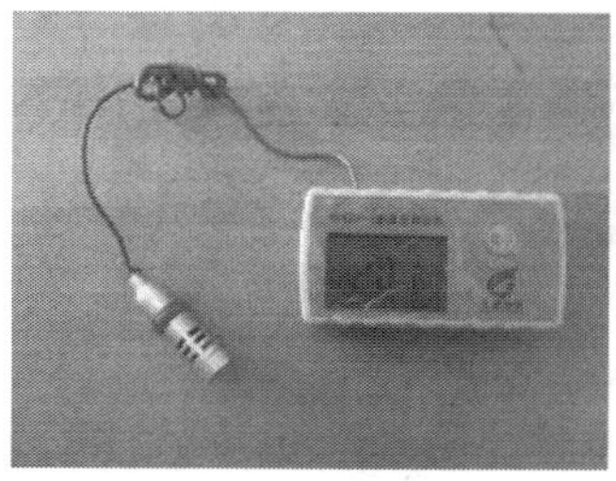
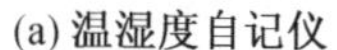
(a) 温湿度自记仪

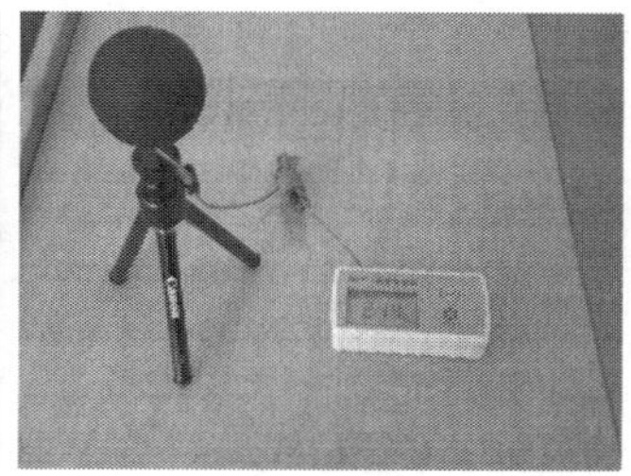
(b) 黑球温度计

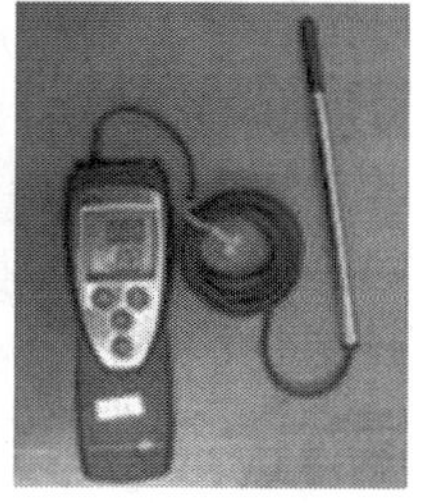
(c) 热线风速仪

(d) 红外线温度计

图4.4　热环境参数测量仪器

表4.3　测量仪器型号及参数

仪表名称	仪表型号	热环境参数	量程	精度
温湿度自记仪	WSZY－1A	空气温度	－40～100 ℃	±0.5 ℃
		相对湿度	0～100%	±3%
黑球温度计	HWZY－1	黑球温度	－50～100 ℃	±0.4 ℃
热线风速仪	Testo 425	空气流速	0～20 m/s	±0.03 m/s
红外线温度计	Testo 830－T1	表面温度	－30～400 ℃	≤2% 测量值

连续测试的温湿度自记仪放在受试者经常作息的房间内，距离地面约为1.1 m高度处，且避免太阳直射，远离外窗、外墙、人体和计算机等冷辐射表面和散热设备。温湿度自记仪每5 min自动记录一次数据；设置在背阴处的室外气象箱内放一个温湿度自记仪，同时测量室外温度和相对湿度，现场调查研究照片如图4.5所示。

(a) 住宅现场测试

(b) 办公建筑现场测试

(c) 教室现场测试

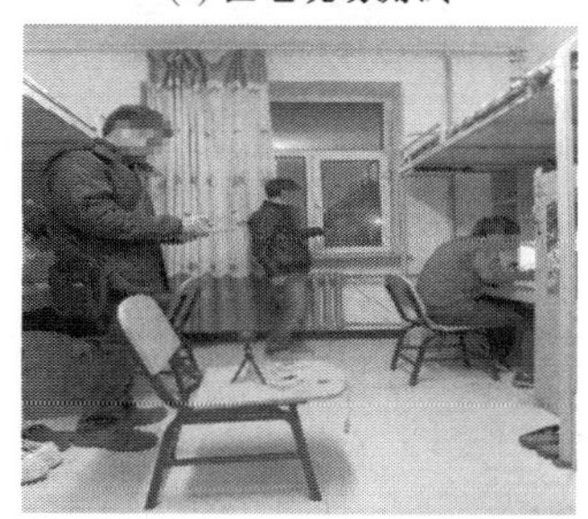
(d) 宿舍现场测试

(e) 室外温湿度测试

(f) 现场读取数据

图4.5　现场调查研究照片

每2～3周进行入户测试，测试时温湿度和空气流速在房间中心距离地面0.1 m、0.6 m、1.1 m 3个高度分别测量，黑球温度在距离地面0.6 m处测量，室内围护结构内表面温度测5点并取平均值。同时入户读取连续记录的室内温湿度自记仪的数据，以及室外温湿度自记仪连续测试的数据,如图 4.5 所示。

4.1.4 调查问卷设计

调查问卷分为客观调查和主观调查两部分。

1. 客观调查

客观调查主要涉及调研的建筑基本信息和受访者基本情况。建筑基本信息主要为建筑年代及其建筑功能、供暖方式、调查房间的楼层和朝向、办公室布局及人员数量等。受试者基本情况包括受试者的姓名、性别和年龄,以及在哈尔滨市居住的时间等。

2. 主观调查

主观调查采用电子问卷和纸质问卷两种问卷形式,二者内容完全相同。由于教室中不宜进行电子问卷调查,故教室内受试者的问卷调查采用纸质问卷,其他 3 种建筑内的受试者均采用电子问卷。受试者每周填写一次电子问卷。主观问卷调查包括如下内容:

(1) 受试者的服装热阻情况。请受试者勾选冬季的室内着装列表选项。

(2) 活动量。要求受试者在填写调查问卷前不能做剧烈活动。

(3) 受试者的主观热反应,如热感觉、湿感觉、吹风感、热期望、湿期望、气流期望、热舒适及热可接受度等。热反应投票标度见表 4.4。

表 4.4 热反应投票标度

热反应	投票标度
热感觉	-3(冷)、-2(凉)、-1(稍凉)、0(热中性)、1(稍暖)、2(暖)、3(热)
湿感觉	-3(很潮湿)、-2(潮湿)、-1(有点潮)、0(湿度适中)、1(有点干)、2(干燥)、3(很干燥)
吹风感	0(无风)、1(有轻微的吹风感)、2(有明显的吹风感)、3(有强烈的吹风感)
热期望	-1(降低)、0(不变)、1(升高)
湿期望	-1(减小)、0(不变)、1(增大)
气流期望	-1(减小)、0(不变)、1(增大)
热舒适	0(舒适)、1(稍不舒适)、2(不舒适)、3(难以忍受)
热可接受度	可接受、不可接受

(4) 受试者改善热舒适的措施,如开关门窗、增减衣服、改变活动量等。

现场调研中,共收集了 1 747 份有效调查问卷。其中,住宅、办公建筑、教室和宿舍调研样本的信息统计见表 4.5。

表 4.5 调研样本的信息统计[3]

	住宅小区数量	建筑数量	房间数量	受试者人数	男女比例	平均年龄	在哈尔滨市居住的时间/年	有效问卷数量
住宅	5	9	13	20	9:11	48.5 ±13.2	39.7 ±19.5	321
办公建筑		6	19	24	13:11	42.1 ±12.3	30.4 ±19.1	427
教室		1	5	30	1:1	20.2 ±0.9	5.1 ±0.9	539
宿舍		3	11	30	1:1	20.2 ±0.9	5.1 ±0.9	460

4.1.5　冬季不同供暖阶段划分

课题组于2013年9月至2014年5月对住宅、办公建筑、高校教室和宿舍的热环境进行了连续跟踪测试，其中高校教室和宿舍在寒假期间测试中断。

为了研究受试者对室外气候和室内热环境变化的热适应，根据哈尔滨市冬季室外日平均空气温度变化和供暖季的供暖和停暖日期，将调研时间分为5个阶段。2013年11月22日室外日平均温度开始降至 -10 ℃，2014年3月2日室外日平均温度开始回升至 -10 ℃，将这两个时间节点分别定义为供暖中期的起止日期。调查期间室外温度变化和供暖阶段划分如图4.6所示。阶段1 ~ 5分别对应供暖开始前、供暖初期、供暖中期、供暖末期和供暖结束后，供暖各阶段的起止时间及平均室外温度见表4.6。

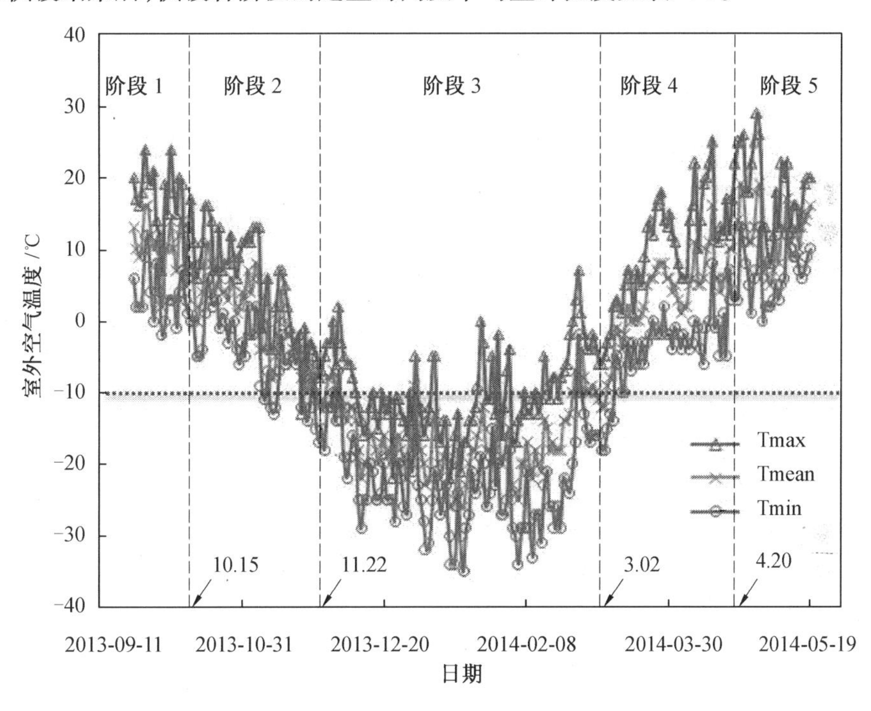

图4.6　室外温度变化和供暖阶段划分[1,5]

表4.6　供暖各阶段的起止时间及平均室外温度[1,5]

调查阶段	起止时间	平均温度 /℃	最大值 /℃	最小值 /℃
供暖开始前	9 月 23 日 —10 月 19 日	10.0	16	2
供暖初期	10 月 20 日 —11 月 22 日	1.4	11	- 8
供暖中期	11 月 23 日 —3 月 2 日	- 16.0	2	- 26
供暖末期	3 月 3 日 —4 月 20 日	2.2	16	- 12
供暖结束后	4 月 21 日 —5 月 15 日	12.0	29	0

供暖开始前与供暖结束后两个阶段的平均室外温度相近，分别为10.0 ℃和12.0 ℃；供暖初期与供暖末期平均室外温度相近，分别为1.4 ℃和2.2 ℃，最大值分别为11 ℃和16 ℃，最小值分别为 -8 ℃ 和 -12 ℃；供暖中期室外温度最低，平均室外温度为 -16.0 ℃，最高日平均温度为2 ℃，最低日平均温度为 -26 ℃。

4.2 住宅热环境与热舒适现场研究

选择20名受试者，采用纵向连续跟踪调查方法，对住宅热环境与居民的热舒适进行了现场研究。

4.2.1 室内热环境参数

1. 连续测试结果与分析

(1) 空气温度与相对湿度。

连续记录供暖开始前、供暖初期、供暖中期、供暖末期、供暖结束后5个阶段内10户住宅的室温和相对湿度，每5 min记录一次。

住宅各阶段空气温度和相对湿度平均值见表4.7。

由表4.7可知，供暖开始前平均室温最低，为21.2 ℃；进入供暖期，平均室温逐渐上升，约为24.0 ℃；供暖末期，平均室温最高，达到25.0 ℃；供暖结束后，平均室温较供暖末期降低了2.5 ℃。可见，不同供暖阶段平均室温都接近或超过了热舒适标准规定的上限值24 ℃。

表4.7 住宅各阶段空气温度和相对湿度平均值

热环境参数	供暖开始前	供暖初期	供暖中期	供暖末期	供暖结束后
平均空气温度/℃	21.2	23.6	24.3	25.0	22.5
平均相对湿度/%	52.6	46.9	34.6	34.7	46.4

供暖开始前，室内相对湿度较高，平均值为52.6%；进入供暖期，室温上升的同时，相对湿度逐渐下降；供暖中期，平均相对湿度为34.6%；供暖结束后，相对湿度开始回升，达到46.4%。

统计5个阶段10户住宅的日平均空气温度和相对湿度，绘制成图4.7。

10月15日室内日平均空气温度最低，为19.1 ℃；日平均相对湿度为51.7%。10月下旬供暖开始以后，室温开始上升，并逐渐趋于稳定。供暖期间日平均温度为21.5 ~ 26.1 ℃，日平均相对湿度为29.4% ~ 60.5%。供暖期间，日平均相对湿度达到最低值，为29.4%。供暖结束后，日平均温度最低降至19.9 ℃，日平均相对湿度达到最高值61%。

(2) 操作温度。

连续一周记录1号住宅内同一测点的空气温度和黑球温度，每5 min记录一次，室内空气流速值取现场测试得到的平均空气流速0.05 m/s，计算得到连续的操作温度，如图4.8所示。经计算，得到空气温度与操作温度的平均差值为0.35 ℃。因此，近似认为操作温度等于空气温度，并采用空气温度作为住宅热舒适评价指标。

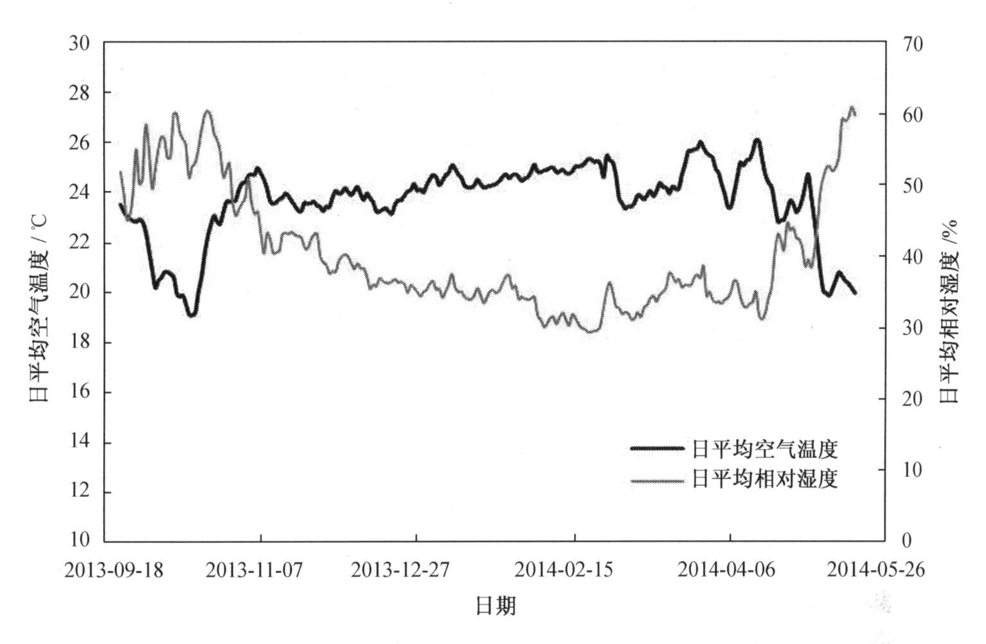

图 4.7　不同阶段住宅日平均空气温度和相对湿度[1]

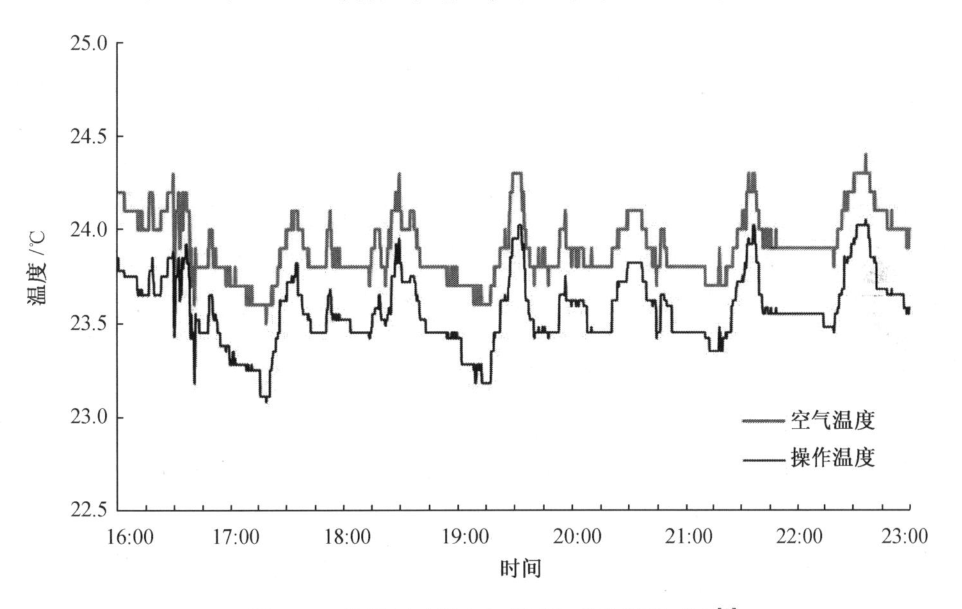

图 4.8　连续记录的空气温度与操作温度对比[1]

2. 现场入户测试结果与分析

现场入户测试空气温度、相对湿度、空气流速、黑球温度，并计算操作温度，统计 5 个阶段住宅热环境参数现场测试结果，见表 4.8。

可见，供暖开始前，室温最小值为 18.5 ℃，平均值为 21.9 ℃，平均操作温度为 21.9 ℃；供暖期间的空气温度最小值为 19.3 ℃，供暖初期、中期和末期室温平均值依次为 23.8 ℃、23.8 ℃ 和 24.6 ℃，平均操作温度依次为 23.7 ℃、24.2 ℃ 和 24.7 ℃；供暖结束后，室温最小值为 21.2 ℃，平均值为 24.3 ℃，平均操作温度为 24.2 ℃。可见，供暖期间住宅平均室温较高,接近或超过了热舒适温度上限值24 ℃。

表4.8 住宅热环境参数现场测试结果统计表[1]

环境参数	统计值	供暖开始前	供暖初期	供暖中期	供暖末期	供暖结束后
空气温度/℃	平均值	21.9	23.8	23.8	24.6	24.3
	最大值	24.8	28.8	29.8	28.1	26.4
	最小值	18.5	19.8	19.3	20.1	21.2
相对湿度/%	平均值	54.8	52.2	36.4	35.6	41.7
	最大值	67.0	71.2	52.5	49.2	58.2
	最小值	38.2	34.1	19.9	20.5	26.1
空气流速/($m \cdot s^{-1}$)	平均值	0.05	0.05	0.03	0.03	0.04
	最大值	0.13	0.12	0.21	0.09	0.12
	最小值	0.01	0.01	0.00	0.01	0.01
黑球温度/℃	平均值	21.9	23.6	24.3	24.6	24.2
	最大值	25.0	28.7	35.1	28.1	26.4
	最小值	18.7	19.8	20.5	20.3	21.3
操作温度/℃	平均值	21.9	23.7	24.2	24.7	24.2
	最大值	24.9	28.7	30.2	28.1	26.3
	最小值	18.6	19.8	19.2	20.6	21.3

供暖开始前,相对湿度为38.2% ~ 67.0%;供暖结束后,相对湿度为26.1% ~ 58.2%;供暖初期,室内相对湿度较高,而供暖中期,最低相对湿度仅为19.9%。随着供暖进行,室内相对湿度已明显偏低。

各阶段内平均空气流速均不超过0.05 m/s,室内无明显的吹风感,满足热舒适要求。

由表4.8的统计结果可以看出,各阶段住宅的空气温度与计算所得的操作温度的差值均在 ±0.5 ℃ 范围内,相差不大。故后文分析均采用空气温度作为住宅热环境评价指标。

4.2.2 心理适应

1. 住宅受试者的热感觉和热期望

图4.9和图4.10分别为住宅受试者热感觉投票和热期望投票分布。

由图4.9可知,住宅受试者不同阶段内的热感觉投票呈正态分布,且从供暖开始前至供暖末期,热感觉投票分布不断向暖侧偏移;供暖结束后,投票回移。

供暖开始前与供暖结束后两个阶段内的投票分布十分相似。由于室温较低,两阶段内均有30%左右的受试者投票 -1,即感觉室内稍凉。

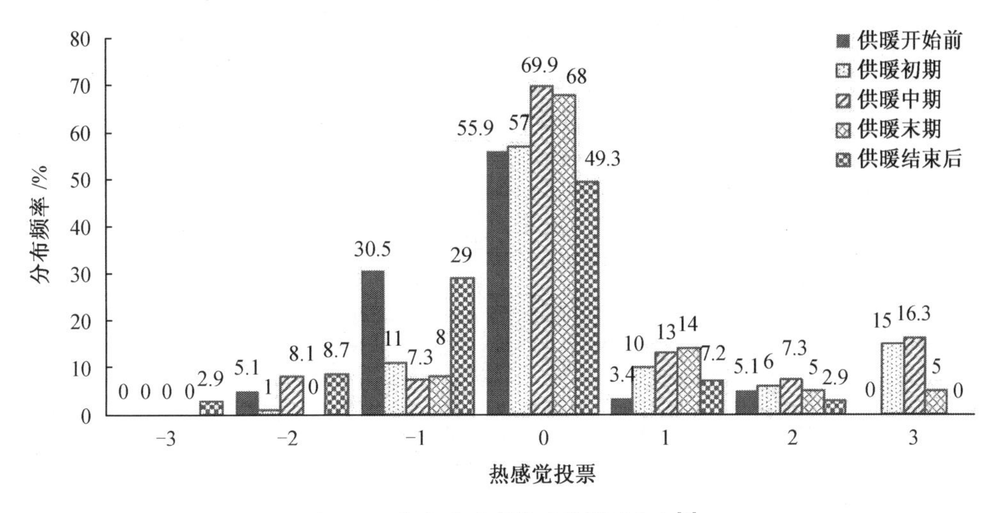

图4.9　住宅受试者热感觉投票分布[1]

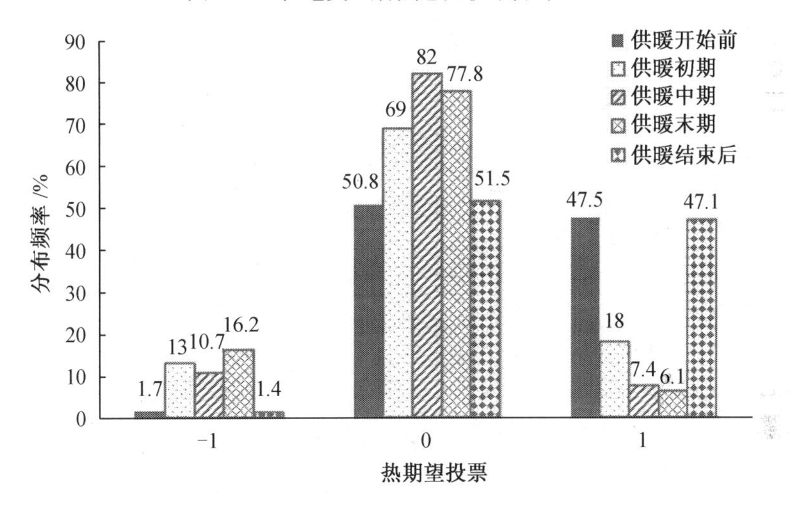

图4.10　住宅受试者热期望投票分布[1]

随着供暖进行,住宅受试者的热感觉投票逐渐大于0,即向暖侧偏移。进入供暖期以后,各阶段均只有较少受试者感觉偏冷,表示“暖”(投票值2)或“热”(投票值3)的受试者比例开始增加。其中,供暖初期和供暖中期均有20%以上的受试者感觉“暖”(投票值2)或“热”(投票值3),说明供暖期间住宅内存在较严重的过热现象。

由图4.10可知,供暖开始前与供暖结束后两阶段内分别有47.5%和47.1%的受试者希望温度升高(投票值为1);而进入供暖季,供暖初期、供暖中期、供暖末期分别有13%、10.7%、16.2%的受试者希望温度降低(投票值为-1)。说明供暖之初受试者对热环境尚不适应,也说明室温偏高。供暖中期,室外气温最低,期望温度不变的受试者比例也最大,达到82%。而供暖末期,室外气温已开始回升,室内仍保持着较高的温度,此时16.2%的受试者期望室温降低。

2. 住宅受试者的热舒适和热可接受度

图4.11和图4.12分别为住宅受试者热舒适投票和热可接受度投票分布。

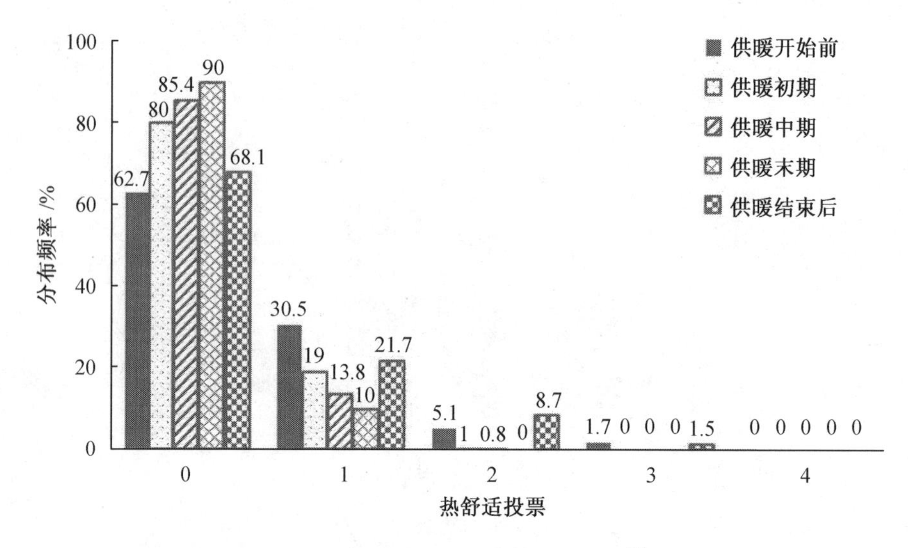

图4.11　住宅受试者热舒适投票分布[1]

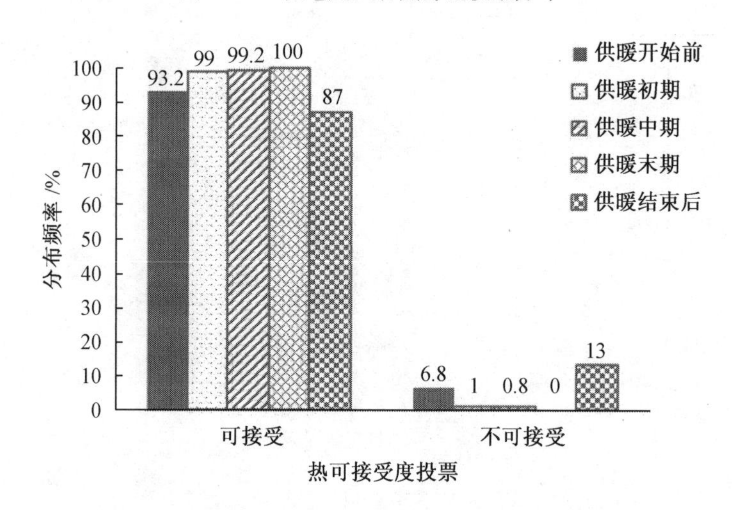

图4.12　住宅受试者热可接受度投票分布[1]

由图4.11可以看出，供暖开始前，超过30%的受试者表示“稍不舒适”（投票值1）或“不舒适”（投票值2）；供暖结束后，也有高于20%的受试者感觉“稍不舒适”或“不舒适”。这说明供暖未开始时，人们期盼供暖；而供暖结束后，室温相比供暖季大幅降低，受试者尚不适应无供暖环境，热不舒适感增强。供暖前后人们热感觉的差异性与文献[13]的结果类似。

供暖季投票“舒适”（投票值0）的比例高于非供暖季，表明受试者逐步适应供暖环境，多数受试者感觉室内热环境“舒适”。供暖季各阶段内，感觉热环境舒适的受试者比例均高于80%；与此同时，供暖季各阶段内感觉热环境“稍不舒适”的受试者比例均高于10%，说明存在一定的过热现象。

由图4.12可知，各阶段居民的热可接受度均较高。供暖季3个阶段中，受试者的热可接受度高达99%以上。而供暖开始前和供暖结束后两个阶段中，受试者的热可接受度分别为93.2%和87%，相对较低。其中，供暖结束后的热可接受度较供暖末期下降了13%，说明住宅受试者在供暖结束后对无供暖环境不适应，对偏热环境的接受度高于偏冷环境。

3. 住宅受试者的湿感觉

图4.13为住宅受试者湿感觉投票分布。

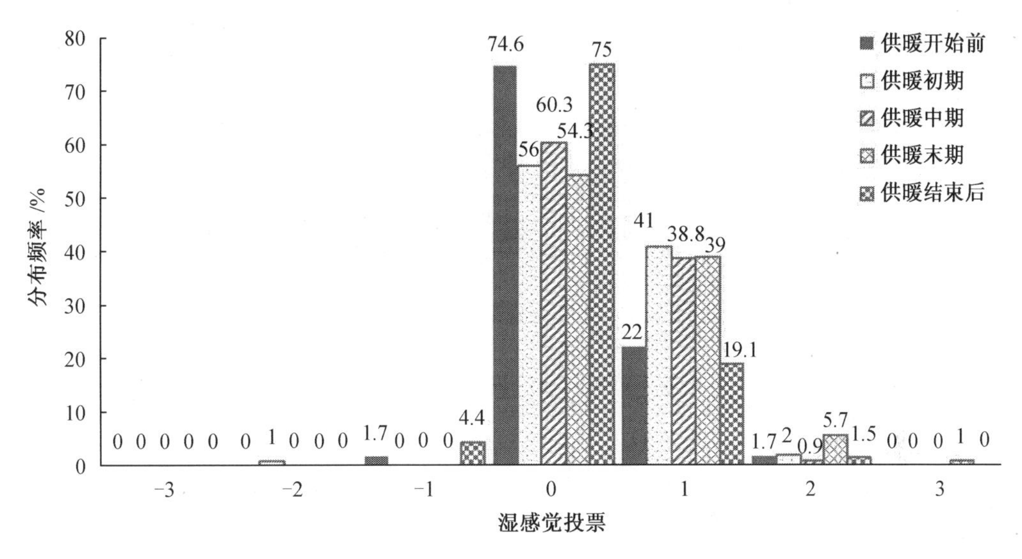

图4.13　住宅受试者湿感觉投票分布[1]

由图4.13可以看出，住宅受试者湿感觉投票主要分布在干燥一侧（投票值大于0）。

供暖开始前和供暖结束后两个阶段内，均有约75%的受试者湿感觉投票为“0”，即感觉环境湿度适中，20%左右的受试者湿感觉投票为“+1”，即感觉“有点干”，环境湿度较为适宜。

4.2.3　行为适应

1. 住宅受试者的服装热阻

图4.14和图4.15分别为5个阶段住宅受试者的平均服装热阻及服装热阻分布频率。

不同阶段住宅受试者的着装均有明显波动。供暖开始前，室内外温度逐渐降低，受试者着装逐渐增加。服装热阻为0.58～1.64 clo，平均热阻为0.83 clo。供暖期间，住宅受试者的着装总体呈减少趋势。服装热阻为0.41～1.5 clo，平均热阻为0.77 clo。供暖初期，室温大幅升高，受试者着装减少，随后逐渐增加。供暖期间，室温逐渐升高，受试者着装逐渐减少。供暖结束后，室温降低，受试者着装显著增加。服装热阻为0.56～1.63 clo，平均服装热阻为0.85 clo。

供暖开始前，92%的受试者服装热阻为0.6～1.2 clo；供暖初期，89.7%的服装热阻为0.6～1.2 clo；供暖中期，75.2%的服装热阻为0.6～1.0 clo；供暖末期99%的服装热阻为0.4～1.0 clo；供暖结束后，80%以上的受试者服装热阻为0.4～1.4 clo。受试者对着装的调节体现了对室内外气候的行为适应。

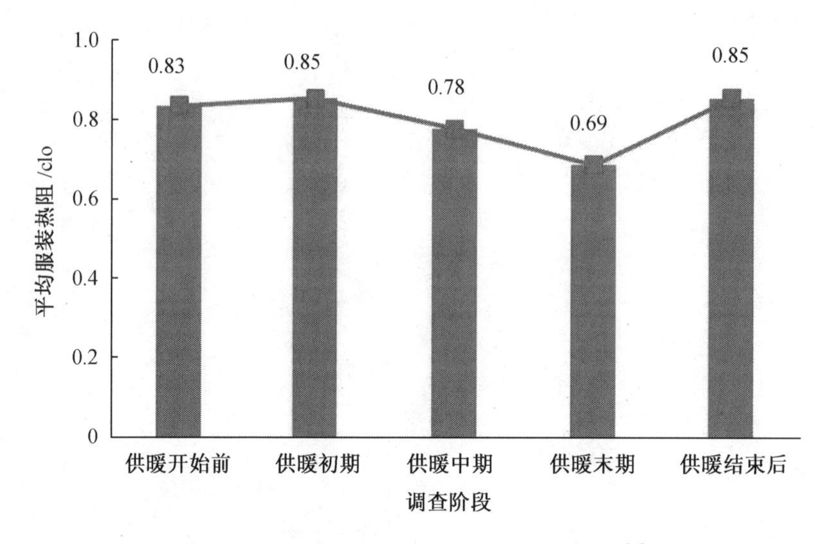

图 4.14　住宅受试者各阶段平均服装热阻[1]

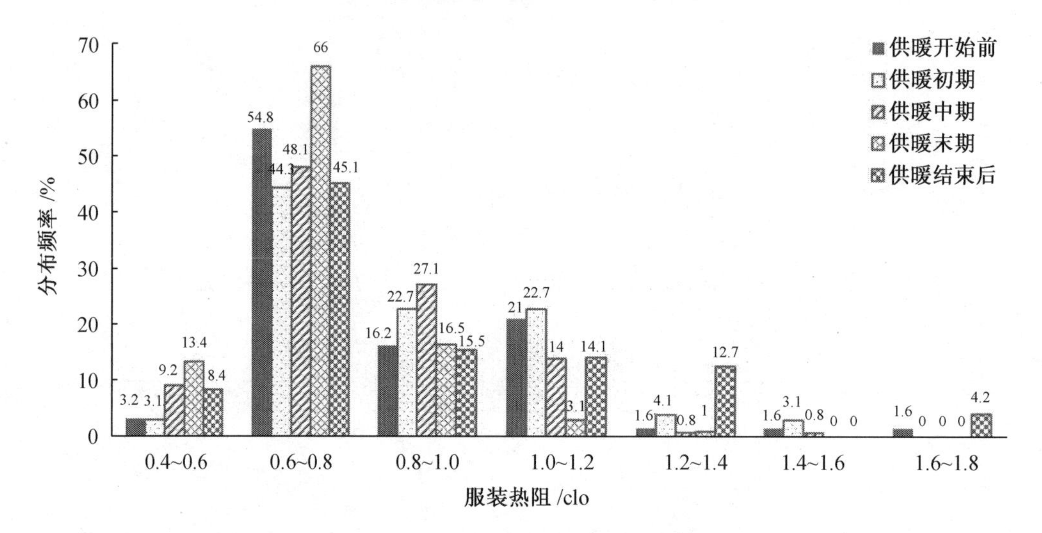

图 4.15　住宅受试者服装热阻分布频率[1]

2. 住宅受试者的热舒适改善措施

图 4.16 为住宅受试者偏热条件下热舒适改善措施。

由图 4.16 可见，供暖开始前，室温偏低，74.6% 的受试者通常不感觉偏热；随着供暖进行，这一比例逐渐下降；供暖结束后，这一比例又大幅增加。

5 个阶段中，开门窗和减衣服都是受试者在偏热条件下采取的主要措施。在供暖开始前和供暖结束后，开门窗可以增加自然通风，提高人体热舒适。但供暖时，若由于室内过热而开窗，会浪费能源。

由图 4.16 可以看出，供暖初期和供暖中期选择开门窗的比例分别为 33% 和 37.4%，而供暖末期的开门窗比例更高达 55%。表明供暖期间，住宅室内过热，供暖能耗增大。

图 4.17 为住宅受试者偏冷条件下热舒适改善措施。

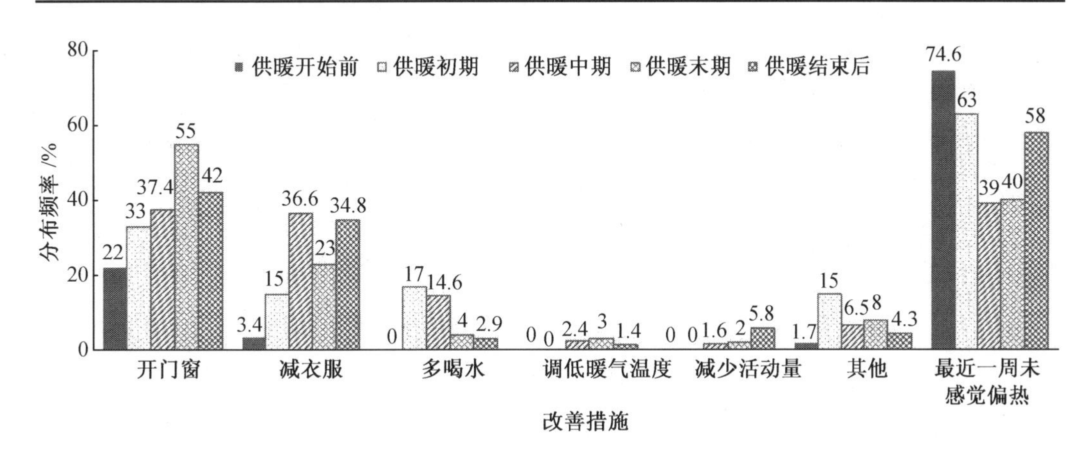

图4.16　住宅受试者偏热条件下热舒适改善措施[1]

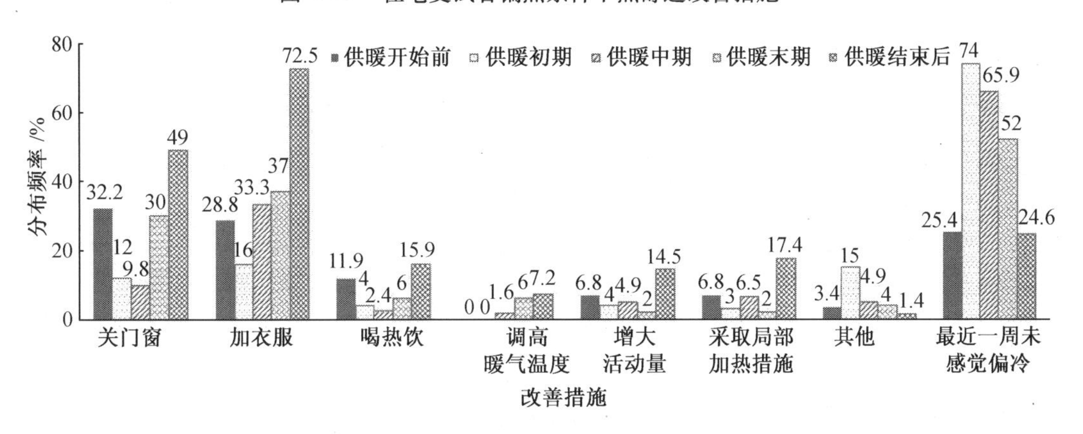

图4.17　住宅受试者偏冷条件下热舒适改善措施[1]

由图4.17可见,供暖期各阶段中,多数住宅受试者未感觉偏冷;而供暖开始前和供暖结束后,未感觉偏冷的受试者则明显较少。

各阶段内,受试者多采取关门窗和加衣服的方式改善热舒适。比较各阶段的投票分布可以看出,在供暖季内,由于室温较高,多数受试者不会感觉偏冷,采取的改善措施也较少。供暖开始前,32.2% 的受试者选择关门窗、28.8% 的受试者选择加衣服;供暖结束后,49% 的受试者选择关门窗、72.5% 的受试者选择加衣服。表明在无供暖条件下受试者通过积极主动的行为调节保持自身的热舒适。

3. 服装热阻与室温

服装调节是最为普遍的行为调节措施之一。由图4.14可以看出,随着室外气候变化,住宅受试者的着装呈现出明显的波动。结合图4.16和图4.17可知,增减衣服是住宅受试者在偏冷或偏热条件下首选的改善措施之一。服装调节体现了受试者对热环境的适应性。

住宅受试者的服装热阻与室温的回归方程如下:

$$I_{cl} = -0.0466t_a + 1.7743, R^2 = 0.92 \tag{4.2}$$

式中　I_{cl}—— 服装热阻,clo;

　　　t_a—— 室温,℃。

对回归方程进行显著性检验，方程的F统计量为252.975，相伴概率值sig为0.000，小于显著性水平0.05，表明住宅受试者服装热阻与室温显著相关。变量系数和常量的T统计量分别为-15.905和25.211，相伴概率值sig也均为0.000，说明回归方程有意义。

由上式可以看出，住宅受试者的着装与室温有着很强的相关性，受室温影响显著。温度每升高1 ℃，受试者的服装热阻将减小约0.05 clo。

4.2.4 热舒适与热适应模型

1. 热舒适模型中室温的时间尺度分析

分别对住宅热环境中平均热感觉投票与填表时瞬时空气温度及填表时刻前连续1天、2天、3天、4天、5天、6天、7天的平均室温进行线性拟合，得到平均热感觉与不同时间尺度的室温的相关系数R^2，列于表4.9。

表4.9 平均热感觉与不同时间尺度的室温的相关系数R^2统计[1]

调查阶段	瞬时	1天	2天	3天	4天	5天	6天	7天
供暖开始前	0.239 6	0.375 5	0.383 3	0.452 8	0.471 2	0.564 9	0.518 0	0.589 2
供暖初期	0.612 6	0.497 2	0.570 6	0.502 9	0.471 8	0.501 6	0.502 2	0.600 9
供暖中期	0.310 3	0.389 4	0.417 6	0.487 4	0.350 3	0.448 8	0.390 7	0.501 7
供暖末期	0.477 2	0.513 1	0.511 4	0.508 9	0.386 5	0.480 1	0.543 0	0.574 3
供暖结束后	0.302 0	0.293 3	0.446 9	0.381 2	0.396 3	0.407 1	0.402 4	0.444 2
平均值	0.388 3	0.414 0	0.466 0	0.466 6	0.415 2	0.480 5	0.471 3	0.542 1

分析比较表4.9中的数据可知，各阶段内平均热感觉与不同时间尺度的室温的相关关系不尽相同，且呈现出不同的变化趋势。比较各阶段内不同时间尺度的相关系数发现，平均热感觉投票多与连续7天的平均室温的相关性最强，且使用7天平均室温所得的平均相关系数也最大。这与Morgan和de Dear[14]在自然通风建筑中调查所得结论一致。因此，本节后文讨论均采用连续7天的平均室温作为住宅热环境评价指标。

2. 热舒适与热适应模型分析

图4.18汇总了住宅受试者在供暖开始前、供暖初期、供暖中期、供暖末期、供暖结束后5个阶段内的平均热感觉投票与室温的相关关系曲线。

不同阶段的住宅受试者平均热感觉投票与室温的回归方程及其显著性检验结果见表4.10。

由表4.10可见，各阶段内，回归方程F统计量的相伴概率值sig均小于显著性水平0.05，表明各阶段内住宅受试者的平均热感觉均与平均室温显著相关。变量系数和常量的相伴概率值sig也均小于0.05，说明回归方程均有意义。

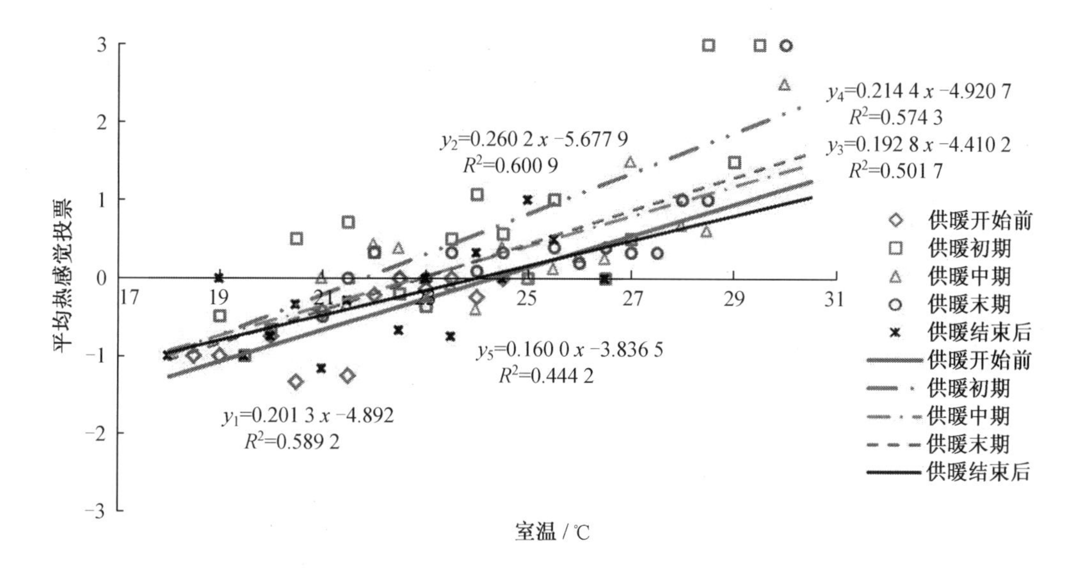

图4.18　各阶段住宅受试者的平均热感觉投票与室温[1,5]

表4.10　住宅受试者平均热感觉投票与平均室温的回归方程及其显著性检验结果[1]

调查阶段	方程	R^2	方程(F,sig)	x(T,sig)	常量(T,sig)
供暖开始前	$y_1=0.201\ 3x-4.892\ 0$	0.589 2	14.343,0.004	3.787,0.004	−4.233,0.002
供暖初期	$y_2=0.260\ 2x-5.677\ 9$	0.600 9	24.095,0.000	4.909,0.000	−4.434,0.000
供暖中期	$y_3=0.192\ 8x-4.410\ 2$	0.501 7	14.097,0.002	3.755,0.002	−3.430,0.004
供暖末期	$y_4=0.214\ 4x-4.920\ 7$	0.574 3	18.890,0.001	4.346,0.001	−3.958,0.001
供暖结束后	$y_5=0.160\ 0x-3.836\ 5$	0.444 2	10.391,0.007	3.224,0.007	−3.451,0.004

注：表中 y_1 为供暖开始前平均热感觉投票；y_2 为供暖初期平均热感觉投票；y_3 为供暖中期平均热感觉投票；y_4 为供暖末期平均热感觉投票；y_5 为供暖结束后平均热感觉投票；x 为平均室温(℃)。

方程中直线的斜率代表受试者对室温的敏感程度。可见，供暖刚开始时，受试者对热环境变化最为敏感。对比5个阶段的回归方程，各阶段的方程斜率均在0.2左右，即室温变化1 ℃时，住宅受试者的平均热感觉变化约0.2。

3.热中性温度

令 $y=0$，得到各阶段住宅受试者的热中性温度分别为：$t_1=24.3$ ℃，$t_2=21.8$ ℃，$t_3=22.9$ ℃，$t_4=23.0$ ℃，$t_5=24.0$ ℃。图4.19为住宅各阶段平均室温与热中性温度。由图4.19可见，各阶段内的热中性温度与平均室温均有明显差别。

供暖开始前，室温较低，住宅受试者期盼供暖，热中性温度高于平均室温3.1 ℃。说明供暖前人们从心理上期望室温升高。

供暖开始后，室温显著升高，多数住宅受试者尚未适应供暖热环境，感觉热环境偏暖，导致热中性温度下降，低于平均室温1.8 ℃。

供暖中期，室外温度进一步下降，平均室温上升0.7 ℃。同时，住宅受试者渐渐适应了室内供暖热环境，热中性温度较供暖初期上升了1.1 ℃，但低于平均室温1.4 ℃。

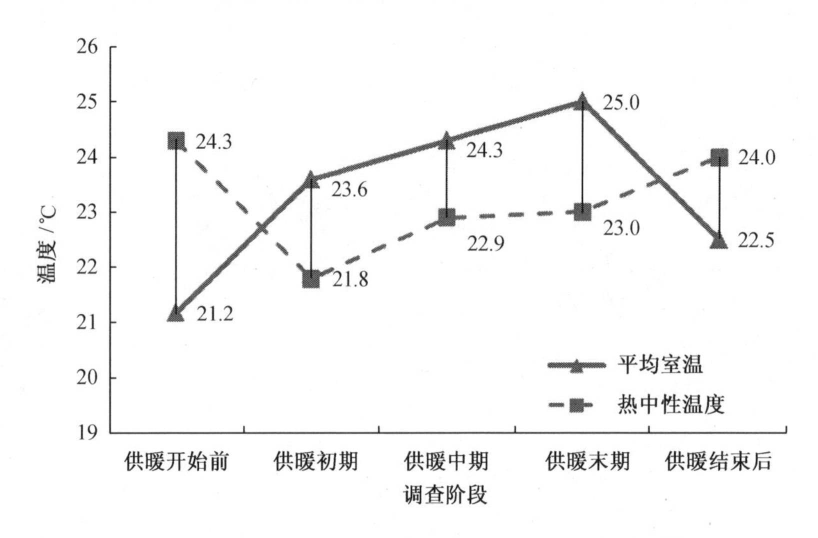

图 4.19 住宅各阶段平均室温与热中性温度[1]

供暖末期,室外温度开始回升,平均室温继续上升 0.7 ℃,住宅受试者的热中性温度与供暖中期相近,低于平均室温 2 ℃。

供暖期间,住宅受试者的热中性温度随平均室温升高而上升,且受试者的热中性温度均低于平均室温。说明住宅受试者逐渐习惯了供暖热环境,热中性温度随室温变化;供暖期间室温偏高,既不舒适,又浪费能源。

供暖结束后,室温显著下降,受试者还未适应无供暖环境,多期望室温升高,热中性温度较供暖期升高,且高于平均室温 1.5 ℃。说明供暖结束后人们不适应室温突然降低。

对住宅受试者的热期望调查显示,供暖开始前,由于室温较低,受试者多期望室温升高,热期望温度往往较高。当室温为 25 ℃ 时,受试者仍多希望温度升高。供暖初期,室温升高,人们对供暖环境尚未适应,受试者多感觉偏暖,但并不期望降低室温,说明受试者偏爱供暖环境;进入供暖中期,室外温度进一步降低,受试者的热期望温度有所提高。

可见,室内外空气温度的变化会影响受试者的热中性温度,而热中性温度的变化,体现了受试者对室内外热环境的适应性。

4.3 办公建筑热环境与热舒适现场研究

选择 24 名受试者,采用纵向连续跟踪调查方法,对办公建筑热环境与办公人员的热舒适进行了现场研究。

4.3.1 室内热环境参数

1. 连续测试结果与分析

调查期间连续测试了 19 个办公建筑的空气温度和相对湿度,各阶段连续测试的办公建筑内温湿度的平均值见表 4.11。

表 4.11　各阶段办公建筑平均温度和平均相对湿度

环境参数	供暖开始前	供暖初期	供暖中期	供暖末期	供暖结束后
平均空气温度/℃	20.8	23.8	23.3	24.1	21.8
平均相对湿度/%	46.3	35.8	23.8	24.8	37.9

由表 4.11 可知,供暖开始前办公建筑内平均温度最低,为 20.8 ℃;供暖期间,供暖中期平均温度最低,为 23.3 ℃,供暖末期平均温度最高,为 24.1 ℃;供暖结束后,室内平均温度较供暖末期降低了 2.3 ℃。可见,供暖期间,不同阶段办公建筑内平均温度都接近热舒适标准规定的上限值 24 ℃。

供暖开始前,办公建筑内相对湿度较高,平均值为 46.3%;进入供暖期,室温上升的同时,相对湿度逐渐下降,供暖中期平均相对湿度最低,仅为 23.8%;供暖结束后,平均相对湿度回升至 37.9%。

图 4.20 为调查期间办公建筑的空气温度和相对湿度的日均值变化曲线。

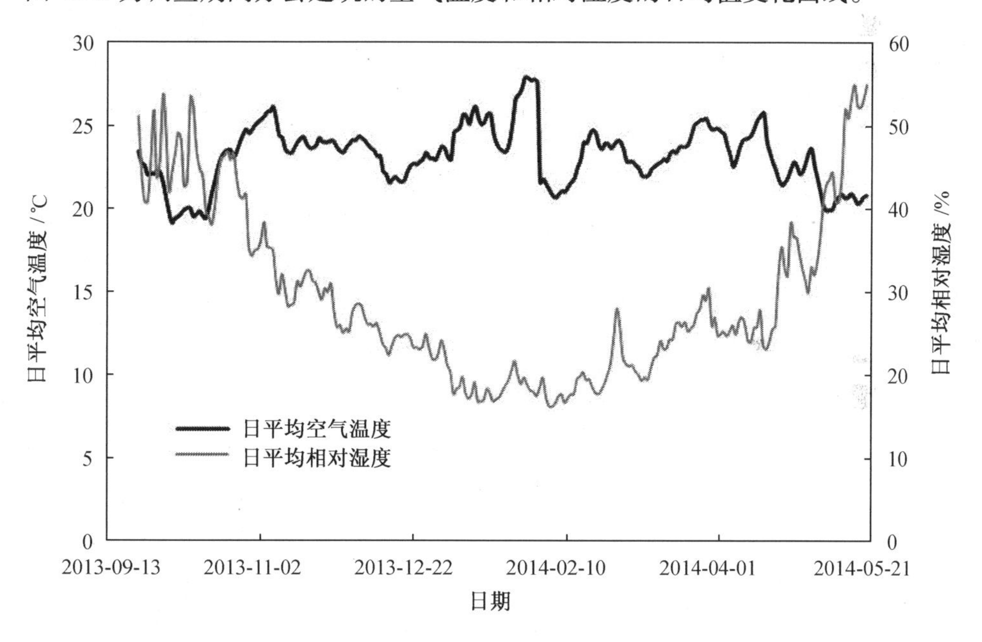

图 4.20　办公建筑日平均空气温度和相对湿度变化曲线[1]

10 月 4 日办公建筑的日平均温度最低,达 19.1 ℃,对应的日平均相对湿度为 44.4%。供暖开始后,室温显著上升,室内相对湿度逐渐降低,最低日平均相对湿度仅为 16.2%。供暖期间,办公建筑日平均温度为 19.4 ~ 27.9 ℃,日平均相对湿度为 16.2% ~ 46.9%。供暖结束后,最低日平均温度下降至 19.9 ℃,日平均相对湿度显著增加。

2. 现场入户测试结果与分析

表 4.12 为办公建筑热环境参数现场测试结果,该表统计了供暖开始前至供暖结束后 5 个阶段内现场测得的空气温度、相对湿度、空气流速、黑球温度,并计算得出了操作温度。入户测试结果如下:

供暖开始前，办公建筑室温平均值为21.1 ℃，平均操作温度为21.1 ℃；供暖初期、供暖中期、供暖末期平均室温分别为23.6 ℃、22.9 ℃ 和25.0 ℃，平均操作温度依次为23.7 ℃、23.4 ℃ 和25.3 ℃；供暖结束后，平均室温为23.8 ℃，平均操作温度为23.7 ℃。可见，供暖期间办公建筑平均室温较高，接近或超过了热舒适标准规定的上限值24 ℃。

供暖开始前，办公建筑相对湿度为31.6% ~ 54.2%；供暖结束后，相对湿度为24.6% ~41.5%；供暖初期，室内相对湿度仍在较高范围内，而供暖中期，最低相对湿度仅为13.2%。供暖期间，办公建筑内相对湿度也明显偏低。

各阶段办公建筑平均空气流速均未超过0.07 m/s，室内无明显的吹风感。各阶段平均相对湿度和平均空气流速均在热舒适范围内。

表4.12　办公建筑热环境参数现场测试结果[1]

环境参数	统计量	供暖开始前	供暖初期	供暖中期	供暖末期	供暖结束后
空气温度/℃	平均值	21.1	23.6	22.9	25.0	23.8
	最大值	24.4	28.5	29.8	28.5	25.1
	最小值	17.8	19.7	18.4	20.6	21.7
相对湿度/%	平均值	40.5	40.5	24.4	27.8	31.5
	最大值	54.2	54.8	45.2	40.1	41.5
	最小值	31.6	26.3	13.2	18.6	24.6
空气流速/($m \cdot s^{-1}$)	平均值	0.07	0.03	0.03	0.03	0.04
	最大值	0.18	0.07	0.08	0.08	0.08
	最小值	0.01	0.00	0.00	0.01	0.01
黑球温度/℃	平均值	21.2	23.7	23.3	25.2	23.6
	最大值	24.9	28.0	29.1	28.1	25.3
	最小值	17.6	20.7	18.8	21.5	20.8
操作温度/℃	平均值	21.1	23.7	23.4	25.3	23.7
	最大值	24.8	28.1	29.3	28.2	25.3
	最小值	17.7	20.4	19.0	20.8	21.5

由表4.12的统计结果可以看出，各阶段办公建筑空气温度与计算所得的操作温度的差值均在 ±0.5 ℃ 范围内，相差不大。故后文分析均采用空气温度作为办公建筑热环境评价指标。

4.3.2　心理适应

1. 办公建筑受试者的热感觉和热期望

图4.21和图4.22分别为办公建筑受试者热感觉和热期望投票分布。

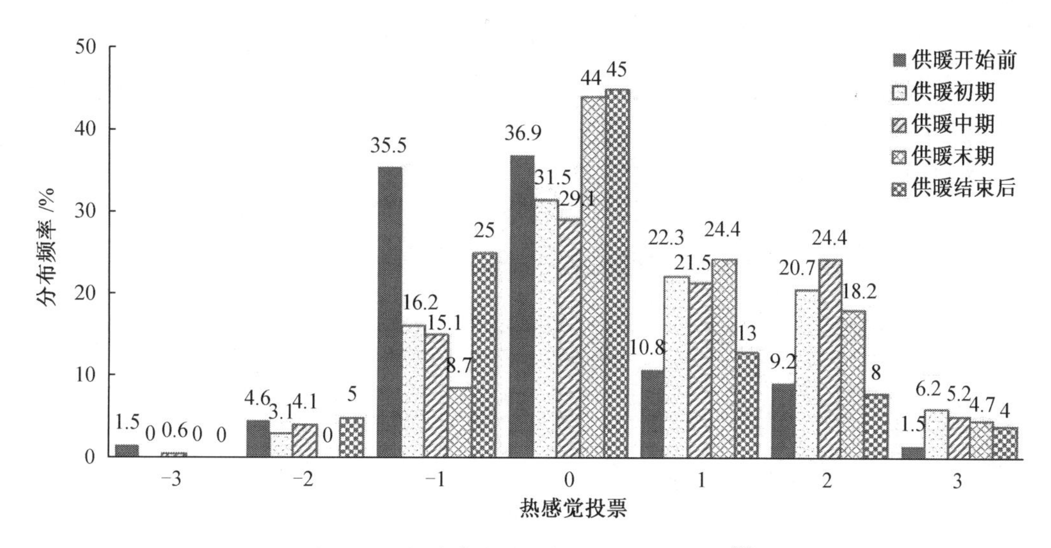

图4.21　办公建筑受试者热感觉投票分布[1]

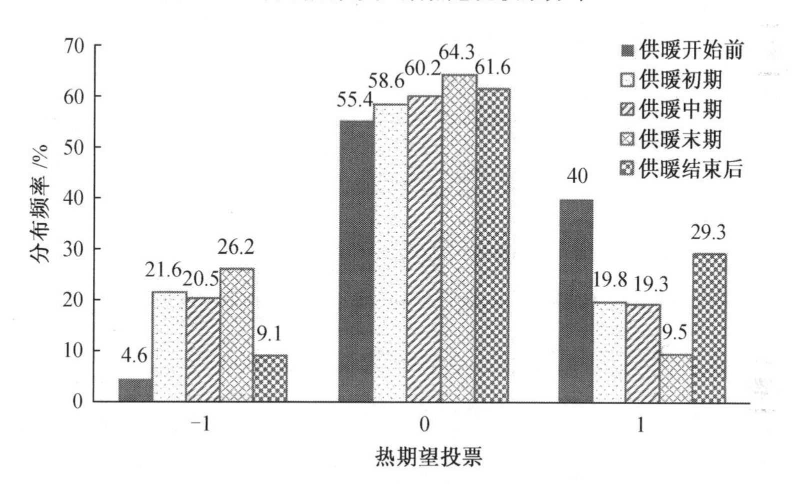

图4.22　办公建筑受试者热期望投票分布[1]

如图4.21所示，与住宅调查结果相似，办公建筑受试者的热感觉投票分布也呈现正态分布，且随室外气候和室温的变化而偏移。

供暖开始前，35.5%的受试者投票“-1”，即感觉所处环境“稍凉”。供暖开始后，办公建筑受试者的热感觉投票逐渐大于0，开始向暖侧偏移。供暖初期，室内平均温度由20.8 ℃上升至23.8 ℃，40%以上的受试者表示“稍暖”（投票值1）或“暖”（投票值2），6.2%的受试者感觉“热”（投票值3）。供暖中期，感觉室温“适中”（投票值0）的受试者比例最低，约有50%的受试者投票在暖侧。供暖结束后，室内平均温度由24.1 ℃降至21.8 ℃，热感觉投票又开始向冷侧回移，感觉热环境“稍凉”的受试者比例回升至25%。

统计投票值为2和3的受试者比例，发现供暖期内均有20%以上的受试者表示热环境“暖”或“热”。表明供暖期办公建筑内存在过热现象，室内过热引起的不可接受率超过20%。

由图 4.22 可以看出，供暖开始前，室内外温度均逐渐降低，受试者多期盼供暖，40% 的受试者期望室温升高（投票为 1）。供暖期间，3 个阶段内均有超过 20% 的受试者希望室温降低（投票为 −1），说明办公建筑热环境中存在较严重的过热现象。供暖结束后，室内温度降低，期望室温升高的受试者比例增加。

2. 办公建筑受试者的热舒适和热可接受度

图 4.23、4.24 分别为办公建筑受试者热舒适和热可接受度投票分布。

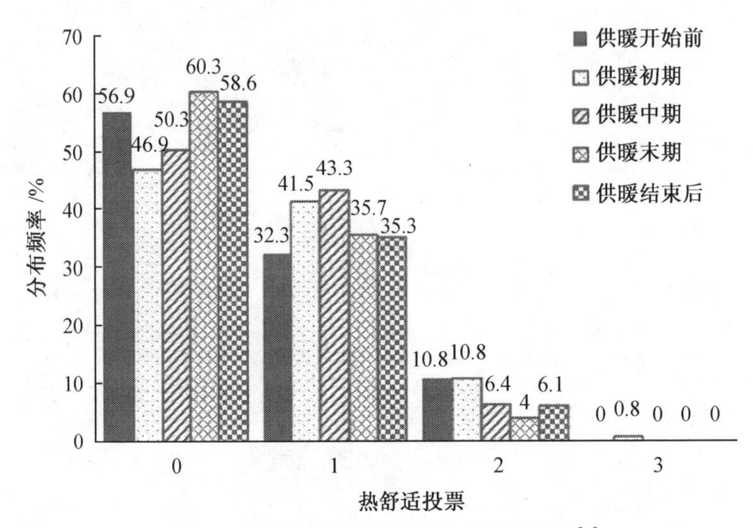

图 4.23 办公建筑受试者热舒适投票分布[1]

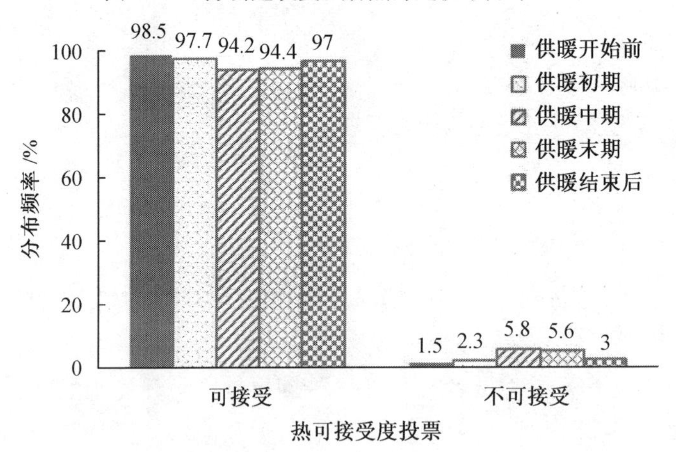

图 4.24 办公建筑受试者热可接受度投票分布[1]

从图 4.23 的热舒适投票分布可以看出，5 个阶段内，均有约 40% 的受试者投票“稍不舒适”（投票值为 1）或“不舒适”（投票值为 2 和 3）。主要是由供暖期间存在的过热和非供暖期间的偏冷导致的。此外，供暖初期投票“舒适”（投票值为 0）的比例最低，说明部分受试者对供暖环境不适应。随着供暖进行，投票“舒适”的比例逐渐增加，这又暗示着受试者逐渐适应了供暖热环境。

从图 4.24 的热可接受度投票分布可以看出，各阶段的热可接受度均高于 90%，说明即使办公建筑内存在过热或过冷问题，大多数受试者仍可以接受。

3. 办公建筑受试者的湿感觉

图 4.25 为办公建筑受试者湿感觉分布，可见办公建筑受试者的湿感觉投票大多分布在热中性偏干一侧。结合连续测试结果可以看出，供暖开始前的室内平均湿度最高，感觉环境湿度“适中”（投票为 0）的受试者比例也最高。进入供暖期，室内湿度明显下降，最低相对湿度仅为 13.2%。供暖结束后，由于室温降低，相对湿度增加。

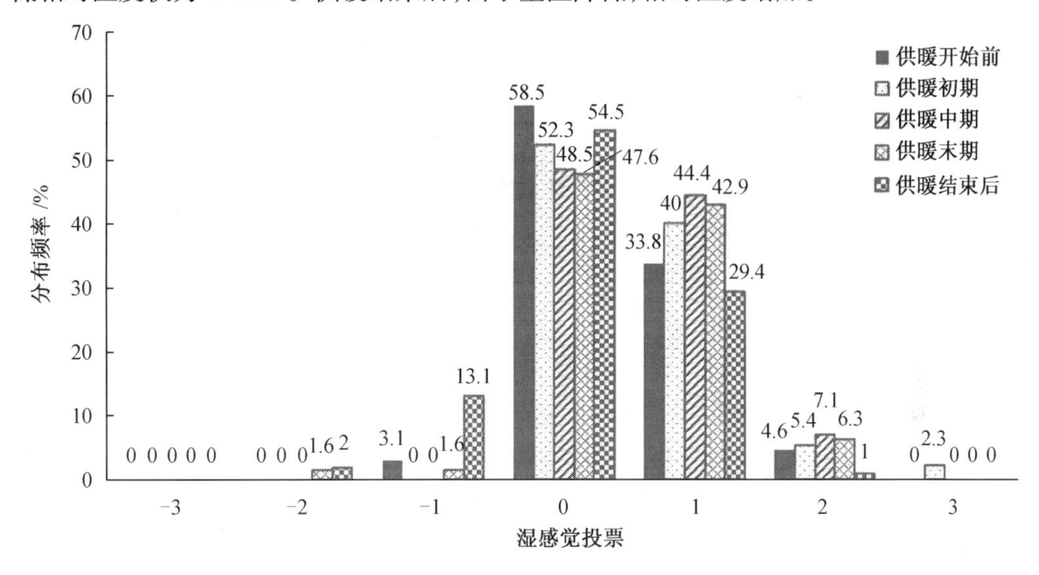

图 4.25　办公建筑受试者湿感觉分布[1]

4.3.3　行为适应

1. 办公建筑受试者的服装热阻

图 4.26 为 5 个阶段办公建筑受试者平均服装热阻。供暖开始前，受试者的服装热阻为 0.66 ~ 1.66 clo，平均热阻为 0.98 clo。供暖期间，服装热阻为 0.56 ~ 2.39 clo，平均热阻约为 1.25 clo。供暖结束后，服装热阻为 0.56 ~ 1.88 clo，平均热阻为 1.03 clo。

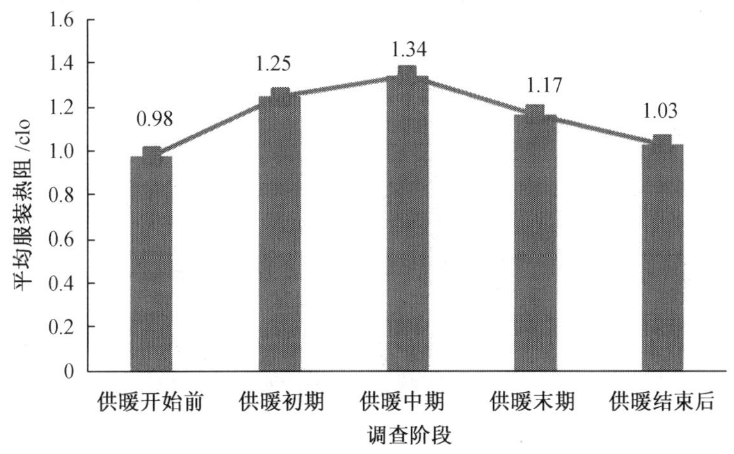

图 4.26　5 个阶段办公建筑受试者平均服装热阻[1]

由图 4.26 可见，从供暖开始前至供暖中期，随着室外温度的逐渐降低，办公建筑受试者的着装逐渐增加，并未如住宅受试者出现显著波动；且供暖开始前、供暖初期、供暖中期 3 个阶段内的平均服装热阻也逐渐增加。这可能是由于办公建筑和住宅内热环境不同，受试者的作息习惯、行为调节能力不同。

图4.26表明，5个阶段办公建筑受试者的平均服装热阻均高于0.9 clo。供暖中期，室外温度最低时，办公建筑受试者的服装热阻达到最大值。受试者的服装热阻波动趋势与室外气候变化趋势相一致。

图 4.27 为调查期间不同阶段内办公建筑受试者服装热阻分布频率。可见，供暖开始前，由于室温较低，受试者着装较多，平均服装热阻为 0.98 clo，86.3% 的受试者服装热阻为 0.6 ~ 1.2 clo。供暖初期，82.4% 的受试者服装热阻为 0.8 ~ 1.6 clo。供暖中期，74.3% 的受试者服装热阻为 1.0 ~ 1.8 clo。供暖末期，88% 的受试者服装热阻为 0.6 ~ 1.6 clo。

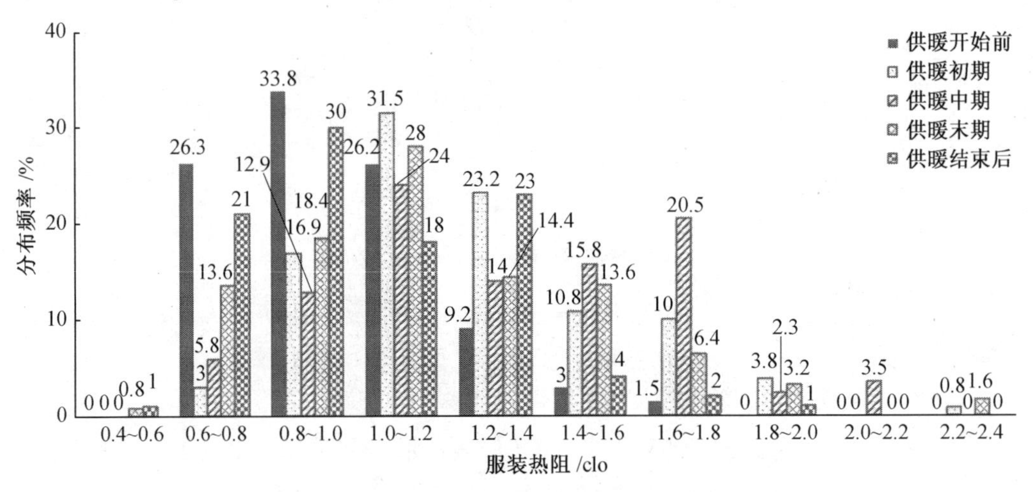

图 4.27　办公建筑受试者服装热阻分布频率[1]

供暖刚刚结束时，服装热阻略有降低，随后逐渐上升。供暖结束后，92% 的办公建筑受试者的服装热阻为0.4 ~ 1.2 clo。供暖结束后，室温虽然降低，但受试者的着装并未明显增加，这可能是由于办公建筑受试者的着装较多地受到室外气候因素的影响。室外温度开始回升时，受试者的着装会有所减少。

2. 办公建筑受试者的热舒适改善措施

图 4.28 和图 4.29 分别为办公建筑受试者在室内感到偏热和偏冷条件下采取的热舒适改善措施。

如图 4.28，不同阶段，开门窗几乎都是办公建筑受试者感到偏热时的首选。供暖初期、供暖中期和供暖末期分别有 40.8%、57.3%、74.6% 的受试者选择开门窗来改善热舒适。显然，供暖期间存在较普遍的过热现象。此外，减衣服和多喝水也是办公建筑受试者较多采取的改善措施。这为解释人体热适应的行为适应模式提供了证据。

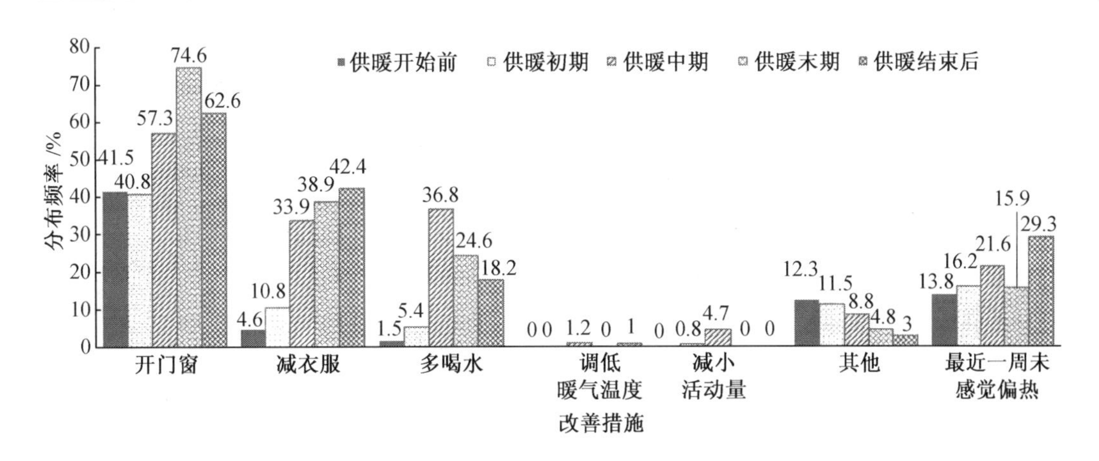

图4.28　办公建筑受试者偏热条件下热舒适改善措施[1]

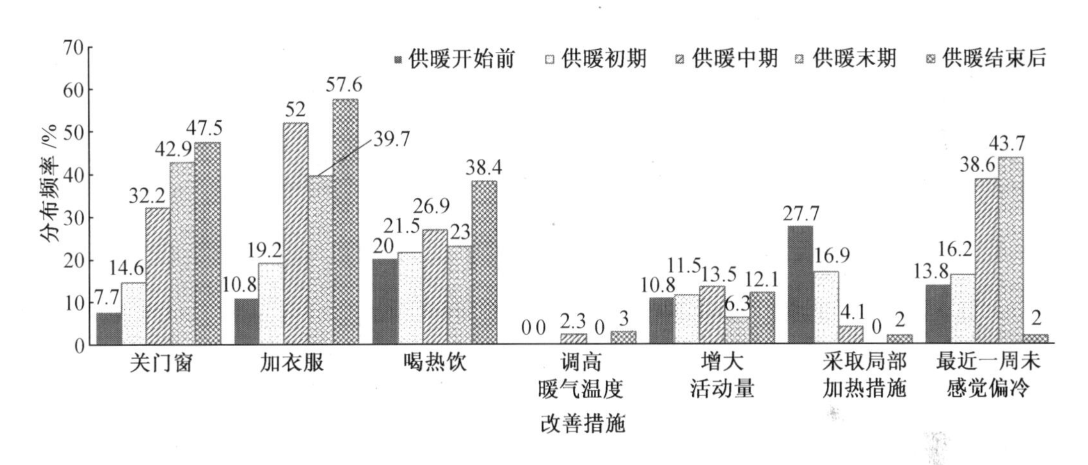

图4.29　办公建筑受试者偏冷条件下热舒适改善措施[1]

如图4.29所示，在偏冷条件下，办公建筑受试者最多采取的改善措施依次是加衣服、关门窗、喝热饮。此外，供暖末期和供暖结束后，分别有38.6%和43.7%的受试者未感觉偏冷，但采取关门窗、加衣服、喝热饮等措施改善热舒适的受试者比例仍非常高，体现了办公建筑受试者通过行为调节适应热环境的主动性。

3. 服装热阻与室温

由图4.26可以看出，整个调查期间，办公建筑受试者的着装呈现出先增后减的趋势。不同阶段，服装热阻有着明显差异。结合图4.28和图4.29可知，增减衣服是办公建筑受试者在偏冷或偏热条件下首选的改善措施之一。

对办公建筑受试者的服装热阻与室温进行线性回归，其回归方程如下

$$I_{cl} = -0.0236t_a + 1.6606, R^2 = 0.6236 \tag{4.3}$$

式中　I_{cl}——服装热阻，clo；

t_a——室温，℃。

对回归方程进行显著性检验，方程的 F 统计量为46.381，相伴概率值sig为0.000，小

于显著性水平0.05，表明办公建筑受试者服装热阻与室温显著相关。变量系数和常量的T统计量分别为 -6.810 和 19.135，相伴概率值 sig 也均为 0.000，说明回归方程有意义。

由上式可以看出，办公建筑受试者的着装与室温有较强的相关性。温度每降低1 ℃，受试者的服装热阻将增大约0.02 clo。可见，办公建筑受试者根据室温调整服装热阻的敏感程度较低。这可能是因为办公建筑工作人员不方便经常更换衣物，通常办公建筑受试者还需考虑室外温度增减着装。

4.3.4 热舒适与热适应模型

1. 热舒适模型中室温的时间尺度分析

办公人员与居民的作息、热调节能力均有较大的不同，因此，评价其热舒适时所选取的室温的时间尺度也应不同。

分别对办公建筑热环境中受试者平均热感觉投票与填表时瞬时空气温度、填表时刻前连续1天、2天、3天、4天、5天、6天、7天的平均室温进行线性拟合，得到平均热感觉与不同时间尺度的室温的相关系数，列于表4.13。

由表4.13可以看出，不同阶段办公建筑受试者的平均热感觉与室温的相关性也并不完全一致，对采用不同尺度的室温计算所得的相关系数取平均值，得到连续7天的平均室温与平均热感觉最为相关。故本节后文均采用连续7天的平均室温作为办公建筑热环境评价指标。

表4.13　办公建筑热环境不同时间尺度相关系数 R^2 统计[1]

调查阶段	瞬时	1天	2天	3天	4天	5天	6天	7天
供暖开始前	0.452 0	0.510 2	0.568 7	0.494 0	0.624 5	0.589 6	0.585 1	0.739 6
供暖初期	0.755 5	0.863 5	0.883 6	0.899 4	0.906 3	0.857 9	0.882 4	0.853 4
供暖中期	0.746 4	0.711 3	0.656 3	0.650 7	0.713 0	0.650 0	0.706 9	0.752 2
供暖末期	0.346 7	0.669 4	0.624 5	0.670 0	0.639 6	0.664 4	0.532 2	0.624 9
供暖结束后	0.793 5	0.624 1	0.447 3	0.650 6	0.652 3	0.478 4	0.689 1	0.717 8
平均值	0.618 8	0.675 7	0.636 1	0.672 9	0.707 1	0.648 1	0.679 1	0.737 6

2. 办公建筑热舒适与热适应模型

对各阶段的办公建筑受试者的平均热感觉投票与室温分别进行线性拟合，得到不同阶段办公建筑受试者平均热感觉投票与室温的相关关系，如图4.30所示。

不同阶段的办公建筑受试者平均热感觉投票与室温的回归方程及其显著性分析结果见表4.14。

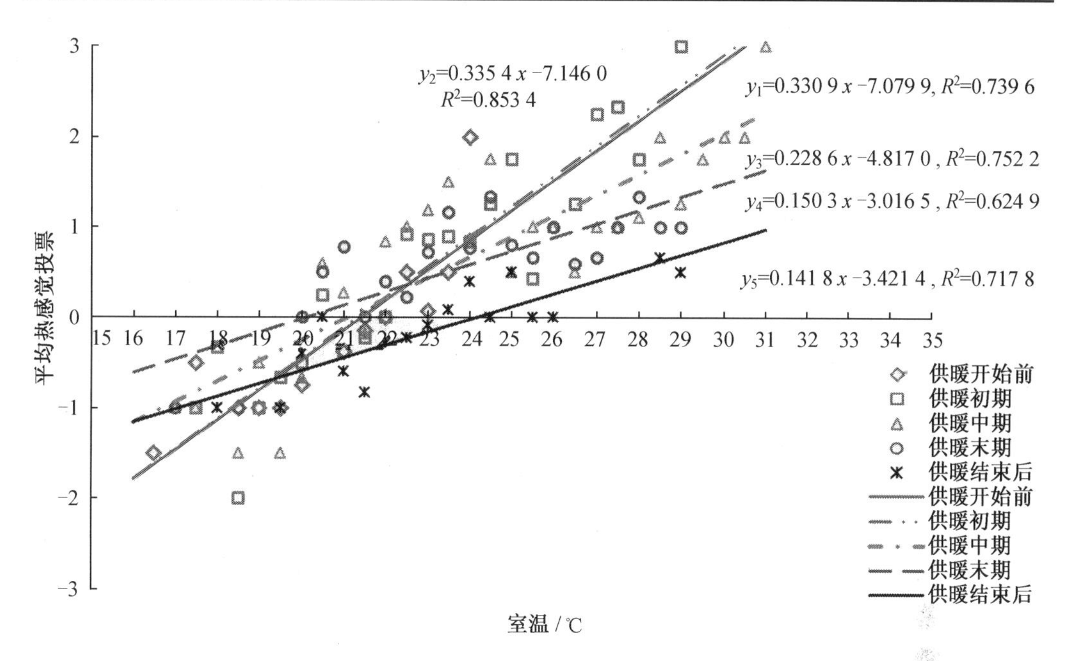

图4.30　不同阶段办公建筑受试者平均热感觉投票与室温的相关关系[1,7]

表4.14　办公建筑受试者热感觉投票回归方程及其显著性检验[1]

供暖阶段	方程	R^2	方程(F,sig)	x(T,sig)	常量(T,sig)
供暖开始前	$y_1 = 0.330\,9x - 7.079\,9$	0.739 6	31.247, 0.000	5.590,0.000	−5.756,0.000
供暖初期	$y_2 = 0.335\,4x - 7.146\,0$	0.853 4	116.410,0.000	10.789,0.000	−9.936,0.000
供暖中期	$y_3 = 0.228\,6x - 4.817\,0$	0.752 2	91.961,0.000	9.053,0.000	−7.830,0.000
供暖末期	$y_4 = 0.150\,3x - 3.016\,5$	0.624 9	31.654,0.000	5.626,0.000	−4.689,0.000
供暖结束后	$y_5 = 0.141\,8x - 3.421\,4$	0.717 8	38.146,0.000	6.176,0.000	−6.376,0.000

注：表中y_1为供暖开始前平均热感觉投票；y_2为供暖初期平均热感觉投票；y_3为供暖中期平均热感觉投票；y_4为供暖末期平均热感觉投票；y_5为供暖结束后平均热感觉投票；x为平均室温(℃)。

由表4.14可以看出，各阶段内，办公建筑回归方程F统计量的相伴概率值sig均为0.000，均小于显著性水平0.05，表明各阶段内的办公建筑受试者平均热感觉均与平均室温显著相关。变量系数和常量的相伴概率值sig也均为0.000，说明回归方程均有意义。

方程中，直线的斜率表示受试者对室温的敏感程度。可见，供暖开始前和供暖初期，办公建筑受试者对室温的变化最为敏感。随着供暖进行，受试者对室温的敏感程度逐渐降低。

3. 办公建筑中人体的热中性温度

令$y=0$，得到各阶段的热中性温度分别为：$t_1=21.4$ ℃，$t_2=21.3$ ℃，$t_3=21.1$ ℃，

$t_4 = 20.1$ ℃,$t_5 = 24.1$ ℃。图4.31为办公建筑平均室温与受试者热中性温度。与住宅调查结果相似,办公建筑受试者各阶段的热中性温度也是不断变化的。

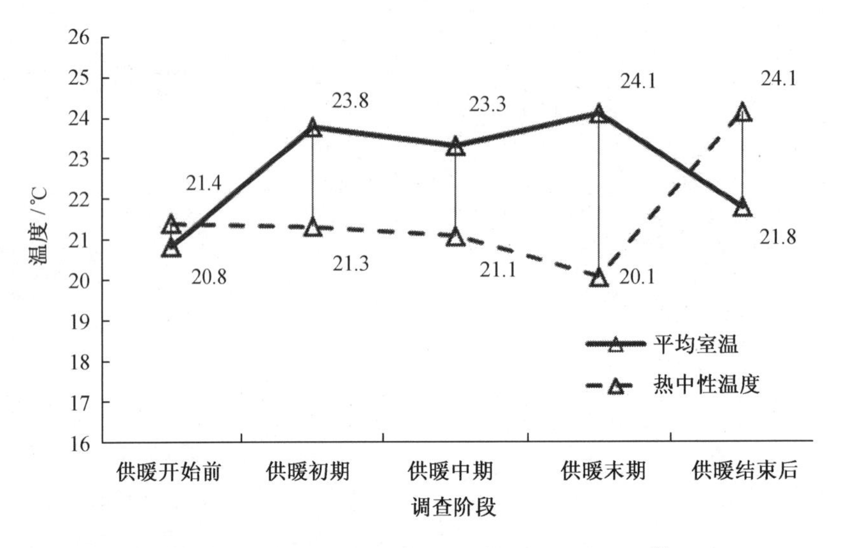

图4.31 办公建筑平均室温与受试者热中性温度[1]

供暖开始前,办公建筑受试者的热中性温度为21.4 ℃,略高于平均室温。此时,办公建筑受试者的平均服装热阻已达到0.98 clo,但受试者从心理上期盼供暖,期望室温升高,热中性温度比平均室温高0.6 ℃。

供暖初期,平均室温大幅升高,办公建筑受试者尚不适应供暖热环境,热中性温度为21.3 ℃,低于平均室温2.5 ℃,与供暖开始前相近。

供暖中期,室外温度降低,室内平均温度降低0.5 ℃,受试者的热中性温度为21.1 ℃,低于平均室温2.2 ℃。说明办公建筑受试者已经适应了室外寒冷气候,热中性温度保持较低水平。

供暖末期,室内外温度均升高,由图4.22可知,26.2%的受试者期望室温降低,此时受试者的热中性温度明显下降。

供暖期间,办公建筑受试者的热中性温度始终明显低于平均室温。供暖期间,办公建筑平均室温波动较小,受试者的热中性温度逐渐降低,表明办公建筑受试者逐渐适应了室外的寒冷气候,但较难适应温度较高的室内供暖环境。说明供暖期间办公建筑室温偏高,既不舒适,又浪费能源。

供暖结束后,办公建筑受试者的热中性温度提高至24.1 ℃,明显高于平均室温。供暖结束后,室外温度升高,但室温较供暖期明显降低,受试者不适应室温突然降低,多感觉热环境偏冷,期望室温升高,热中性温度高于平均室温2.3 ℃。

4.4　宿舍热环境与热舒适现场研究

选取哈尔滨市某高校的30名大三学生(15名男生、15名女生)为受试者,采用纵向连续跟踪调查的方法,对宿舍热环境与受试者热舒适进行了现场研究。

4.4.1　室内热环境参数

表4.15为宿舍热环境参数现场测试结果,其中空气温度和相对湿度为连续测试结果,空气流速和黑球温度为入户测试结果。由表4.15可知,供暖开始前室内平均空气温度为20.5 ℃。供暖期间3个阶段平均室温为22.7 ~ 23.1 ℃,满足热舒适标准要求,且接近冬季热舒适温度的上限值。

表4.15　宿舍热环境参数现场测试结果

环境参数	供暖开始前	供暖初期	供暖中期	供暖末期	供暖结束后
空气温度/℃	20.5	23.0	22.7	23.1	22.5
相对湿度/%	51.7	46.5	37.9	39.1	52.7
空气流速/(m·s^{-1})	0.05	0.05	0.04	0.04	0.03
黑球温度/℃	21.6	22.0	22.2	23.0	22.1

图4.32为宿舍温湿度日平均变化曲线,可见,室温整体有先下降后上升再下降的趋势,相对湿度与空气温度变化趋势相反。供暖开始前,室温呈明显下降趋势,相对湿度略有上升。供暖初期,室温显著上升,到10月25日时趋势减缓。这个阶段的相对湿度开始降低比较快,之后变化缓慢。供暖中期和供暖末期的空气温度都相对较稳定,相对湿度在供暖中期的2月份最低,最小值达到了23.0%。供暖末期,空气温度下降的同时相对湿度升高。

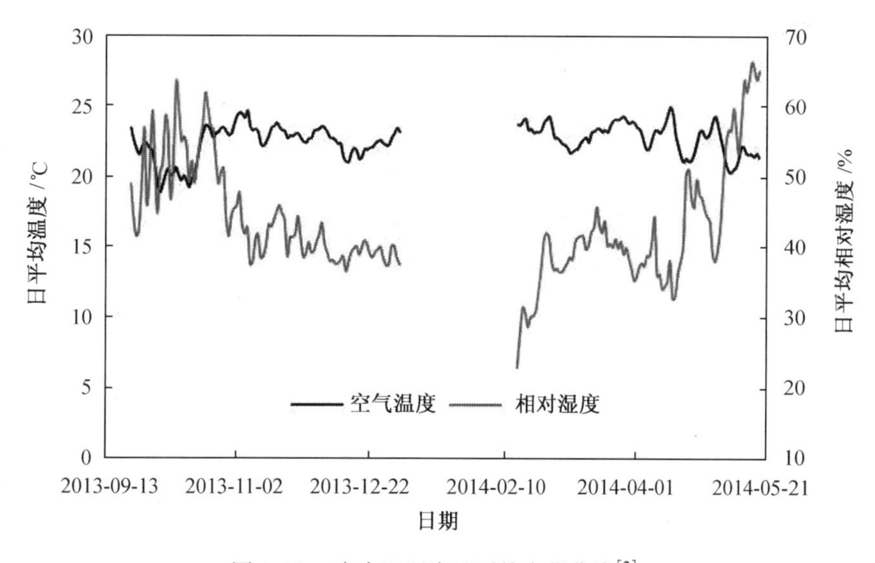

图4.32　宿舍温湿度日平均变化曲线[2]

图4.33为供暖阶段宿舍空气温度分布频率图,可见25.7%的空气温度达到或超过24 ℃,此外空气温度为22 ℃和23 ℃的分布频率分别为21.4%和30%。

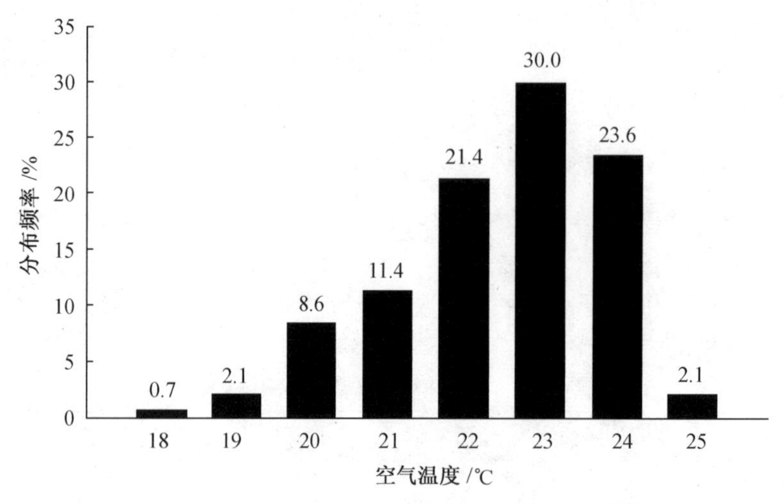

图4.33　供暖阶段宿舍空气温度分布频率图[2]

4.4.2　心理适应

1. 宿舍受试者热感觉

图4.34为宿舍受试者热感觉投票分布,可以看出,5个阶段热感觉分布近似服从正态分布。供暖开始前,有40.9%的受试者感觉"热中性"(投票值为0)。感觉稍凉的受试者比例为31.8%,大于感觉偏暖的比例。供暖3个阶段,越来越多的受试者感觉"热中性",在供暖末期达到了最大值59.4%。供暖阶段部分受试者热感觉在偏暖侧(投票值大于等于1),受试者感觉偏凉的比例变小。这表明在供暖阶段宿舍内存在一定的过热。供暖结束后,随着室温降低,感觉偏凉的比例上升,热感觉为热中性的比例较供暖末期降低7.4%,感觉偏热的比例降至最小。

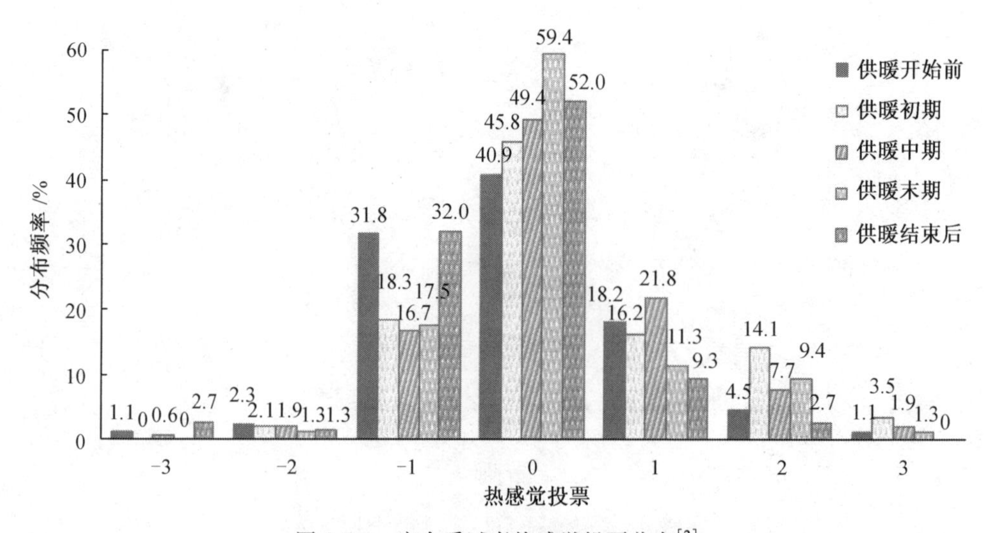

图4.34　宿舍受试者热感觉投票分布[2]

2. 宿舍受试者热期望

图 4.35 为宿舍受试者的热期望投票分布,5 个阶段期望不变的比例最大,均在 50% 以上。供暖开始前,由于较多的受试者感觉“稍凉”,期望温度“升高”的受试者也最多,比例达到 40.9%。供暖阶段,期望“不变”的比例有所上升,在供暖末期达到最多,为 78.8%。供暖 3 个阶段内期望温度“升高”的比例下降,期望“降低”的比例上升,表明室温在向暖侧偏移。供暖结束后,期望“不变”的比例下降,期望温度“升高”的比例回升。

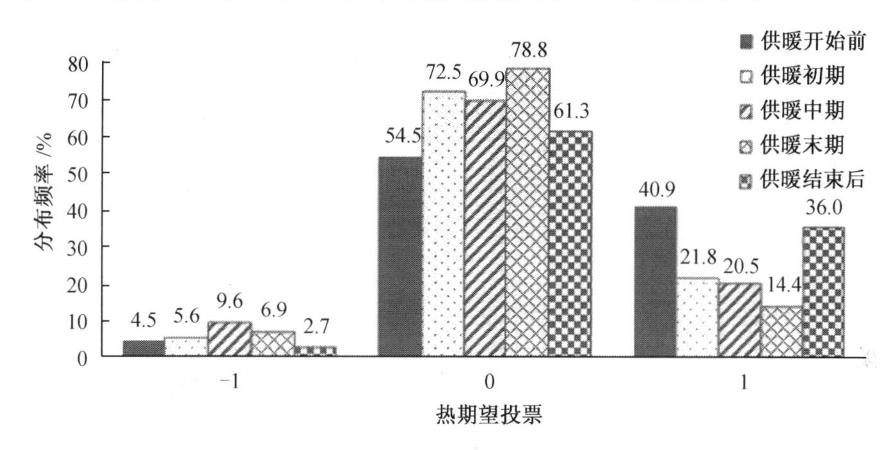

图 4.35　宿舍受试者热期望投票分布[2]

4.4.3　行为适应

1. 宿舍受试者的服装热阻

服装调节能量化说明人体热适应性。图 4.36 是宿舍受试者各阶段平均服装热阻,可以看出,供暖开始前,服装热阻为 0.85 clo。随着室外温度降低,供暖初期服装热阻有所上升,达到了 0.90 clo;在供暖中期室外温度最低时,服装热阻达到最大值 0.99 clo;室外温度上升时,宿舍受试者着装减少,服装热阻回落至供暖开始前的 0.85 clo;供暖结束后,服装热阻继续下降,低至 5 个阶段最小值 0.68 clo。

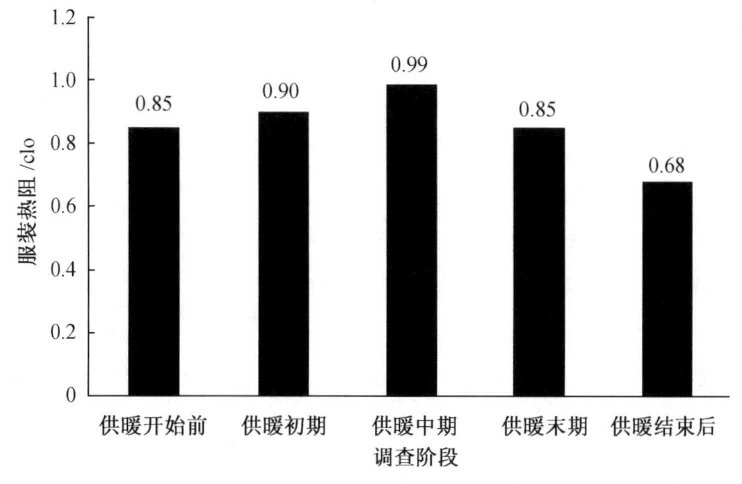

图 4.36　宿舍受试者各阶段平均服装热阻

2. 服装热阻与室外温度

通常 4 名大学生同住一间宿舍，人均使用面积较小。同时，学生经常进出走廊和公共自习室，以及公共盥洗室。这些地方温度较低，室温受室外气候影响较大。故大学生的服装热阻普遍略大于居民的服装热阻。

5 个阶段受试者服装热阻随室外温度变化的线性回归方程见表 4.16。除供暖初期外，受试者在每个阶段的服装热阻和室外温度均较为相关。

表 4.16　5 个阶段受试者服装热阻随室外温度变化的线性回归方程

	回归方程	R^2
供暖开始前	$I_{clo} = -0.0532t_{out} + 1.3120$	0.815 7
供暖初期	$I_{clo} = 0.0068t_{out} + 0.7723$	0.138 0
供暖中期	$I_{clo} = -0.0154t_{out} + 0.5690$	0.656 8
供暖末期	$I_{clo} = -0.0081t_{out} + 0.70703$	0.685 7
供暖结束后	$I_{clo} = -0.0174t_{out} + 0.7214$	0.905 9

受试者的热适应行为主要为开关窗和增减衣物。供暖期间，如果室内过热，受试者通常会直接通过开窗降温来改善热舒适。在供暖初期，室温突然升高，受试者开窗降温的频率达到最大。

严寒地区由于冬季室内外的空气温差较大，开窗会形成较强烈的冷热空气对流，不仅影响热舒适，而且浪费能源。因此，供暖期间室温不宜过高，以避免供暖期间开窗降温行为。

4.4.4　热舒适与热适应模型

1. 热舒适与热适应模型

图 4.37 是不同阶段宿舍受试者平均热感觉投票与室温的线性回归图。

采用相同方法，可得到 5 个阶段宿舍受试者的热中性温度，分别为：$t_1 = 21.5$ ℃，$t_2 = 20.9$ ℃，$t_3 = 21.8$ ℃，$t_4 = 21.2$ ℃，$t_5 = 22.6$ ℃。

供暖开始前，热中性温度为 21.5 ℃，比过去 7 天空气温度平均值略高。这是因为在供暖以前，受试者感觉室温偏低，在心理上期望供暖。

供暖初期，室温有所上升，达到 23.0 ℃，受试者尚未适应供暖环境，感觉此阶段室温偏高，期望温度降低，因此其热中性温度比空气温度低 2.1 ℃，且低于供暖开始前的热中性温度。

供暖中期，室温比供暖初期的稍有降低，但热中性温度却比供暖初期高，这是因为受试者逐渐适应了供暖的室内环境。

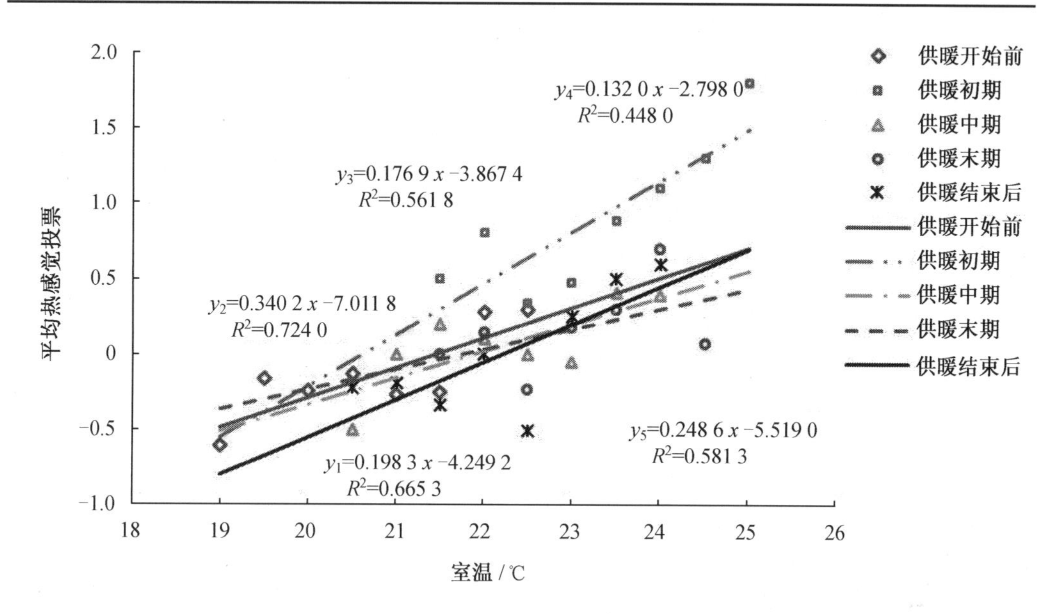

图4.37　不同阶段宿舍受试者平均热感觉投票与室温的线性回归图[2,6]

供暖末期，室内外空气温度均升高，受试者期望温度有所下降，导致热中性温度下降至21.2 ℃。

供暖结束后，室外温度继续升高，但是室温降低0.5 ℃，受试者对此时的室内环境接受度很高，热中性温度和空气温度最接近，仅相差0.1 ℃。5个阶段中，供暖结束后的热中性温度最高。

综上所述，供暖阶段的热中性温度均低于室温，说明人们在寒冷的冬季对于室外气候存在适应性，如果室温较高，将导致受试者不舒适；此外，还增大了能耗。因此，建议宿舍的温度应该取热舒适标准下限值18 ℃。

2. 热中性温度

不同阶段宿舍平均室温和热中性温度变化如图4.38所示。由图可知，各阶段热中性温度随平均室温变化。由于在供暖开始前室外温度逐渐降低，但供暖尚未开始，室温降低，因此人们期望室温能有所提高，热中性温度较高。在供暖初期，尽管室外温度继续降低，但由于室内已开始供暖，室温提高了，热中性温度明显降低。在供暖中期，室外温度降低到整个供暖期的最低水平，平均室温较上一阶段降低了0.3 ℃，但热中性温度升高至21.8 ℃。供暖末期室外温度逐渐回升，平均室温较上一阶段升高了0.3 ℃，但热中性温度降低为21.2 ℃。供暖结束后室外温度继续回升，但由于室内供暖已结束，室温降低，热中性温度升高为22.6 ℃。

供暖各阶段热中性温度均低于实际平均室温，说明人们已经逐渐适应室外寒冷的气候，对室内较高的空气温度表现出一定的排斥。而在供暖开始前和供暖结束后，热中性温度高于或接近两个阶段的平均室温，这主要因为供暖、停暖使室内热环境发生较大变化，室内热经历改变了人们的热适应性。

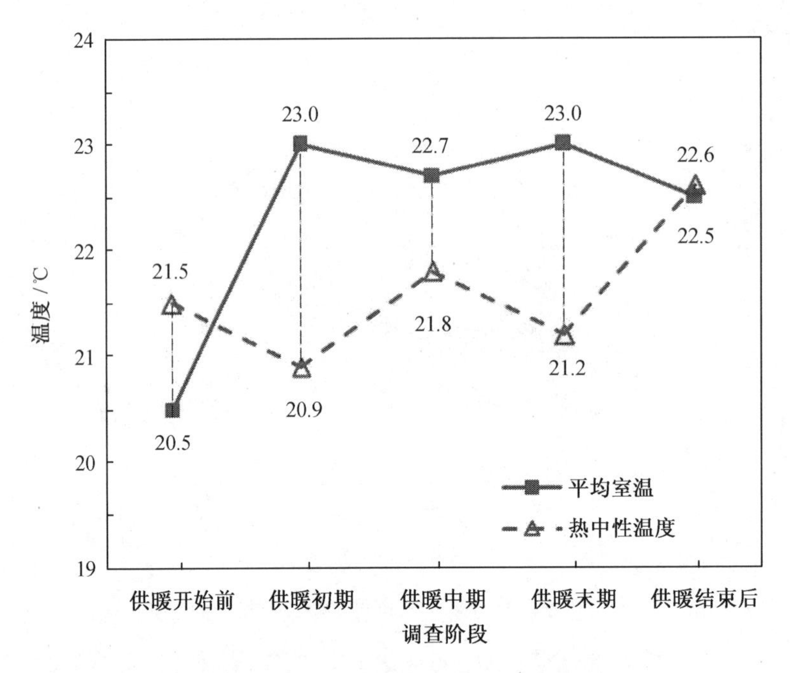

图 4.38　不同阶段宿舍内平均室温和热中性温度变化

4.5　教室热环境与热舒适现场研究

选取与 4.4 节宿舍调研时的同一批某高校的 30 名大三学生(15 名男生、15 名女生)为受试者,采用纵向跟踪调查的方法,对教室热环境与受试者热舒适进行了现场研究。

4.5.1　室内热环境参数

表 4.17 为教室热环境参数统计表,可见,供暖开始前和供暖初期,室温的平均值均为 24.8 ℃,供暖开始前最小值为 22.4 ℃,供暖初期最小值为 21.5 ℃。供暖中期和供暖末期,平均室温有所下降,分别为 24.2 ℃ 和 24.0 ℃。供暖结束后,平均室温降到 23.3 ℃。5 个阶段平均空气温度均接近或超过了热舒适标准规定的上限值 24 ℃。

表 4.17　教室热环境参数统计表[2]

环境参数	统计值	供暖开始前	供暖初期	供暖中期	供暖末期	供暖结束后
空气温度/℃	平均值	24.8	24.8	24.2	24.0	23.3
	最小值	22.4	21.5	20.9	23.8	20.9
	最大值	27.4	26.4	28.9	29.4	26.3
相对湿度/%	平均值	41.4	37.1	28.6	28.2	37.9
	最小值	39.1	20.6	20.2	23.8	19.5
	最大值	42.6	51.5	37.8	39.4	59.2

续表 4.17

环境参数	统计值	供暖开始前	供暖初期	供暖中期	供暖末期	供暖结束后
空气流速/($m \cdot s^{-1}$)	平均值	0.05	0.04	0.03	0.02	0.06
	最小值	0.01	0.01	0	0	0
	最大值	0.11	0.08	0.15	0.03	0.18

图4.39为供暖阶段教室室温分布频率图,可以看出,供暖阶段70%左右的室温都达到或超过了24 ℃,其余室温也都接近这一温度。

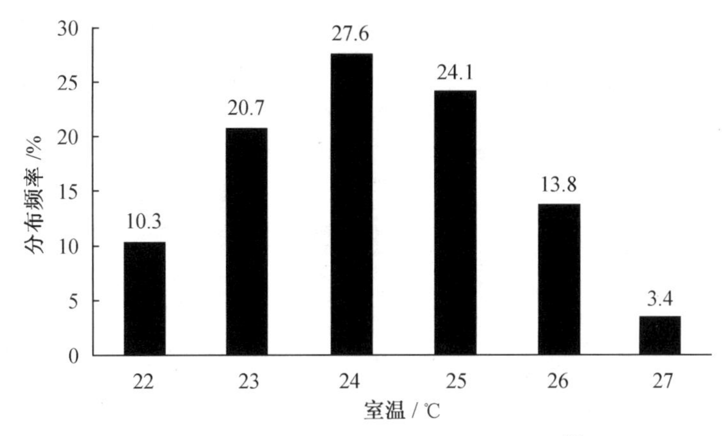

图4.39　供暖阶段教室室温分布频率图[2]

4.5.2　心理适应

1. 教室受试者热感觉

图4.40为教室受试者热感觉投票分布,可知,教室受试者的热感觉投票接近正态分布。供暖开始前和其他4个阶段不同,投票在1(稍暖)最多,35%的受试者感觉稍暖;其次是热感觉投票为“热中性”(投票值0)的,比例为31.7%。在其他4个阶段,热感觉投票在“0”(热中性)最多,尤其是在供暖末期,有52.8%的受试者热感觉为“热中性”。在5个阶段里,没有受试者感觉“冷”(投票值为-3),只有在供暖初期,有极少(0.7%)的受试者感觉“凉”(投票值为-2)。在供暖开始前的过渡季、供暖初期和中期,都有超过25%的受试者感觉“暖”和“热”(投票值分别为2和3),这表明供暖期间教室存在过热现象。

2. 教室受试者热期望

图4.41为教室受试者热期望投票分布,可知,5个阶段均有60%以上的受试者期望温度保持不变(投票值为0),尤其在供暖末期,比例高达82.6%。这是因为经历了之前两个供暖阶段,受试者更加适应了室内热环境,不期望改变室温。整体来看,供暖阶段受试者期望温度升高(投票值为1)的比例最小,期望温度降低(投票值为-1)的比例在20%左右。这表明即使受试者在供暖阶段适应了室内热环境,但还是感到偏热,因此期望室温降低。在供暖开始前,虽然室内没有供暖,但室温却是5个阶段中最高的,有30%的受试者期望温度降低,以达到舒适的状态。而在供暖结束后,室温明显降低,期望温度升高的受试者明显增加,达到了25.6%。

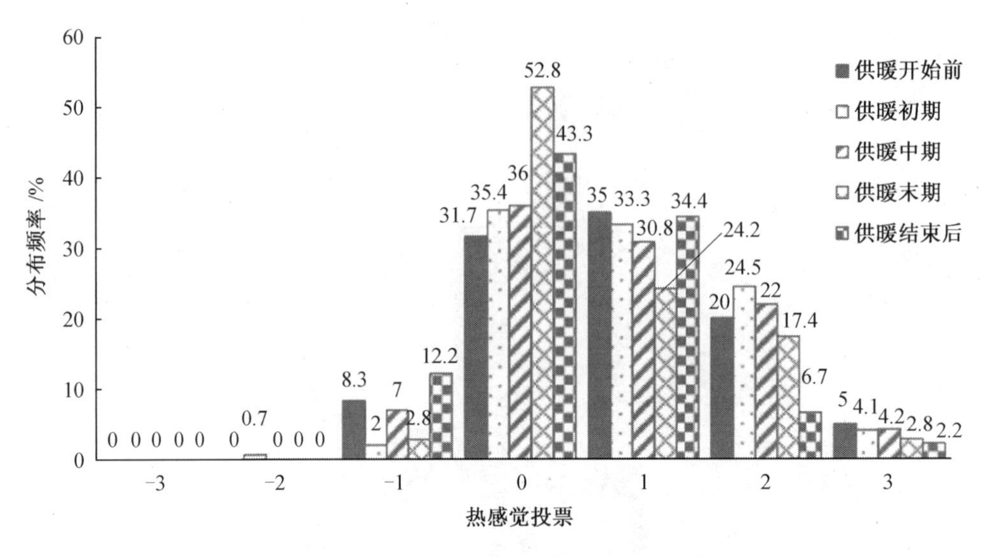

图4.40 教室受试者热感觉投票分布[2]

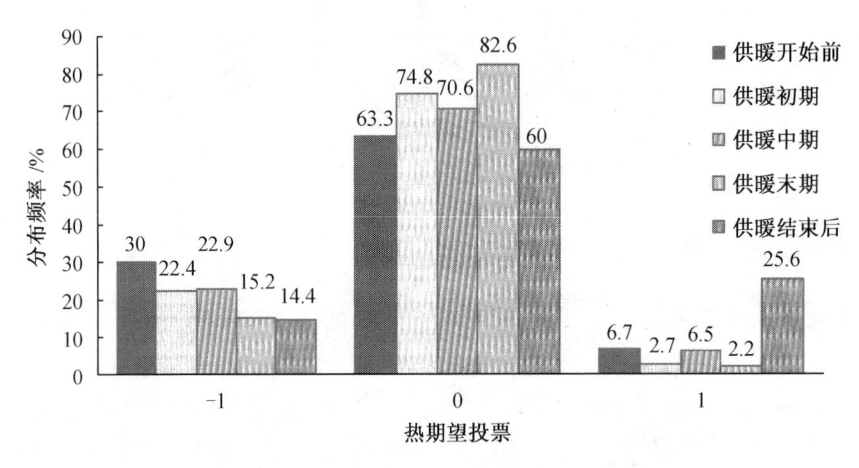

图4.41 教室受试者热期望投票分布[2]

4.5.3 行为适应

图4.42是不同阶段教室受试者平均服装热阻，可以看出，5个阶段服装热阻存在差异，这是由于受试者随着室内外空气温度变化调节着衣量。在供暖开始前，室内外空气温度均较高，受试者着装较少，服装热阻为0.85 clo。进入供暖阶段，室外温度降低，为了适应气候变化，供暖初期受试者服装热阻变大，达到了1.01 clo。在供暖中期和供暖末期，虽然室外温度有变化，但是室温较稳定，受试者服装热阻变化不大。供暖结束后，室温降低，此时室外温度很不稳定，室内外温度降低，湿度变大，服装热阻增大至1.03 clo。服装热阻的变化进一步印证了人们通过行为调节适应当地的气候和室内微气候环境。

为了适应室外气候和室温的变化，受试者会进行多种行为调节。如果室温偏高，受试者主要通过开窗降温达到热舒适的目的。供暖开始前和供暖阶段，有27%以上的受试者开窗降温。供暖结束后，人们为了适应室内外温度的变化，选择开窗的比例减少。

室内相对湿度影响人体的热舒适，在相对湿度较低的秋、冬季，受试者希望使用加湿器等加湿；到了过渡季，教室内相对湿度有所上升，选择加湿的受试者降低到10.9%。

建议冬季室温适当降低，以免室内过热导致开窗浪费能源。

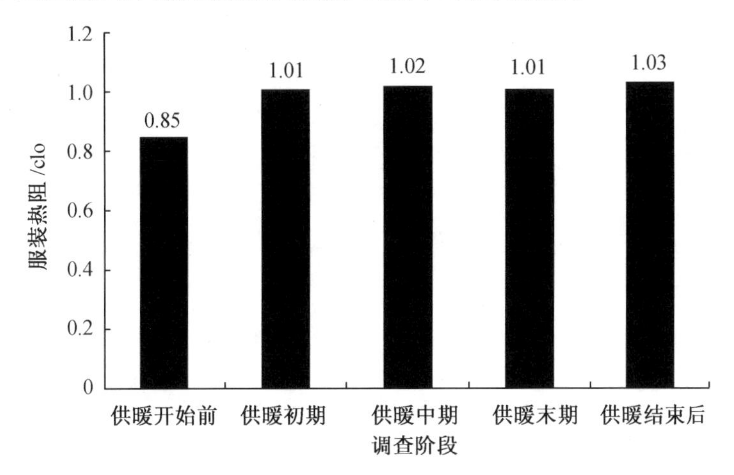

图4.42　不同阶段教室受试者平均服装热阻[2]

4.5.4　热舒适与热适应模型

图4.43是不同阶段教室受试者平均热感觉投票与室温的线性回归图。

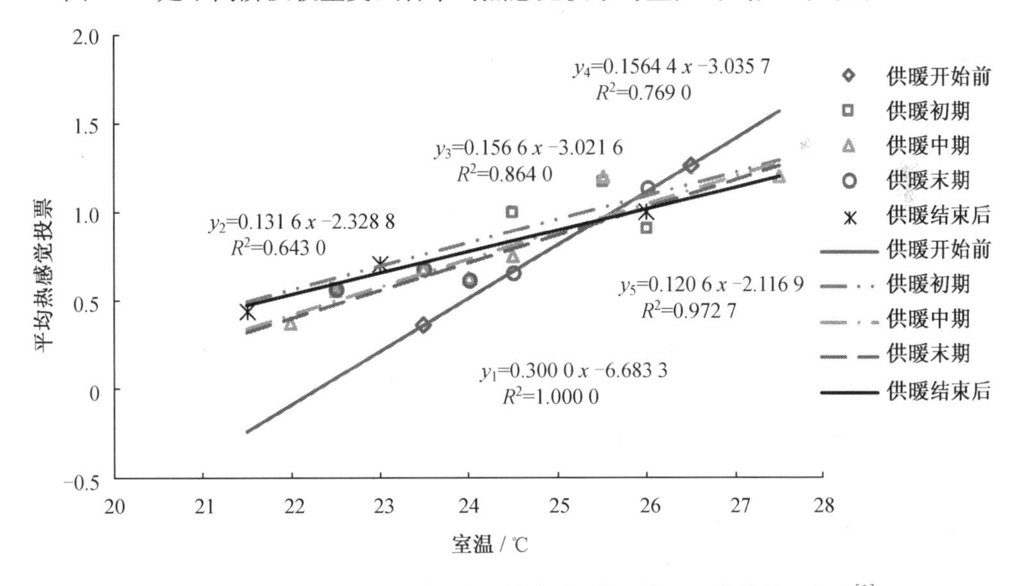

图4.43　不同阶段教室受试者平均热感觉投票与室温的线性回归图[2]

采用同样的方法，可得到5个阶段教室受试者的热中性温度，分别为：t_1 = 22.3 ℃，t_2 = 17.7 ℃，t_3 = 19.3 ℃，t_4 = 19.4 ℃，t_5 = 17.6 ℃。

测试期间室温均较高，接近或超过热舒适标准上限值24 ℃。5个阶段超过40%的受试者感觉偏暖，热中性温度低于室温。说明各阶段内受试者在心理上更期望降低室温，以达到舒适的状态。

供暖开始前，室温最高，受试者的热中性温度也最高。此阶段在秋—冬过渡季，室外温度还没有降到很低,人们比较能接受较高的室温,所以即使期望室温降低,但是其热中性温度在整个调查阶段还是最高。

供暖初期室温较高,但室外温度已达到零下。在较低的室外热经历下,受试者尚不能适应偏热的供暖环境,感觉室温偏高,期望室温降低。这种热不适应性导致热中性温度下降,达到 17.7 ℃。

供暖中期,室温比供暖初期降低 0.6 ℃,但受试者的热中性温度却升高了 1.6 ℃,达到了 19.3 ℃。表明供暖中期受试者对供暖环境的适应性要强于供暖初期,但是比空气温度还是低了 4.9 ℃。

供暖末期室温和供暖中期室温接近,仅下降了 0.2 ℃,受试者的热中性温度和供暖中期的相近,为 19.4 ℃。

整个供暖期,室温都远远高于热中性温度。当受试者逐渐适应了室外气候时,并不适应过高的室温。表明教室过热,存在较严重的能源浪费。

供暖结束后,受试者的热中性温度为 17.6 ℃,与供暖初期的热中性温度接近。

结合可接受温度范围和热中性温度,建议教室供暖温度采用热舒适标准下限值 18 ℃。

4.6 不同供暖阶段 4 种建筑中人体热舒适与热适应

4.6.1 热环境特征

4 种建筑皆采用集中供暖系统,整个冬季室温相对稳定。图 4.44 为不同供暖阶段 4 种建筑中室温分布。从图 4.44 中可以看出,温度分布服从正态分布。住宅中室温超过 24 ℃ 的频率最高,尤其在供暖中后期,超温频率达到 50% 以上。在住宅中,过热现象较严重。办公室和教室的超温频率相似,而学生宿舍的温度相对较低。在供暖末期,4 种建筑中过热频率均最高。

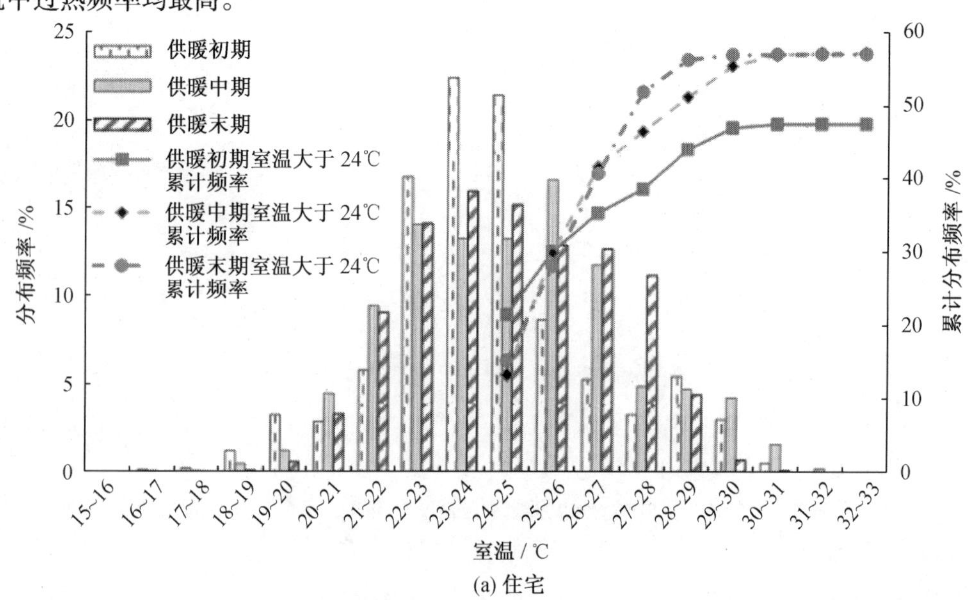

(a) 住宅

图 4.44 不同供暖阶段 4 种建筑中室温分布[4,10]

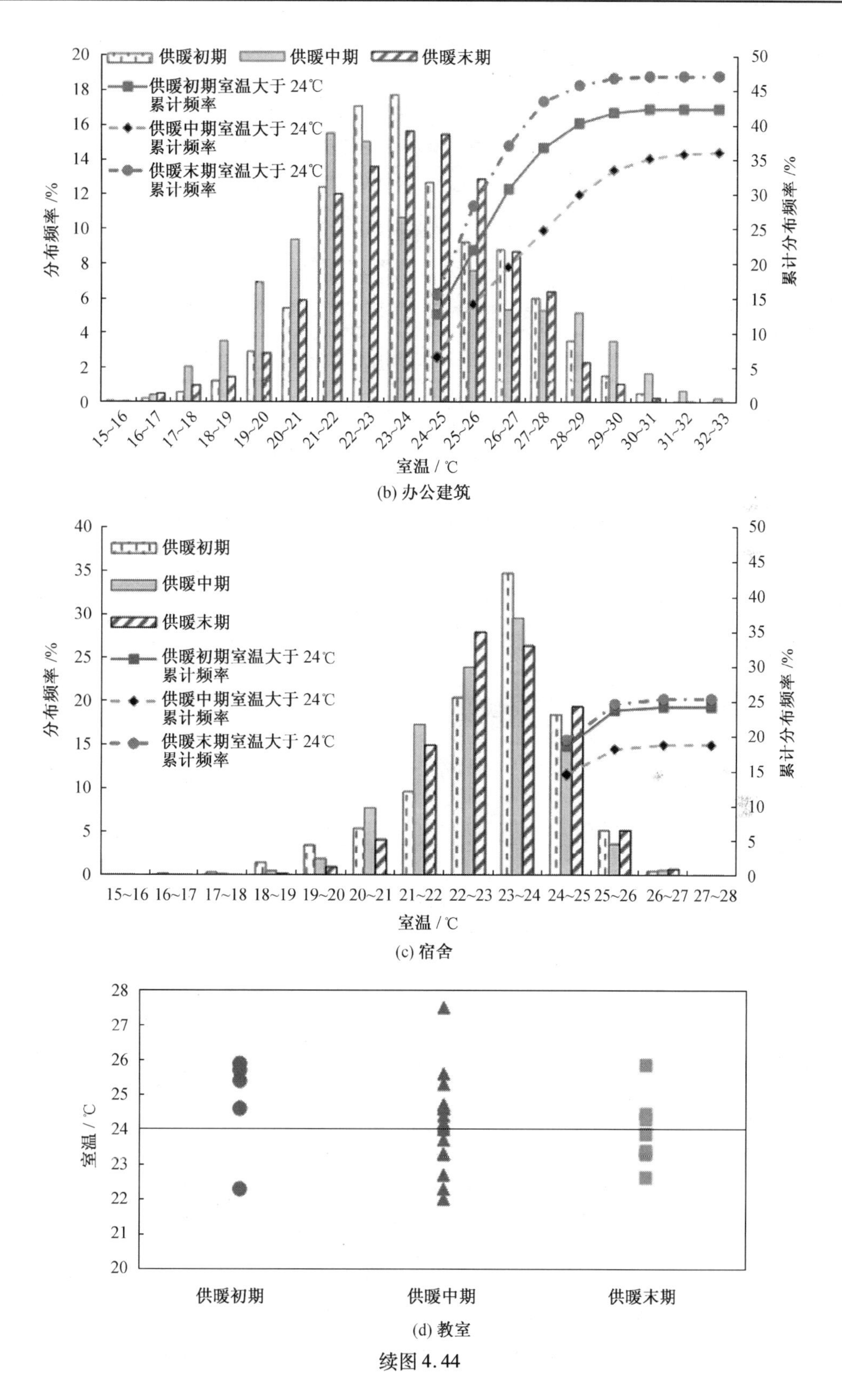

供暖初期
供暖中期
供暖末期
供暖初期室温大于24℃累计频率
供暖中期室温大于24℃累计频率
供暖末期室温大于24℃累计频率
分布频率/%
累计分布频率/%
室温/℃
(b) 办公建筑
(c) 宿舍
室温/℃
供暖初期
供暖中期
供暖末期
(d) 教室

续图 4.44

表4.18为供暖期间4种建筑的热环境参数。由表4.18可见,住宅、办公建筑和教室的室温差别较小,宿舍内的空气温度相对较低。本次调查的4种建筑的室温基本都达到舒适温度的上限值24 ℃。除了教室以外,其他建筑中供暖末期的平均室温最高。

表4.18 供暖期间4种建筑的热环境参数[4,10]

	住宅			办公建筑			宿舍			教室		
	EH	MH	LH	EH	MH	LH	EH	MH	LH	EH	MH	LH
空气温度/℃	23.6±0.8	24.3±0.6	25.0±0.8	23.8±0.9	23.3±1.6	24.1±1.1	23.0±1.2	22.7±0.8	23.1±0.8	24.8±1.3	24.2±1.3	24.0±1.0
平均辐射温度/℃	23.6±1.0	24.6±1.1	24.8±0.9	23.8±1.3	23.9±1.5	25.6±1.2	22.0±0.7	22.8±1.3	22.7±0.9	25.8±1.0	24.6±1.5	24.6±0.7
相对湿度/%	47.7±6.1	35.2±3.2	34.5±2.1	35.9±5.9	21.7±3.9	24.9±2.7	46.5±6.3	37.9±4.1	39.1±2.5	37.1±4.4	28.6±4.0	28.2±4.7
空气流速/($m \cdot s^{-1}$)	0.05±0.01	0.03±0.02	0.03±0.01	0.03±0.01	0.03±0.01	0.03±0.01	0.05±0.01	0.04±0.01	0.04±0.01	0.04±0.01	0.03±0.02	0.02±0.01

注:表中EH代表供暖初期,MH代表供暖中期,LH代表供暖末期。

从表4.18中可以看出,住宅和宿舍内的相对湿度高于办公建筑和教室的相对湿度,这是由建筑功能的差异所导致的。可以看出,在供暖初期室内相对湿度较高,到中后期较低。不同建筑环境中的空气流速都很低,对热舒适的影响非常小。

由于大部分调查建筑采用散热器供暖,室温和操作温度之间的差值很小,相差不超过±0.5 ℃。因此本节采用空气温度作为热舒适评价指标。

4.6.2 热舒适特征

图4.45为不同供暖阶段4种建筑中受试者的热感觉投票分布。在这4种建筑中,受试者投票为"+2""+3"的频率均高于投票为"-2""-3"的频率,这也从主观上说明了室内存在过热问题。

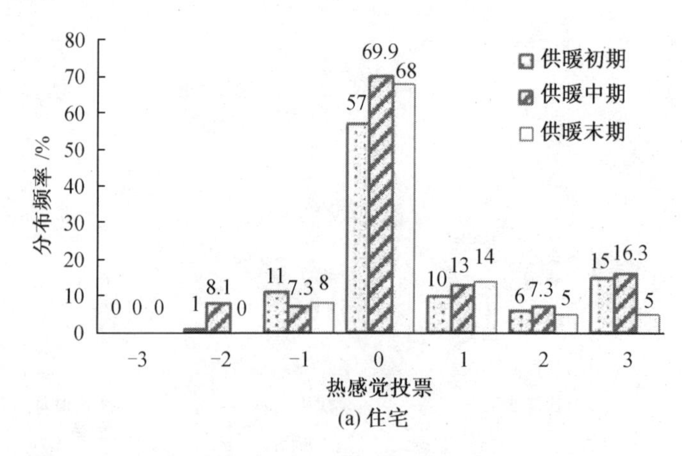

(a) 住宅

图4.45 不同供暖阶段4种建筑中受试者的热感觉投票分布[4,10]

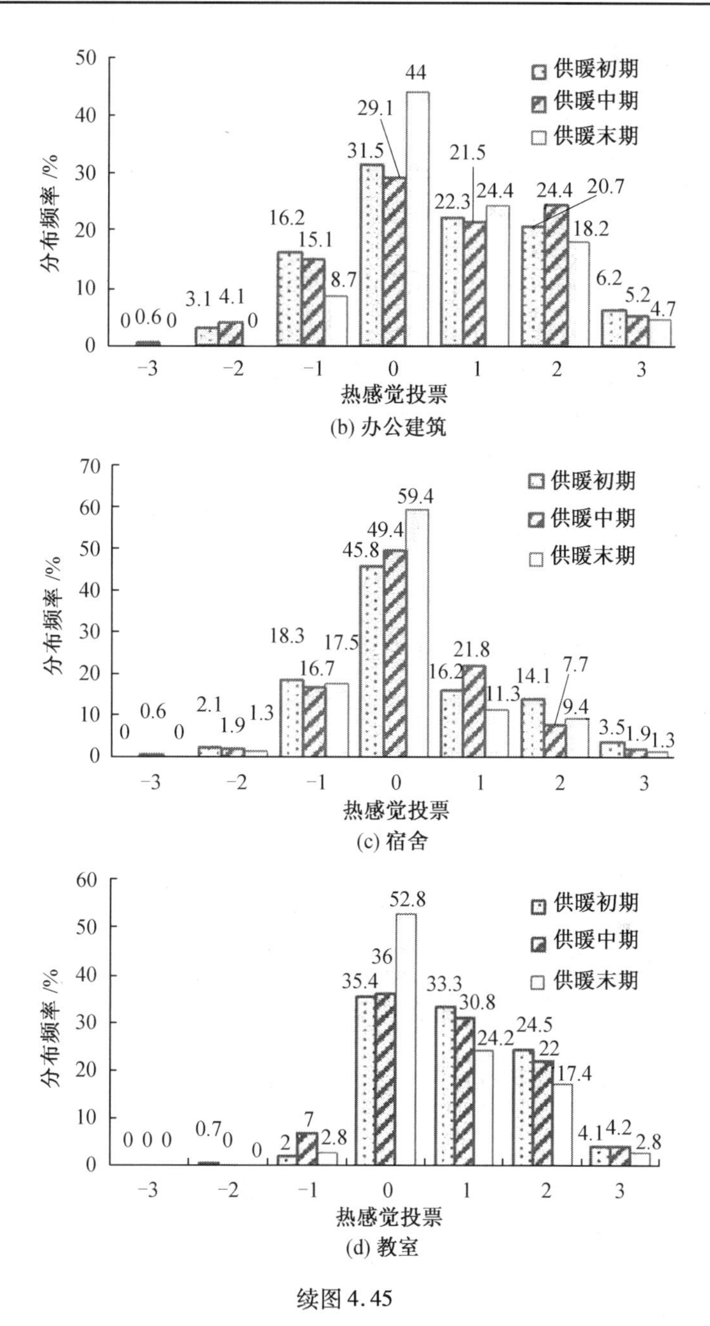

续图 4.45

相比于住宅和宿舍，在办公建筑和教室中受试者投票为"+1""+2""+3"的频率明显较高。而从表4.18中可以看出，办公建筑与教室的空气温度与住宅的空气温度相差不大，甚至有些阶段办公建筑的空气温度低于住宅的空气温度。这可能是由于在办公建筑与教室等公共空间，受试者着衣量和开关窗等行为调节相对住宅和宿舍较少。因此，在办公建筑与教室中受试者即使在相近的空气温度下感到热的概率更大。

随着供暖期进行，4种建筑中投票为热中性的频率呈明显增加的趋势。从图4.45和表4.18中可以看出，供暖后期室温略微升高或者不变。这说明人们逐渐适应了较暖环境，提高了对较高温度的耐受力，而这对人体健康、建筑能耗等均有不利影响。

4.6.3 心理适应

由于热经历和热期望的影响，人们会通过心理适应产生不同的热反应。如果对环境的期望值较低，人们的热反应会偏向于热中性状态，McIntyre 认为人体热反应主要受期望值的影响[15]。课题组前期研究也表明，心理期望对热中性温度影响很大[13,16]。

图4.46为不同供暖阶段4种建筑（住宅、办公建筑、宿舍、教室）中受试者的热期望分布频率。当感到热中性时，约90% 的受试者希望室温不变。值得注意的是，当受试者感到稍

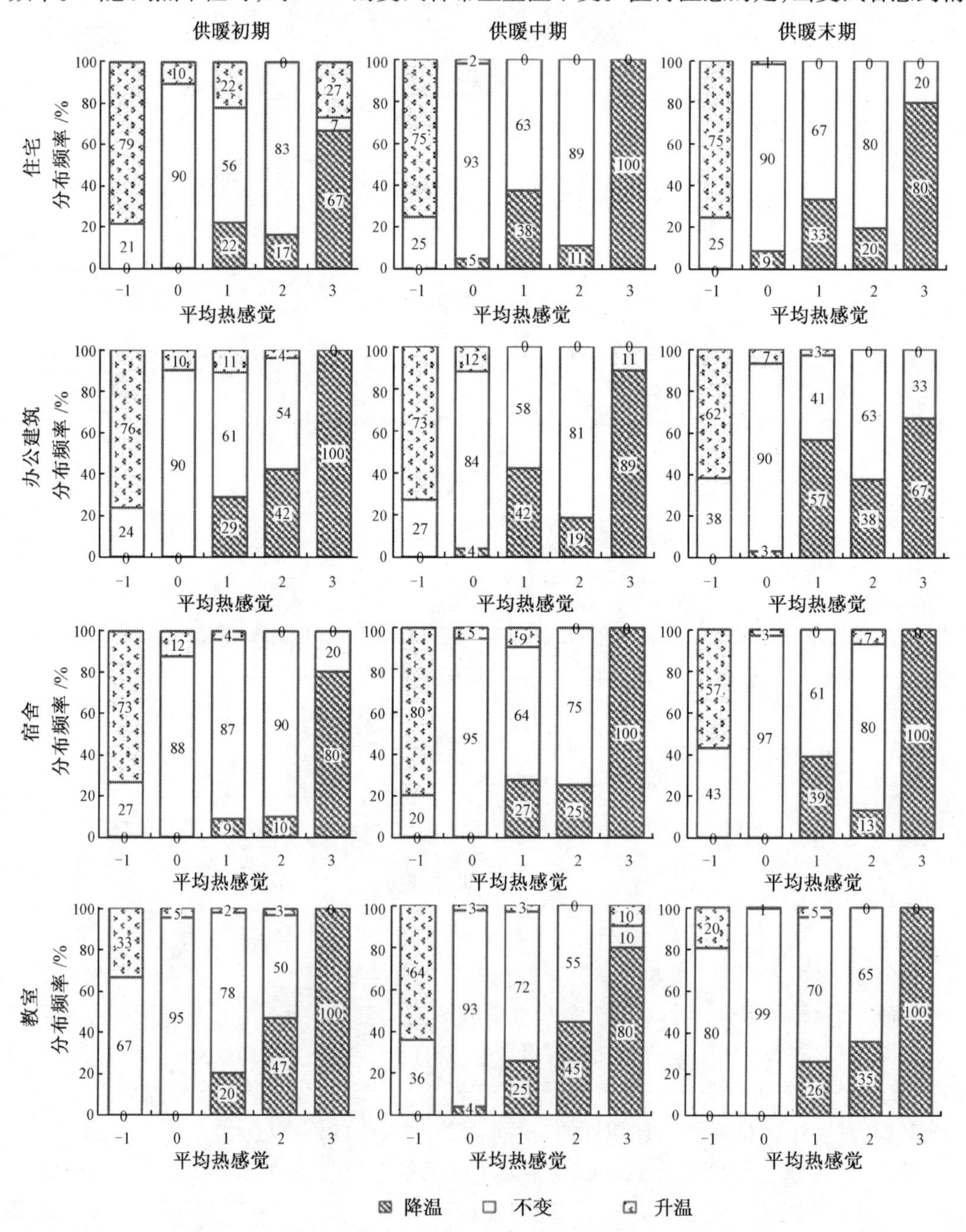

图4.46 不同供暖阶段4种建筑中受试者的热期望分布频率[4]

暖或暖(投票为"+1"和"+2")时,受试者希望室温不变的频率高于投票偏冷时期望室温不变的频率,而且感到暖时希望室温不变的频率高于感到稍暖时希望室温不变的频率,这说明人们在心理上偏好稍暖或暖的环境。而当人们感到热时,大部分人希望室温降低。

当投票为暖("+2")时,对比4种建筑中希望室温不变的频率,发现住宅和宿舍中的频率要明显高于办公建筑和教室中的频率,说明在住宅和宿舍中的受试者更偏好暖环境。这可能是由于住宅和宿舍中受试者的服装热阻(0.74 clo、0.91 clo)要低于办公建筑和教室中受试者的服装热阻(1.30 clo、1.01 clo)。当投票为稍凉("-1")和凉("-2")时,住宅中希望温度升高的受试者比例低于办公建筑中的受试者比例。这说明,住宅中的受试者对偏冷环境的耐受力弱于办公建筑中的受试者。

对比3个供暖阶段,发现当人们感到偏热("+1""+2""+3")时,住宅和办公建筑中的受试者希望室温不变的频率逐渐增加,而宿舍和教室中的受试者希望室温不变的频率变化不明显。这可能是由于住宅和办公建筑中受试者年龄较大,对环境的适应过程较长。在供暖末期,4种建筑中当受试者感到偏热时希望室温不变的频率接近,这也证明了热适应可以减小年龄对热舒适的影响。

综上所述,人体感到偏冷时希望室温不变的比例低于热感觉偏热时希望室温不变的比例,说明人们期望偏暖的环境。由于严寒地区冬季室外气候寒冷,人们偏爱偏暖的热环境。此外,人们已经适应偏暖的室内环境,形成偏暖的热经历。

4.6.4　行为适应

不同供暖阶段4种建筑中受试者的行为调节措施分布如图4.47所示。由图可知,开门窗、减衣服是受试者主要的行为调节方式。严寒地区冬季采用集中供暖系统,传统的供暖系统室温调节较困难,且由于供热系统和围护结构的热惰性较大,反应时间长,而开关门窗、增减衣服可以较快地改善人体热舒适。

在住宅和办公建筑中,在供暖末期开门窗频率最高,分别达到55%和74.6%,而此时超温频率也是最高。在宿舍中,开门窗频率变化不明显,减衣物的频率在供暖末期达到最高。由于宿舍面积较小(约13 m^2),若通过开门窗降温,室温下降迅速,会导致受试者过冷。因此,受试者更多通过增减衣服来调节自身热舒适。在教室中,由于人员相对集中,受试者的调节措施受到限制,开门窗频率在4种建筑中最低。

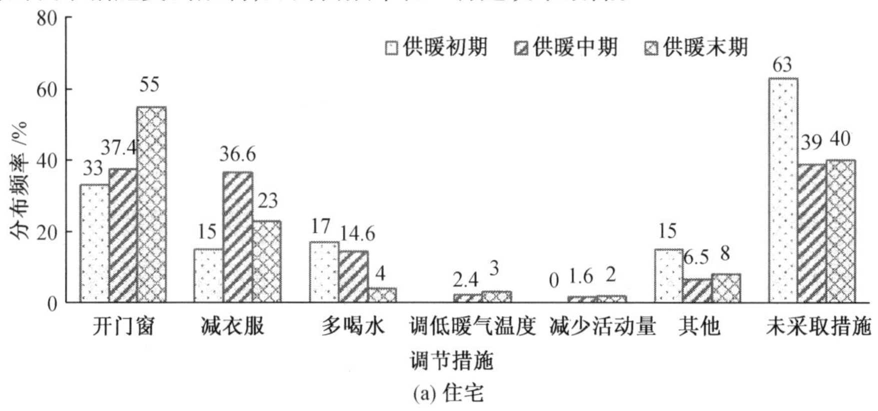

(a) 住宅

图4.47　不同供暖阶段4种建筑中受试者的行为调节措施分布[4,10]

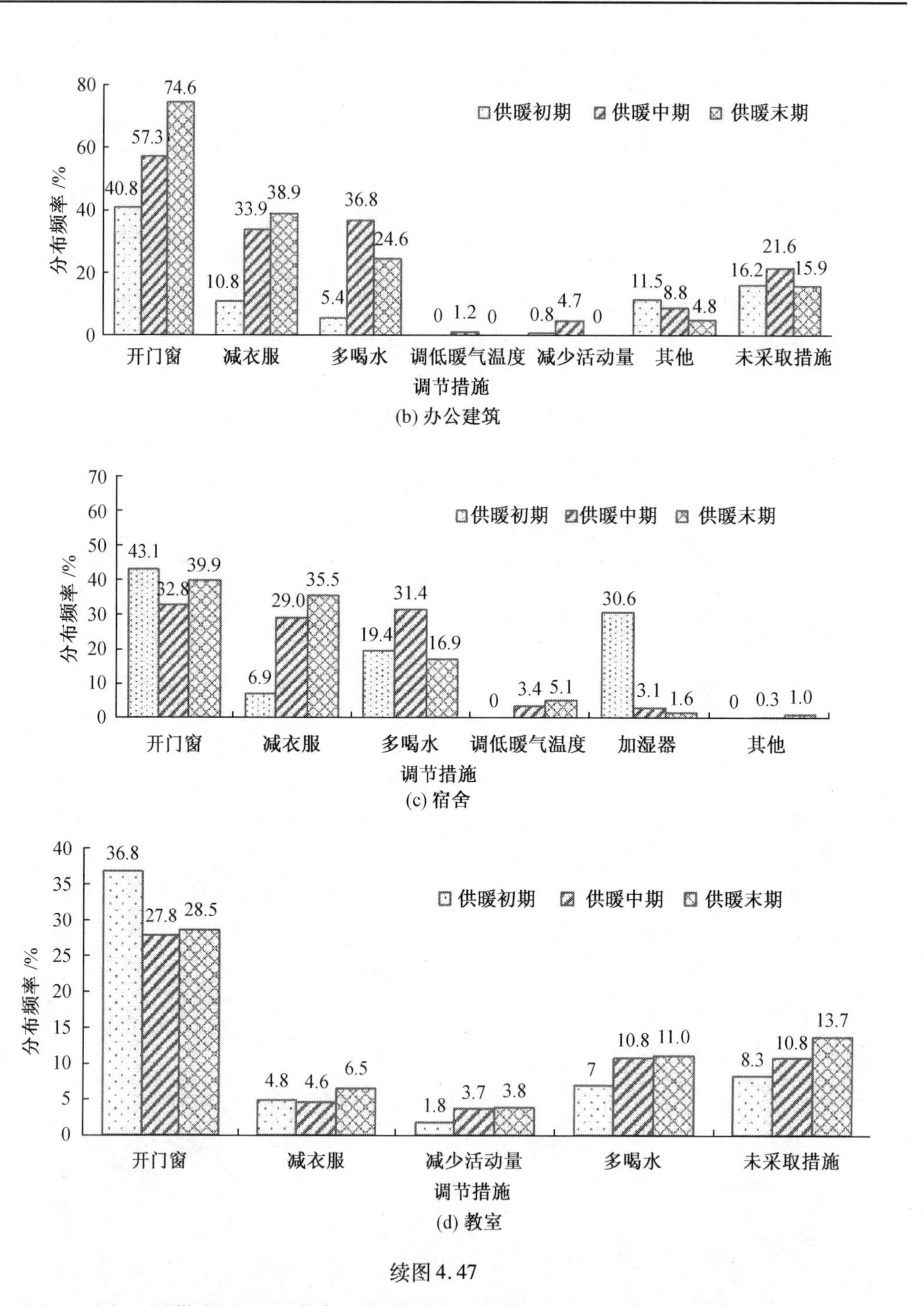

续图 4.47

图4.48为不同供暖阶段4种建筑中受试者的服装热阻。服装调节是行为适应的重要手段之一，从图4.48可以看出，在住宅、办公建筑和宿舍中，供暖末期的服装热阻是最低的，而由表4.18可见，供暖末期室温较高，说明服装调节是行为适应的重要表征。而在教室中，由于其为公共场所，行为调节受到限制。

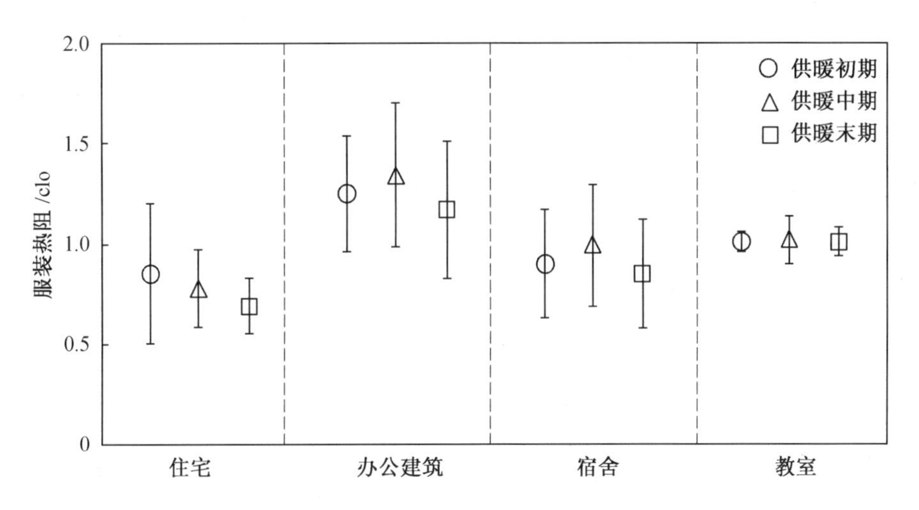

图4.48　不同供暖阶段4种建筑中受试者的服装热阻[4]

4.6.5　热舒适与热适应模型

1. 加权线性回归方法

室内热环境参数分布一般为正态分布，即在测试的温度区间，低温和较高温度出现的频率较少。人体热感觉分布一般也为正态分布，即在每个温度区间，人体热感觉投票数不相等，较高温度和较低温度对应的投票数较少，而中间温度对应的投票数较多。如果采用常规的线性回归模型，结果会产生一定偏差。因此，本节计算热中性温度采用加权回归的方法，即以每一个温度区间中的人体热感觉投票的样本数分布频率，作为加权回归模型分析的权重。

根据严寒地区不同供暖阶段室温分布区间的样本数，对平均热感觉投票与室温进行加权线性回归，可得到不同供暖阶段的热感觉投票和室温之间的线性回归模型，并可计算不同供暖阶段的热中性温度。

加权线性回归模型为

$$y_i = a + bx_i + \frac{e_i}{w_i} \tag{4.4}$$

式中　x_i—— 室温，℃；

y_i—— 各室温对应的平均热感觉投票值；

e_i—— 残差；

a,b—— 线性回归系数；

w_i—— 各空气温度对应的投票样本量。

$$\hat{y}_i = a + bx_i \tag{4.5}$$

式中　$\hat{y}_i$—— 预测热感觉投票值。

则残差 e_i 表示为

$$e_i = w_i(y_i - \hat{y}_i) \tag{4.6}$$

根据最小二乘法原理，为了求得 a、b 的估值，则选取 a、b，使得残差平方和 Q 最小，残差平方和 Q 表示为

$$Q = \sum_{i=1}^{N} e_i^2 = \sum_{i=1}^{N} (w_i y_i - w_i \hat{y}_i)^2 = \sum_{i=1}^{N} (w_i y_i - w_i a - w_i b x_i)^2 \tag{4.7}$$

式中　N—— 温度区间个数。

根据极值原理，要使 Q 值最小，对线性回归系数 a 和 b 求偏导数为

$$\frac{\partial Q}{\partial a} = -2\sum_{i=1}^{N} (w_i y_i - w_i a - w_i b x_i) = 0 \tag{4.8}$$

$$\frac{\partial Q}{\partial b} = -2\sum_{i=1}^{N} w_i x_i (w_i y_i - w_i a - w_i b x_i) = 0 \tag{4.9}$$

则加权线性回归系数和回归方程的决定系数为

$$a = \frac{(\sum_{i=1}^{N} w_i)(\sum_{i=1}^{N} w_i x_i y_i) - (\sum_{i=1}^{N} w_i x_i)(\sum_{i=1}^{N} w_i y_i)}{(\sum_{i=1}^{N} w_i)(\sum_{i=1}^{N} w_i x_i^2) - (\sum_{i=1}^{N} w_i x_i)^2} \tag{4.10}$$

$$b = \frac{(\sum_{i=1}^{N} w_i y_i) - a(\sum_{i=1}^{N} w_i x_i)}{\sum_{i=1}^{N} w_i} \tag{4.11}$$

$$R^2 = \frac{\sum_{i=1}^{N} w_i (b + a x_i - \sum_{i=1}^{N} w_i y_i / \sum_{i=1}^{N} w_i)^2}{\sum_{i=1}^{N} w_i (y_i - \sum_{i=1}^{N} w_i y_i / \sum_{i=1}^{N} w_i)^2} \tag{4.12}$$

式中　R^2—— 回归方程的决定系数。

2. 不同供暖阶段 4 种建筑人体热舒适与热适应模型

本节采用加权线性回归的方法，建立不同供暖阶段 4 种建筑中平均热感觉投票 MTS 与室温的关系，并且可以计算出 3 个阶段 4 种建筑的热中性温度，如图 4.49 所示。

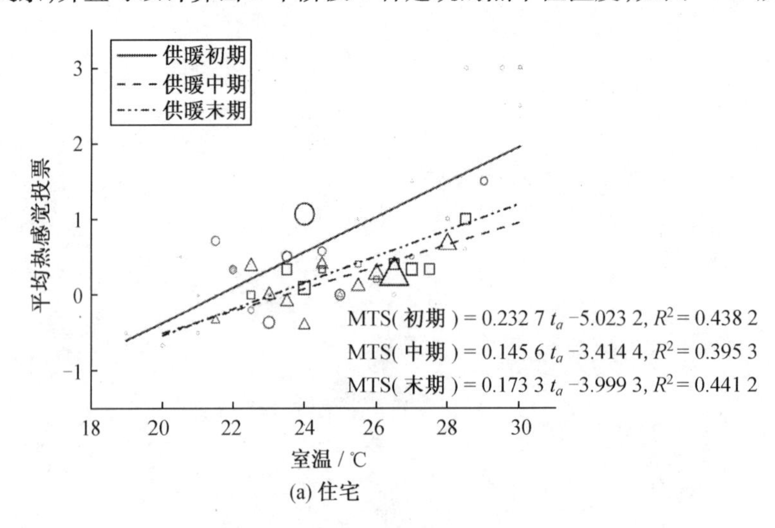

(a) 住宅

图 4.49　不同供暖阶段 4 种建筑中热感觉投票与室温的关系[4,10]

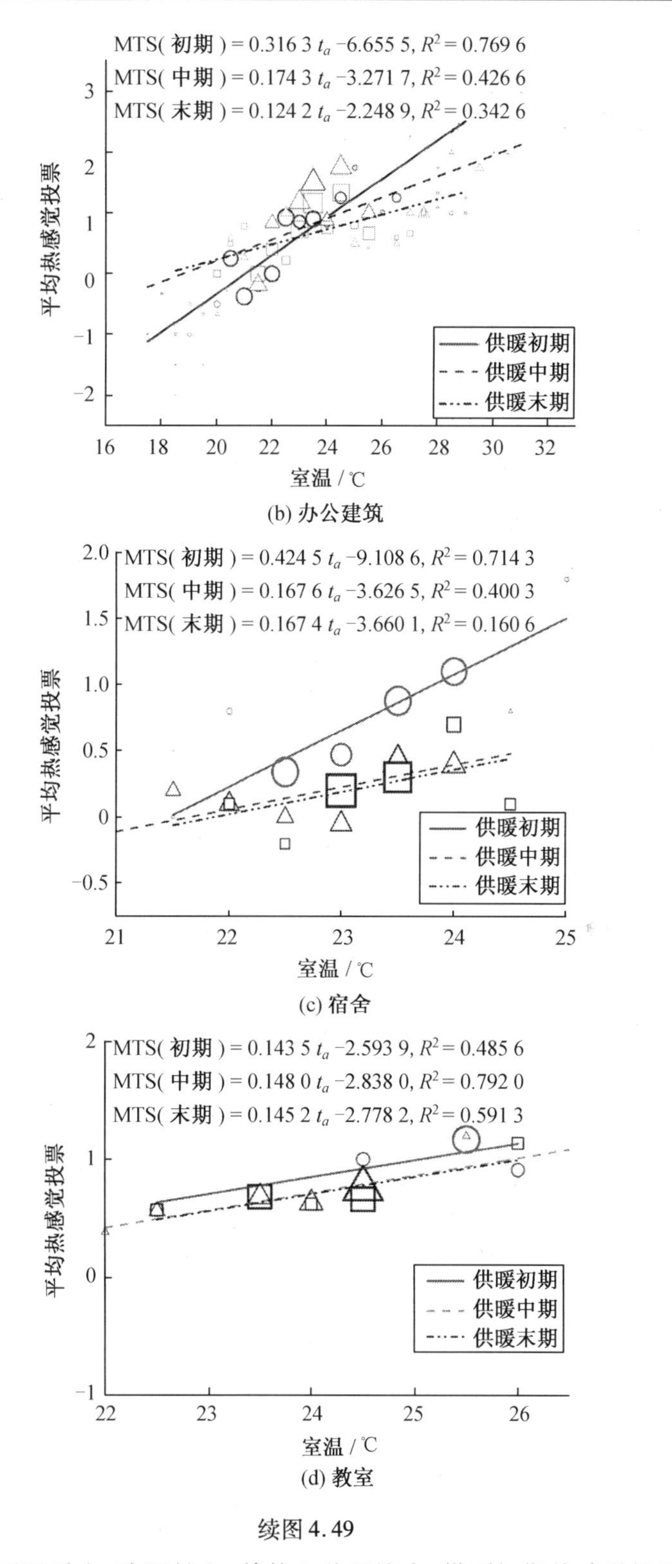

(b) 办公建筑

(c) 宿舍

(d) 教室

续图 4.49

从图 4.49 中可以看出，除了教室，其他 3 种环境中，供暖初期热感觉投票与室温的回归曲线斜率最大，说明人们在刚开始供暖时对室温的变化敏感。从供暖初期到供暖末期热感觉投票与室温的回归曲线斜率均减小,说明受试者对温度的变化越来越不敏感,受试者对热环境越来越适应。在教室中,3 个阶段的回归曲线斜率相似并且较低,说明教室受试者对温度的变化不敏感,这可能是由于教室为公共空间,各种行为调节措施都受到限制,以至于受试者对热环境的适应性较低。

表 4.19 给出了 4 种建筑 3 个阶段内的热中性温度和对应的室温,并比较了热中性温度和对应的室温之间的差值。

表 4.19　热中性温度(t_n)与室温(t_a)

	住宅			办公建筑			宿舍			教室		
	EH	MH	LH	EH	MH	LH	EH	MH	LH	EH	MH	LH
t_n/℃	21.6	23.5	23.1	21.0	18.8	18.1	21.5	21.6	21.9	18.1	19.2	19.1
t_a/℃	23.6	24.3	25.0	23.8	23.3	24.1	23.0	22.7	23.1	24.8	24.2	24.0
$t_n - t_a$/℃	−2	−0.8	−1.9	−2.8	−4.5	−6	−1.5	−1.1	−1.2	−6.7	−5	−4.9

注:表中 EH 代表供暖初期,MH 代表供暖中期,LH 代表供暖末期。

从表 4.19 中可以看出,办公建筑和教室中的热中性温度比住宅和宿舍中的热中性温度低 2 ~ 3 ℃,并且办公建筑和教室中的热中性温度与室温的差值较大,这说明在办公建筑和教室中人们希望室温更低。因此,冬季办公建筑和教室供暖温度设定值较住宅和宿舍的设定值可适当降低。

从整体来看,室温高于热中性温度,这体现了人体对于寒冷的室外气候的适应性,对室温的要求降低。因此,冬季室温不宜过高。

本章主要参考文献

[1] 任静. 严寒地区住宅和办公建筑人体热适应现场研究[D]. 哈尔滨:哈尔滨工业大学, 2014.

[2] 张雪香. 严寒地区高校教室和宿舍人体热适应现场研究[D]. 哈尔滨:哈尔滨工业大学, 2015.

[3] 宁浩然. 严寒地区供暖建筑环境人体热舒适与热适应研究[D]. 哈尔滨:哈尔滨工业大学, 2017.

[4] 吉玉辰. 严寒地区室内外气候对热舒适与热适应的影响研究[D]. 哈尔滨:哈尔滨工业大学, 2020.

[5] 王昭俊,宁浩然,任静,等. 严寒地区人体热适应性研究(1):住宅热环境与热适应现场研究[J]. 暖通空调, 2015, 45(11):73-79.

[6] 王昭俊,宁浩然,张雪香,等. 严寒地区人体热适应性研究(2):宿舍热环境与热适应现场研究[J]. 暖通空调, 2015, 45(12):57-62.

[7] 王昭俊,任静,吉玉辰,等. 严寒地区住宅与办公建筑热环境与热适应研究[J]. 建筑科学, 2016, 32(4):60-65.

[8] 王昭俊,宁浩然,吉玉辰,等. 严寒地区人体热适应性研究(4):不同建筑热环境与热适应现场研究[J]. 暖通空调, 2017, 47(8):103-108.

[9] WANG Z J, JI Y C, REN J. Thermal adaptation in overheated residential buildings in severe cold area in China[J]. Energy and Buildings, 2017, 146(7):322-332.

[10] WANG Z J, JI Y C, SU X W. Influence of outdoor and indoor microclimate on human thermal adaptation in winter in the severe cold area, China[J]. Building and Environment, 2018, 133(4):91-102.

[11] NING H R, WANG Z J, JI Y C. Thermal history and adaptation: Does a long-term indoor thermal exposure impact human thermal adaptability? [J]. Applied Energy, 2016, 183(23):22-30.

[12] NING H R, WANG Z J, ZHANG X X, et al. Adaptive thermal comfort in university dormitories in the severe cold area of China[J]. Building and Environment, 2016, 99(4):161-169.

[13] WANG Z J, ZHANG L, ZHAO J N, et al. Thermal responses to different residential environments in Harbin[J]. Building and Environment, 2011, 46(11):2170-2178.

[14] MORGAN C, DE DEAR R J. Weather, clothing and thermal adaptation to indoor climate[J]. Climate research, 2003(24):267-284.

[15] MCINTYRE D A. Design requirements for a comfortable environment[J]. Studies in Environmental Science, 1981, 10(3):195-220.

[16] WANG Z J, LI A X, REN J, et al. Thermal adaptation and thermal environment in university classrooms and offices in Harbin[J]. Energy and Buildings, 2014, 77(7):192-196.

第5章　热舒适的影响因素

热舒适的主要影响因素有空气温度、湿度、空气流速、平均辐射温度、人体新陈代谢率和服装热阻。此外室内外热经历、感知控制、年龄和性别等对热舒适都有影响。

第4章和第5章总结了受国家自然科学基金项目——严寒地区人体热适应机理及适宜的采暖温度研究（项目编号51278142）资助取得的部分成果，其中第4章按照时空维度介绍了在一年内同时开展的不同使用功能建筑中的人体热舒适现场研究，第5章将介绍采用相同受试者同期开展的实验室研究和现场研究部分成果。通过获取严寒地区冬季供暖期及供暖期前后的气候变化特征、建筑环境特征，以及人体生理反应、心理反应和行为调节特征等，研究基于长时间尺度的季节和不同供暖阶段不同室内外气候对人体热舒适与热适应的影响规律，探究室内外热经历和感知控制的影响机制，分析性别和年龄的影响，以丰富和完善严寒地区人体热舒适与热适应理论。

5.1　室外气候

室外气候参数包括空气温度、相对湿度等，本节仅考虑了室外温度的影响。严寒地区冬季寒冷，人们主要在室内生活和工作，室内热暴露对人的影响更大。因此，本节主要研究室内热暴露对热舒适的影响规律。严寒地区的冬季，室外气候主要通过围护结构传热来影响室内热环境，而空气温度是最主要的影响因素，相对湿度和空气流速几乎变化不大，影响很小。供暖期间室外温度变化幅度大，室外日平均空气温度为 -25 ℃ 至 5 ℃。随着室外温度不同，人体热舒适的室温可能不同。在供暖设计标准中，供暖起止日期是根据室外日平均空气温度设定的。当室外连续5天的日平均温度为5 ℃时开始供暖。本节研究的目的是提出严寒地区冬季不同供暖阶段热舒适的室温，因此将按照室外温度划分不同供暖阶段，并研究不同供暖阶段不同室温对人体热感觉与热舒适的影响。供暖热负荷计算与室内外空气温度有关，一般也按照室外温度调节供热量。在热适应研究中，一般仅考虑对人体热感觉影响较大的参数——空气温度，均采用室外温度作为热适应模型的自变量。因此，本节主要考虑室外温度对室内人体热舒适的影响。

5.1.1　实验方法

1. 实验室简介

实验在哈尔滨工业大学人工微气候室中进行，微气候室平面图和外观图如图5.1所示。该人工微气候室的总尺寸为6 m（长）×3.3 m（宽）×3 m（高），包括两个相邻房间，称为实验室A和实验室B。实验室A的尺寸为3.9 m（长）×3.3 m（宽）×3 m（高），相邻房间的墙上设有一个塑钢玻璃窗，尺寸为1.8 m（长）×1.5 m（宽）。

(a) 微气候室外观图

(b) 微气候室散热器布置现场照片

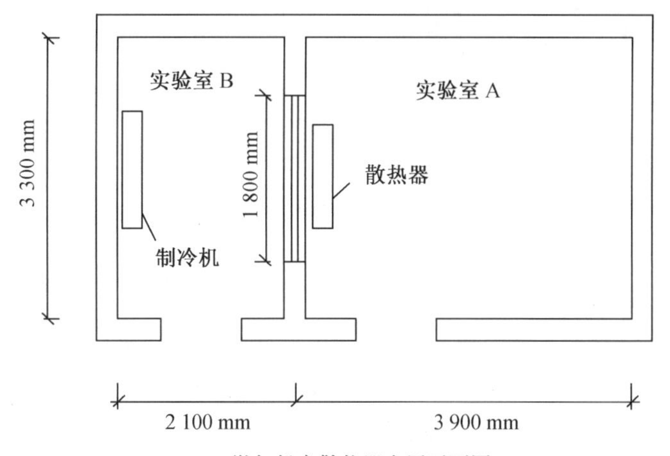

(c) 微气候室散热器布置平面图

图 5.1　微气候室平面图和外观图[1,2]

该人工微气候室位于建筑热能工程系一楼实验室大厅中，该实验室大厅冬季采用散热器供暖，以有效减少室外气候变化对人工微气候室的热湿环境的影响。该微气候室的围护结构采用的是彩色钢板内夹聚苯乙烯泡沫塑料保温材料的墙体，保温层厚度为 150 mm，传热系数为 0.404 W/(m^2 · K)，该围护结构具有较强的保温性能。

为了模拟严寒地区的室外气候，实验室 B 采用活塞式制冷机和热补偿，能将实验室 B 的温度控制在 -20 ~ -5 ℃ 范围内，控制精度为 ±0.5 ℃。

本实验中，实验室 A 采用散热器供暖，并将散热器置于外窗下面，以模拟实际建筑中散热器供暖的室内热环境。采用电锅炉作为热源，供水温度范围为 30 ~ 80 ℃。

2. 实验目的

本次实验的目的如下：

(1) 研究严寒地区冬季供暖前后室内外气候对人体生理和心理的影响规律。

(2) 研究严寒地区冬季供暖期间室内外气候对人体生理和心理的影响规律。

(3) 研究严寒地区冬季供暖结束前后室内外气候对人体生理和心理的影响规律。

3. 实验工况设计

本次实验的目的是研究严寒地区冬季室内外气候对人体生理和心理的影响规律，因此，对应于不同供暖阶段(供暖开始前、供暖初期、供暖中期、供暖末期和供暖结束后)，其中秋季过渡季对应供暖开始前，春季过渡季对应供暖结束后，共设计了 7 个实验工况，对应不同阶段的室外温度，室温分别设计为19 ℃、21 ℃ 和23 ℃。本节主要讨论当实验室 A

的室温维持21 ℃时,人体热反应随室外温度变化的规律,包括5个实验工况,见表5.1。实验室B的室温与同期开展的实际建筑中现场测试时的室外温度相对应。

表5.1 实验工况[1]

工况	阶段	实验室A的室温/℃	实验室B的室温/℃	室外温度/℃
1	供暖开始前	21	10	7
2	供暖初期	21	-5	-8
3	供暖中期	21	-15	-17
4	供暖末期	21	-5	-5
5	供暖结束后	21	10	6

4. 测量参数和仪器

室温和围护结构内表面温度采用T型热电偶测量,并用数据采集仪(Aglient 34970)进行数据采集。空气流速采用热线风速仪(Testo 425)测量,相对湿度采用温湿度自记仪(WSZJ-1A)测量,黑球温度采用黑球温度计(HWZY-1)测量。受试者皮肤温度采用T型热电偶+数据采集仪(Aglient 34970)测量,心率、血压采用ORMON HEM-7112测试仪测量。测量仪器如图5.2所示。实验测量仪器量程和精度见表5.2。所有仪器在实验前均进行了校准。

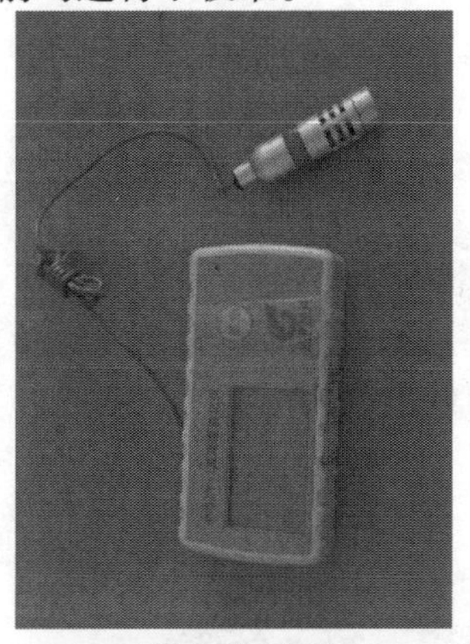

(a) 温湿度自记仪

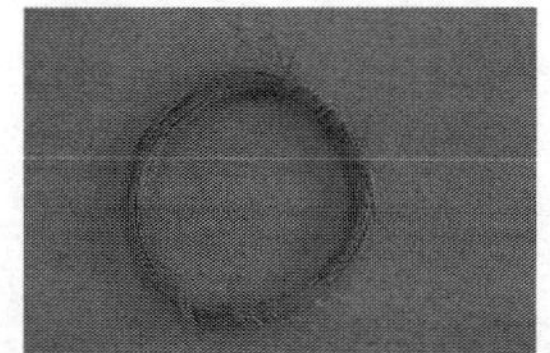

(b) T型热电偶

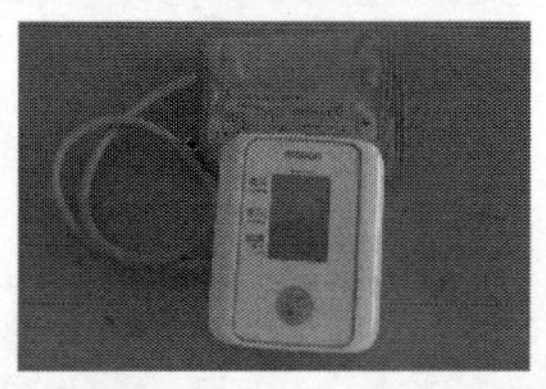

(c) 血压计

(d) 黑球温度计

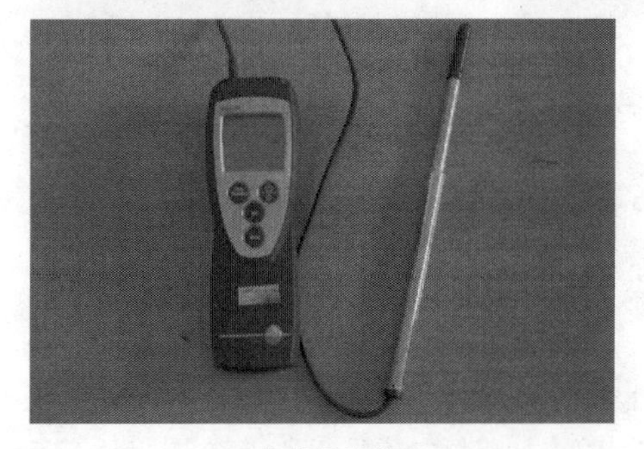

(e) 热线风速仪

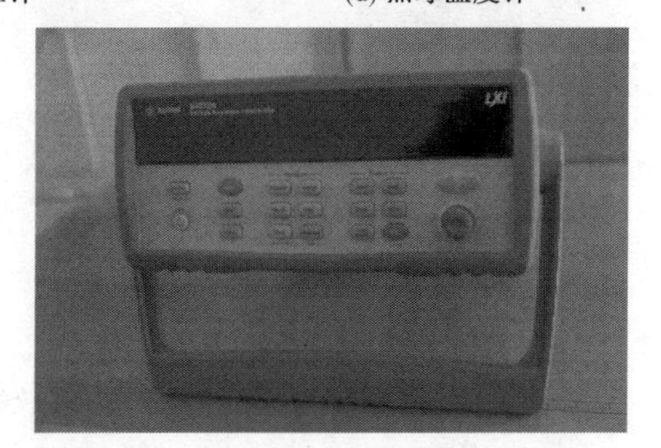

(f) 数据采集仪

图5.2 测量仪器[2]

表5.2　实验测量仪器量程和精度[1]

测量参数	测量仪器	量程	精度
空气温度/围护结构内表面温度	T型热电偶+数据采集仪(Aglient 34970)	-40 ~ 350 ℃	±0.2 ℃
空气流速	热线风速仪(Testo 425)	0 ~ 20 m/s	±0.03 m/s
相对湿度	温湿度自记仪(WSZJ-1A)	0 ~ 100%	±3%
黑球温度	黑球温度计(HWZY-1)	-50 ~ 100 ℃	±0.4 ℃
皮肤温度	T型热电偶+数据采集仪(Aglient 34970)	-40 ~ 350 ℃	±0.2 ℃
心率/血压	ORMON HEM-7112测试仪	40 ~ 180 beats/min, 0 ~ 299 mmHg	±5%, ±3 mmHg

室外空气的温湿度采用HTDC自记仪自动记录。

受试者生理参数测量包括:皮肤温度、血压、心率、身高和体重。用Aglient 34970系列32路通道数据采集仪自动采集皮肤温度。用欧姆龙HEM-7112型血压计测量血压和心率,血压测量误差为±3mmHg,心率测量误差为±5%。采用FCN-A型电子秤测量受试者体重,精度为1 g。

皮肤温度测量额头、后背、手背、前臂和小腿5个部位,采用T型热电偶测量,测试期间使用医用胶布将热电偶粘贴于受试者皮肤表面。

实验前需要对热电偶进行标定,并得出温度计测量值和热电偶测量值之间的线性关系,用标定后的热电偶进行测量。实验中共有40个铜-康铜热电偶,其中15个热电偶用于测量皮肤表面温度,其余25个热电偶用于测量空气温度和围护结构表面温度,使用标准温度计与恒温水浴标定并校正热电偶,恒温水浴如图5.3所示。热电偶标定过程如图5.4所示。

图5.3　恒温水浴图[2]

5. 测点布置

布置了6个空气温度测点,分别在房间中心处和受试者附近距离地面0.1 m、0.6 m、1.1 m高度处各布置一个测点。在墙体表面中心连线的三等分点各布置一个测点。地面和顶棚表面中心各布置一个测点。相对湿度、空气流速和黑球温度测点布置在房间中心距离地面0.6 m高度处。具体测点位置图如图5.5所示。

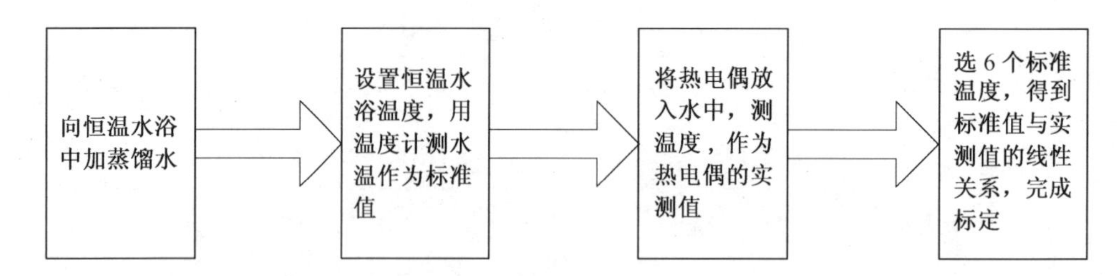

图5.4　热电偶标定过程[2]

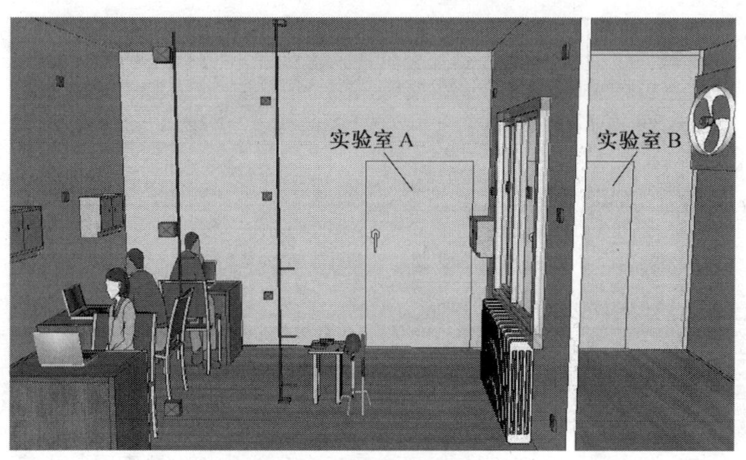

图5.5　具体测点位置图[1]

6. 受试者选择

目前国际通用的稳态热环境评价指标和已有的气候室实验成果基本都是基于大学生受试者获得的。因此利用大学生作为受试者,有利于与他人成果的对比分析。

为了研究严寒地区人体热适应特征,受试者选择适应严寒地区气候、20 ~ 24 岁、身体健康的在校大学生志愿者。确定受试者人数的原则是在满足一定可靠性和统计性检验要求的前提下选取尽量少的受试者。在以往欧美国家的热舒适研究中,使用 30 人的重复实验获得了成功,故本章选取 30 人作为受试者,其中男女比例为 1∶1。

本次实验的受试者与第 4 章中教室和宿舍的受试者相同,皆为某高校大三学生。共有 30 名大学生受试者(男女各 15 名)均参加了 7 个实验工况,共计 210 人次实验,本节主要介绍其中的 5 个实验工况。受试者基本生理信息见表 5.3。

表 5.3　受试者基本生理信息[1,2]

统计值	年龄	身高 /cm	体重 /kg	BMI/($kg \cdot m^{-2}$)
最大值	22	186.5	108.5	33.1
最小值	18	153.5	43.2	16.9
平均值	20.2	168.7	60.8	21.2
标准偏差	0.94	8.83	14.71	3.79

注:BMI 为体重与身高平方的比值,表示身体质量指数。

为确保实验的准确性及排除服装对实验结果的干扰,受试者在实验期间穿统一购置的运动服、运动裤。平均服装热阻约为 1.01 clo(秋衣 0.15 clo、秋裤 0.15 clo、运动外套 0.3 clo、运动裤 0.2 clo、旅游鞋 0.04 clo)。

7. 主观问卷

实验中,对受试者的局部和全身的热感觉及热舒适进行主观问卷调查。主观调查问卷主要包括局部和全身热感觉与热舒适、热可接受度、潮湿感、吹风感。热感觉采用 7 级连续标尺,热舒适采用5级连续标尺,热可接受度采用断裂标尺,如图5.6所示。调查问卷使用的热反应投票软件界面如图 5.7 所示。

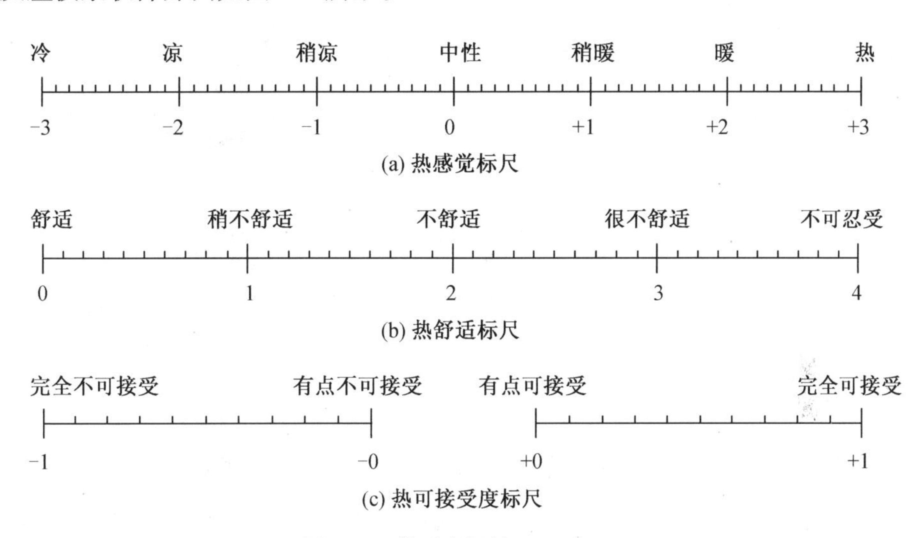

(a) 热感觉标尺

(b) 热舒适标尺

(c) 热可接受度标尺

图 5.6　热反应标尺

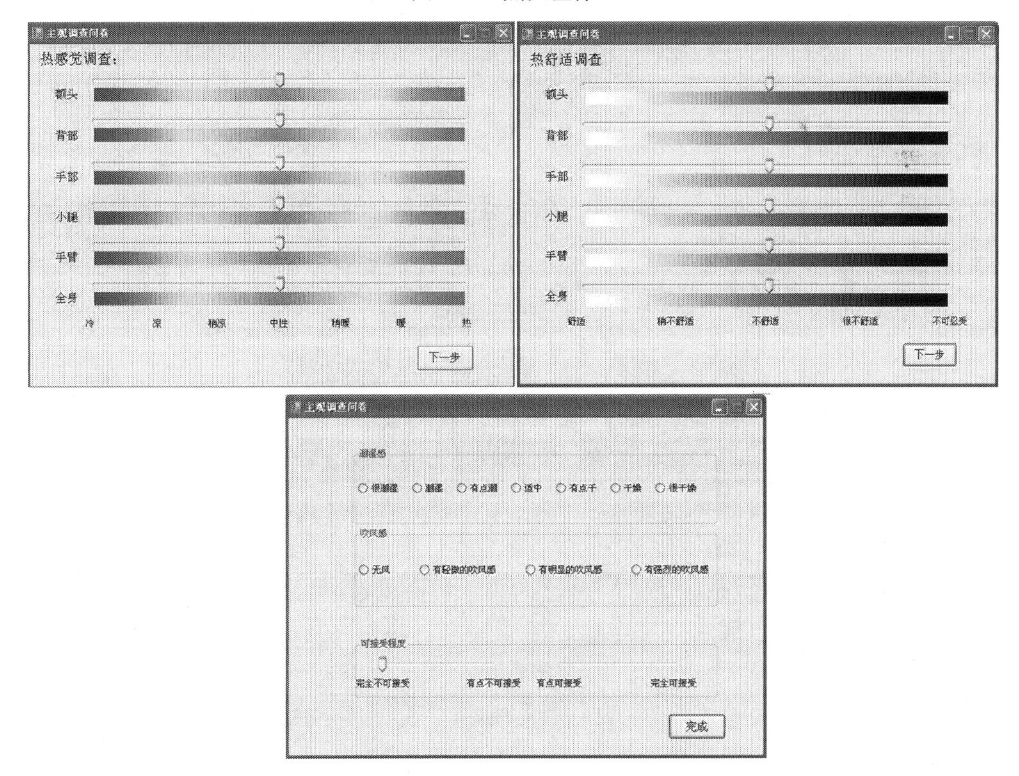

图 5.7　热反应投票软件界面[2]

8. 实验过程

实验前统一用某高校校医院的 SK - CK 超声波体检机测量了身高和体重，如图 5.8 所示。

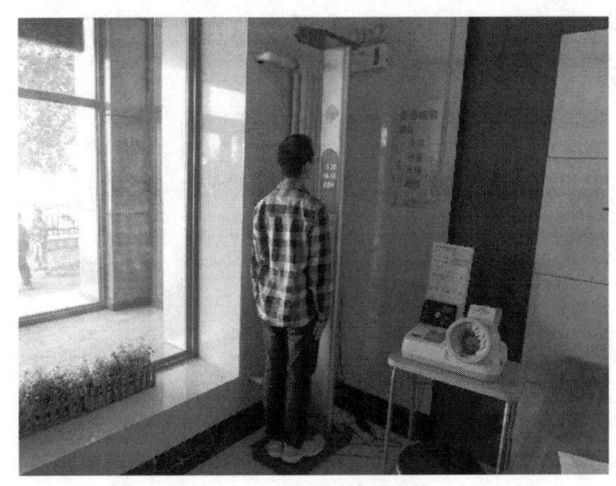

图 5.8　身高和体重测量图[2]

每次实验有 3 名受试者同时参加，每个工况共进行 10 次实验。要求受试者在实验前 24 h 避免剧烈运动，生活作息正常。在实验前半小时停止饮食，到达实验室后立即更换统一购置的运动服、运动裤。实验期间受试者保持静坐。受试者在实验期间可以阅读、写作业等，但不能交流与实验和热感觉有关的话题，更不能在实验室走动、饮食。

为了防止外窗冷辐射对人体热感觉的影响，受试者坐在距离外窗较远的位置，桌子距离外窗对面的内墙和侧墙约 1 m，如图 5.5 所示。

在进入实验室前，受试者在室外暴露约 15 min。每次实验共计 90 min。实验正式开始前有 30 min 的适应期，并且在适应期开始时测量心率和血压。在适应期，受试者由室外寒冷气候适应室内环境。实验正式开始后，受试者每 10 min 填写一次问卷，每隔 30 min 测量心率和血压，共测量 4 次。实验开始和结束时测量受试者体重。测完体重，即完成本次工况的实验。实验流程图如图 5.9 所示。

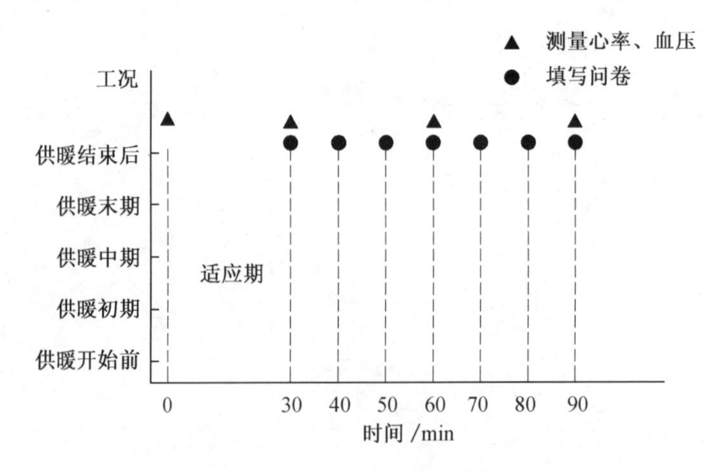

图 5.9　实验流程图[1]

实验现场图如图 5.10 所示。

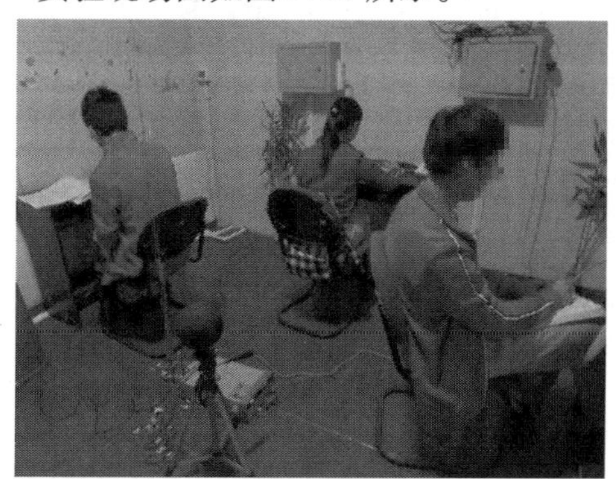

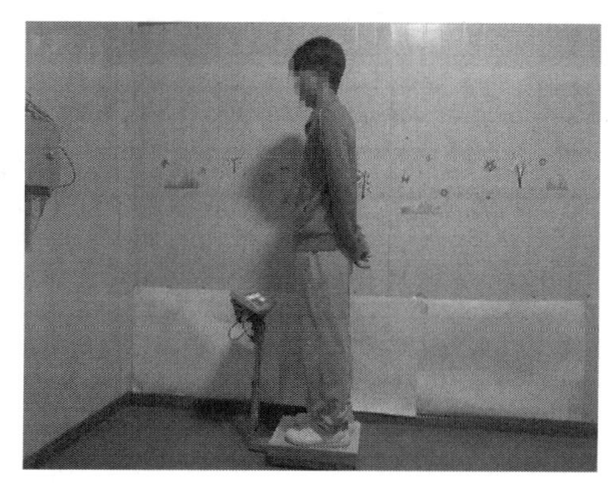

图 5.10　实验现场图[2]

5.1.2　数据分析方法

1. 重复测量方差分析原理

重复测量方差分析与方差分析类似,但是其针对相关的非独立组,是成对 t 检验的扩展。重复测量方差分析是检验相关手段之间任何总体差异的测量。有许多复杂的设计可以使用重复的措施,但在本章中,拟采用最简单的情况,即单因素重复测量方差分析。

在重复测量方差分析中,将组内变异继续划分为受试者之间的变异和误差变异。重复测量方差分析将受试者之间的差异影响消除,得到一个新的组内变异,即误差变异。这个新的组内方差更小,得到的 F 值更大,结果也会更显著。重复测量方差分析原理图如图 5.11 所示。

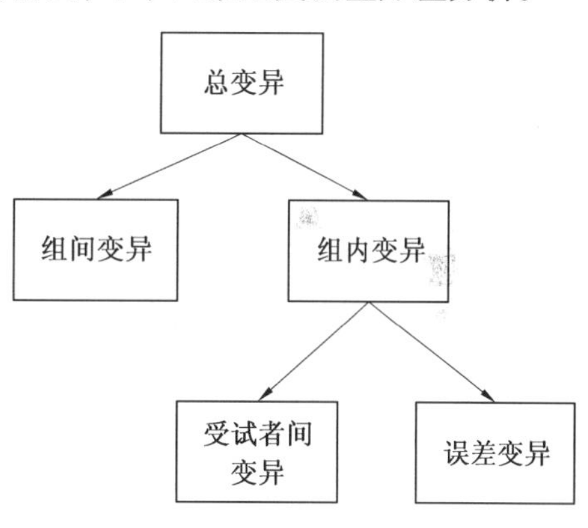

图 5.11　重复测量方差分析原理图

重复测量方差分析的假设:

$$H_0: \mu_1 = \mu_2 = \mu_3 = \cdots = \mu_k$$

H_1:至少有两个均值不相等。

重复测量方差分析计算见式(5.1) ~ (5.3)。

$$F = \frac{\mathrm{MS}_{\mathrm{conditions}}}{\mathrm{MS}_{\mathrm{error}}} \tag{5.1}$$

$$\mathrm{MS}_{\mathrm{conditions}} = \frac{\mathrm{SS}_{\mathrm{conditions}}}{k-1} = \frac{n\sum_{i}^{k}(\bar{x}_i - \bar{x})^2}{k-1} \tag{5.2}$$

$$\mathrm{MS}_{\mathrm{error}} = \frac{\mathrm{SS}_{\mathrm{w}} - \mathrm{SS}_{\mathrm{subject}}}{(n-1)(k-1)} = \frac{\sum_{i}^{k}\sum_{j}^{n}(x_{i,j} - \bar{x}_i)^2 - k\sum_{j}^{n}(\bar{x}_j - \bar{x})^2}{(n-1)(k-1)} \tag{5.3}$$

式中　F—— 方差分析的统计量;

$MS_{conditions}$—— 平均组间离差平方和；
MS_{error}—— 平均误差离差平方和；
$SS_{conditions}$—— 组间离差平方和；
k—— 组别数；
n—— 每组样本数；
$\bar{x}_i$—— 每组样本平均值；
$\bar{x}$—— 总样本平均值；
SS_w—— 组内离差平方和；
$SS_{subject}$—— 受试者间离差平方和；
$x_{i,j}$—— 每个样本值；
$\bar{x}_j$—— 单个样本平均值。

2. 两两比较

通过重复测量方差分析，可知多个组别之间是否存在差异。但是具体哪些组别存在差异，需要通过两两比较进行分析。本章采用最小显著差法（LSD）两两比较，对每两个组别进行差异分析，用 t 检验对各组进行配对比较，检验的敏感性高，可以检验出各组间的微小差异。

5.1.3 人体生理反应

1. 皮肤温度

图5.12给出了不同阶段的人体局部皮肤温度。从图5.12中可以看出，不同部位的皮肤温度变化较小。通过单因素重复测量方差比较和多重比较，结果表明局部皮肤温度不存在明显差异，结果见表5.4。虽然整体上局部皮肤温度不存在差异，但前臂、手背和小腿皮肤温度在供暖初期较低。

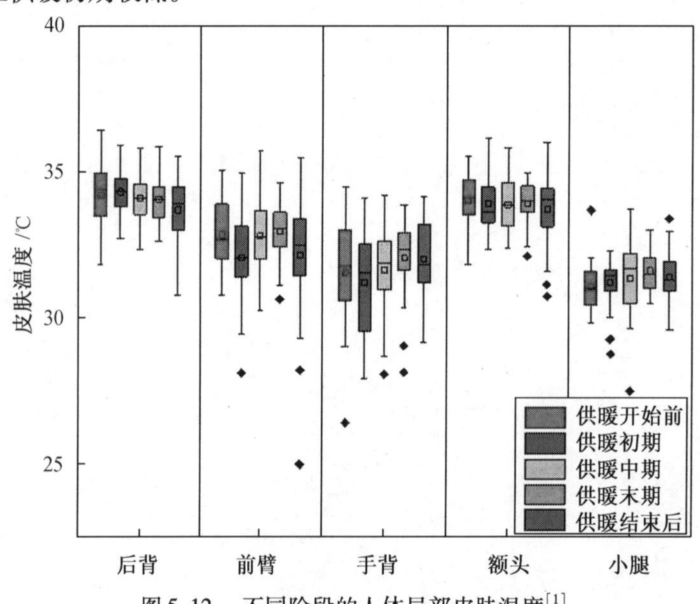

图5.12　不同阶段的人体局部皮肤温度[1]

表 5.4　不同阶段的局部皮肤温度重复测量方差分析结果[1]

部位	来源	离差平方和	离差平方和平均值	F	P
额头	阶段	0.924	0.231	0.376	0.825
	误差	63.922	0.615		
后背	阶段	4.749	1.187	1.235	0.301
	误差	99.946	0.961		
前臂	阶段	19.065	4.766	2.347	0.059
	误差	211.179	2.031		
手背	阶段	12.844	3.211	1.648	0.168
	误差	202.639	1.948		
小腿	阶段	6.272	1.568	1.892	0.117
	误差	86.213	0.829		

平均皮肤温度采用额头、后背、手背、前臂和小腿 5 个部位的皮肤温度加权计算，见式(5.4)。其中，皮肤面积权重根据 Liu 等人[3] 的研究取值。

$$t_s = 0.20t_{head} + 0.50t_{back} + 0.18t_{forearm} + 0.05t_{hand} + 0.07t_{shank} \tag{5.4}$$

式中　t_s—— 平均皮肤温度，℃；

t_{head}—— 额头皮肤温度，℃；

t_{back}—— 后背皮肤温度，℃；

$t_{forearm}$—— 前臂皮肤温度，℃；

t_{hand}—— 手背皮肤温度，℃；

t_{shank}—— 小腿皮肤温度，℃。

图 5.13 为不同阶段的平均皮肤温度。由图可知，平均皮肤温度在不同供暖阶段变化较小。对不同阶段的平均皮肤温度做重复测量方差分析，结果见表 5.5。由此可知，在不同供暖阶段，人体平均皮肤温度并没有明显差异。

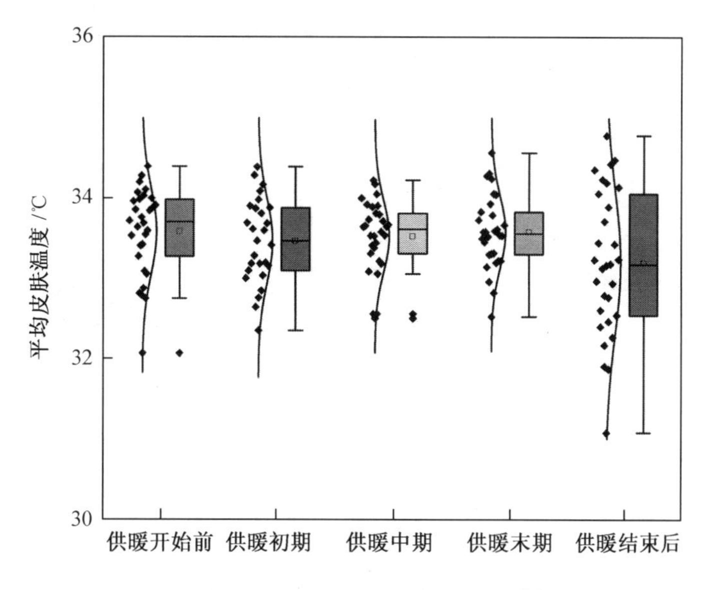

图 5.13　不同阶段的平均皮肤温度[1]

表 5.5　平均皮肤温度重复测量方差分析结果[1]

来源	离差平方和	离差平方和平均值	F	P
阶段	2.164	0.705	1.566	0.203
误差	35.917	0.45		

以上结果表明,当室外气候发生变化而室温不变时,人体皮肤温度不会产生明显变化。

2. 心率

心率测量统计结果见表 5.6。从表中可以看出,从供暖开始前到供暖中期,心率较高,变化较小,供暖末期和供暖结束后,心率开始下降。

表 5.6　心率测量统计结果[1]　次/min

供暖阶段	平均值	标准偏差	最小值	最大值
供暖开始前	77.170	6.489 09	64.30	99.30
供暖初期	76.556	9.548 80	59.50	95.00
供暖中期	78.556	7.170 09	66.50	94.00
供暖末期	75.926	8.418 58	60.00	97.50
供暖结束后	73.417	6.603 16	61.30	92.70

心率重复测量方差分析结果见表 5.7,统计学上心率在不同阶段存在明显差异($P<0.05$)。通过进一步多重比较发现,供暖结束后心率比供暖开始前和供暖中期心率明显降低。供暖开始前和供暖结束后工况室外平均温度分别为 7.3 ℃ 和 5.5 ℃,这两个工况室外温度接近,但心率差异明显。这并不能说明室外温度对心率没有影响。中国人的穿衣习惯是“春捂秋冻”,这可能会导致心率变化的时间与室外温度变化的时间偏移。

表 5.7　心率重复测量方差分析结果[1]

来源	离差平方和	离差平方和平均值	F	P
阶段	584.202	146.050	2.600	0.040
误差	5 841.781	56.171		

从表 5.6 中可以看出,在供暖期内,心率变化较小,不存在明显差异。研究表明,当室外温度下降到 0 ℃ 以下时,心率随室外温度的变化很小,当气温升高时,心率随室外温度变化明显。

总之,在供暖期内,心率变化不明显。从供暖期到供暖结束后,心率会发生明显变化。

3. 血压

血压分为收缩压(SBP)和舒张压(DBP)。血压测量结果见表 5.8。血压重复测量方差分析结果见表 5.9。

表 5.8　血压测量结果[1]　mmHg

		平均值	标准偏差	最小值	最大值
SBP	供暖开始前	110.963 3	10.277 98	89.30	135.70
	供暖初期	108.672 8	10.635 22	91.00	134.67
	供暖中期	111.600 0	7.700 52	93.33	126.67
	供暖末期	111.838 9	9.865 23	95.33	130.67
	供暖结束后	108.953 3	9.647 39	89.70	126.70
	总计	110.441 0	9.617 08	89.30	135.70
DBP	供暖开始前	68.550 0	7.359 76	55.70	81.70
	供暖初期	69.123 5	6.634 15	56.50	83.33
	供暖中期	68.022 2	6.526 07	58.00	84.00
	供暖末期	69.016 7	7.747 86	60.00	97.00
	供暖结束后	66.336 7	5.516 96	54.30	76.70
	总计	68.191 2	6.787 15	54.30	97.00

表 5.9　血压重复测量方差分析结果[1]

	来源	离差平方和	平方和平均值	F	P
SBP	阶段	195.454	48.864	0.691	0.6
	误差	7 355.248	70.724		
DBP	阶段	117.426	29.356	0.688	0.602
	误差	4 440.067	42.693		

由表 5.8 和表 5.9 可知，在供暖开始前和供暖各阶段，血压无明显差异。而供暖结束后舒张压明显低于供暖开始前。供暖开始前，人体的生理参数即发生变化，以适应室外气候。在供暖各阶段，生理参数没有明显差异。到供暖结束后，人体的生理参数发生明显变化。

5.1.4　人体热反应

1. 热感觉

图 5.14 为不同阶段的局部热感觉投票箱线图。图 5.15 为不同阶段的局部热感觉图。从图 5.14 和图 5.15 中可以看出，在不同供暖阶段、相同室温下，热感觉有明显差异。供暖初期有明显下降，供暖结束后也有明显差异，较供暖末期明显降低。

以上结果说明，在 21 ℃（PMV =－0.4）的环境中，从供暖开始前开始，人体热感觉先下降，在供暖初期达到最低，之后上升，在供暖结束后又下降。

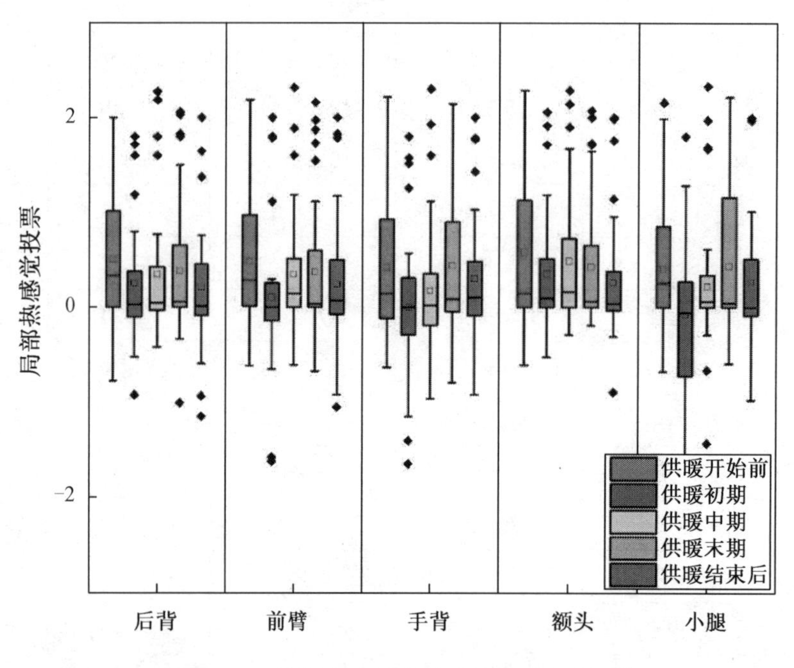

图 5.14 不同阶段的局部热感觉投票箱线图[1]

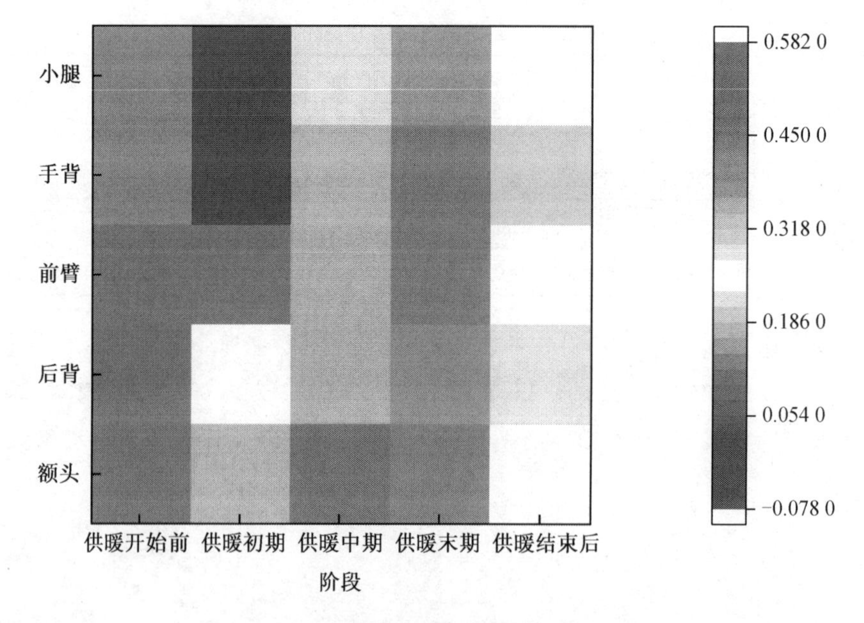

图 5.15 不同阶段的局部热感觉图[1]

基于重复测量方差分析,发现在手背和小腿处均存在显著差异,见表 5.10。

全身热感觉遵循“抱怨模式”,全身各部位中手背和小腿的热感觉投票最低,全身热感觉与这两个部位的热感觉接近。从皮肤温度的变化规律可以看出,手背和小腿的皮肤温度在供暖初期较低,此时的手背和小腿的局部热感觉投票也相应很低。而额头和后背的皮肤温度在不同阶段变化不明显,相应的局部热感觉投票变化也较小。

表 5.10　不同阶段的局部热感觉投票重复测量方差分析[1]

部位	来源	离差平方和	平方和平均值	F	P
额头	阶段	1.433	0.432	1.234	0.303
	误差	30.184	0.35		
后背	阶段	1.586	0.451	1.463	0.225
	误差	28.196	0.308		
前臂	阶段	2.975	0.829	2.107	0.093
	误差	36.721	0.393		
手背	阶段	4.222	1.055	2.477	0.049*
	误差	44.317	0.426		
小腿	阶段	4.996	1.249	3.590	0.009*
	误差	36.182	0.348		

2. 热舒适

图 5.16 给出了不同阶段的局部热舒适投票箱线图。在供暖初期，前臂、手背和小腿的热舒适投票值最高，表示受试者感到上述部位更不舒适。在供暖初期，前臂、手背和小腿的热感觉投票比其他阶段的热感觉投票要低。前臂、手背和小腿这些躯干末端部位的热感觉与热舒适在供暖中期都有明显的变化。

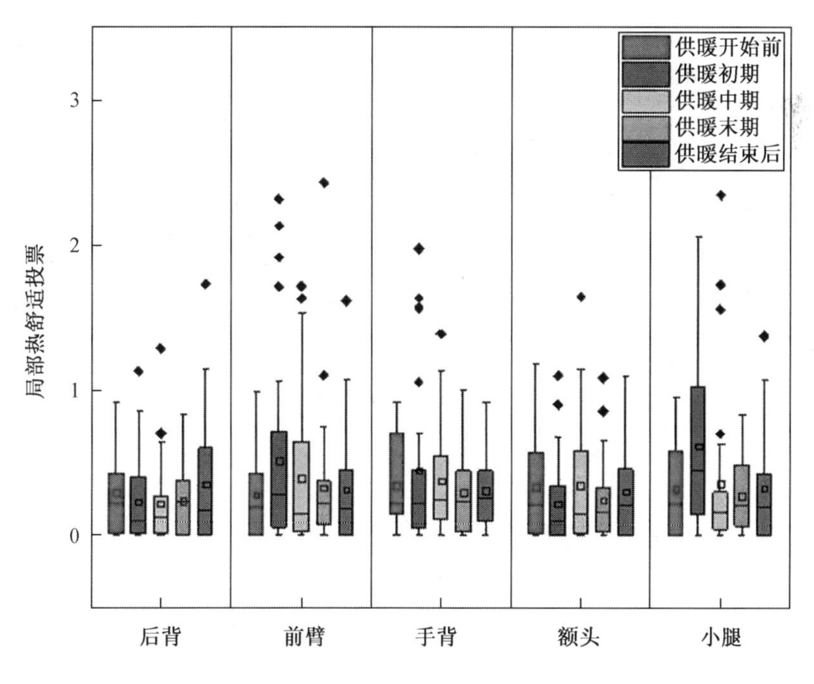

图 5.16　不同阶段的局部热舒适投票箱线图[1]

表 5.11 为不同阶段的热舒适投票重复测量方差分析结果，发现小腿有显著性差异。

表 5.11　不同阶段的热舒适投票重复测量方差分析结果[1]

部位	来源	离差平方和	平方和平均值	F	P
额头	阶段	0.260	0.065	1.437	0.227
	误差	4.695	0.045		
后背	阶段	0.406	0.125	2.014	0.113
	误差	5.245	0.062		
前臂	阶段	0.822	0.254	1.511	0.215
	误差	14.153	0.168		
手背	阶段	0.295	0.098	0.718	0.545
	误差	10.686	0.137		
小腿	阶段	2.080	0.666	5.034	0.003*
	误差	10.745	0.132		

5.1.5　讨论

图 5.17 为不同阶段的心率、热感觉投票和热舒适投票的变化图。通过以上分析可知，在供暖阶段及其前后，当室外温度变化而室温不变时，人体的皮肤温度不会发生明显

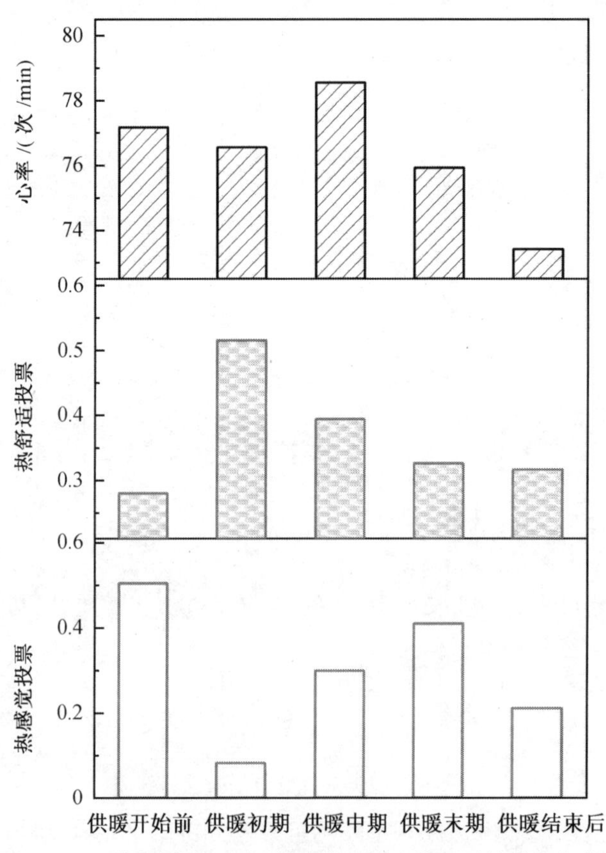

图 5.17　不同阶段的心率、热感觉投票和热舒适投票的变化图[1]

变化,而供暖结束后的心率和舒张压明显低于前面的阶段。从供暖开始前到供暖末期,心率和血压维持在比较高的水平。这说明,当室外温度降低时,即使室温不变,人们为了适应室外气候,心率和血压也会上升。

而热感觉和热舒适投票结果表明,从供暖开始前到供暖初期,人体在手背和小腿处的热感觉投票值有明显降低,小腿处的热舒适投票值降低。

5.2 感知控制

感知控制是指人们对调控手段的意识,如果存在这种意识,那么人们可能对环境更容易感到满意。非空调建筑中,由于人们对热环境没有主动控制措施,人们对热环境的心理期望值较低,因此人们更容易感到舒适[4]。如果人们对热环境存在感知控制,可以提高人体的热舒适[5]。

在实验室中,受试者对热环境无任何调节措施;而在实际建筑中,受试者可以通过开窗等方式调控热环境。因此本节将采用实验室研究和现场研究的方法,对受试者所处的两种环境中的热反应进行对比,以探究感知控制对人体热舒适的影响。

5.2.1 实验室研究

1. 实验目的

本次实验的目的:研究心理适应和行为调节对人体热舒适的影响规律。

2. 实验工况设计

现场调查时间为2013年12月底至2014年1月,室外平均空气温度为 -17 ℃;2015年1月,室外平均空气温度为 -16 ℃。为了与宿舍室温相对应,本实验设计了温度为23 ℃、21 ℃ 两个工况,且均选择在供暖中期进行实验,实验室 B 的室温控制在 -15 ℃。此外,还设置了1个工况,室温为21 ℃,选择在供暖开始前进行。实验室 A 的热环境参数测试结果见表5.12。

本实验选择了30名受试者,受试者信息见5.1节。实验前,均参加生理参数(身高、体重、血压和脉搏)测量,身体健康。30名受试者均参加了3个工况的实验,共计90人次实验。

表5.12　实验室 A 的热环境参数测试结果[1]

工况	空气温度/℃	平均辐射温度/℃	相对湿度/%	空气流速/($m \cdot s^{-1}$)
1	23.2 ±0.2	23.1 ±0.2	36.9	0.01
2	21.3 ±0.3	21.1 ±0.2	32.6	0.01
3	20.9 ±0.2	20.8 ±0.1	38.9	0.01

5.2.2 宿舍现场研究

在开始供暖前和供暖中期,与实验室研究同期进行了宿舍大学生受试者的热舒适现场调研,对实验室受试者所在的宿舍热环境进行跟踪调查,样本信息详见5.1节。

调查期间每周1次现场热环境测试,并在每个宿舍安装温湿度自记仪,连续采集室内温湿度,每5 min记录一次数据。同时每周对大学生进行主观热反应的电子问卷调查,调查共收集了94份有效电子问卷。

对空气温度、相对湿度、黑球温度、空气流速以及围护结构内表面温度进行测量。其中空气温度和相对湿度采用连续测试的方式,测量仪表放置在宿舍距离地面1.1 m高度处,且避免太阳直射,远离外窗、外墙、人体和计算机等位置。

5.2.3 人体热反应

1. 供暖中期热感觉分析

由于宿舍采用集中供暖方式,室温不易控制,供暖中期日平均室内温湿度如图5.18所示。由于学生寒假休息,1月3日至2月14日温湿度数据缺失。从图5.18可以看出,日平均室温波动范围为21.1 ~ 24.3 ℃,平均室温为22.8 ℃。室内相对湿度波动范围为23.0% ~ 44.4%,平均相对湿度为37.9%。

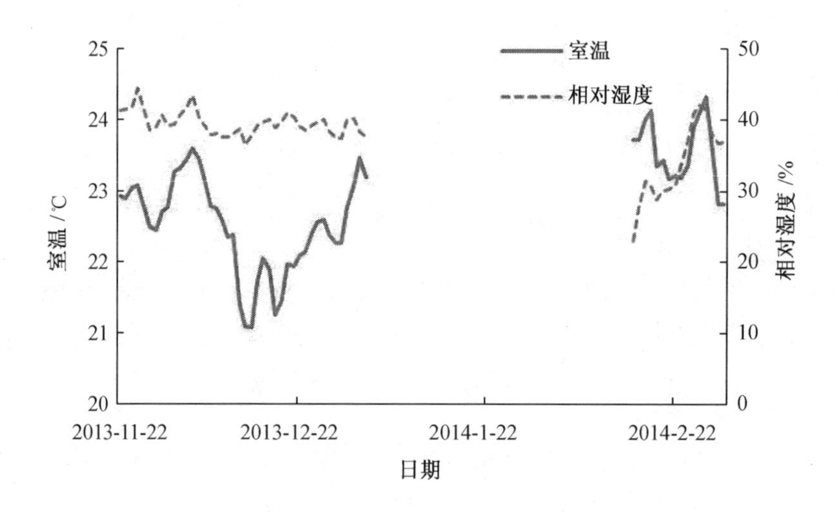

图5.18　供暖中期日平均室内温湿度[1]

由于宿舍室温波动较大,仅选取温度在22.5 ~ 23.5 ℃范围内和20.5 ~ 21.5 ℃的主观热反应进行分析。对比实验室工况1、2和宿舍中受试者的热感觉投票,结果如图5.19所示。从图5.19可以看出,实验室两种工况下平均热感觉投票都高于宿舍中受试者的热感觉投票,受试者在宿舍中热感觉更接近热中性。即宿舍内受试者感到更舒适,说明感知控制会提高人体的热舒适感。

2. 不同适应性下热感觉的比较

供暖前宿舍可以认为是自然通风建筑,此时大学生的行为调节能力和感知控制更强。定义此时的适应能力为2级,供暖中期宿舍受试者的适应能力为1级,实验室中受试者的感知控制为0级。

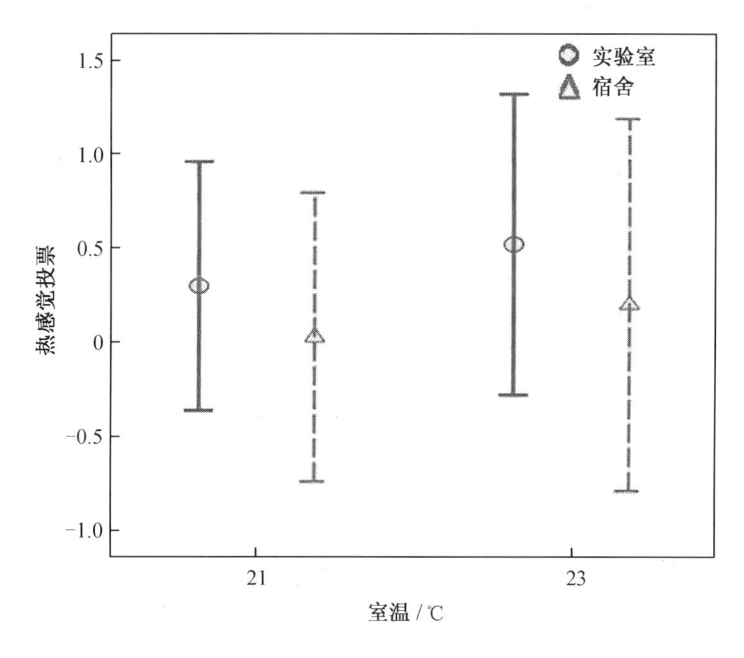

图 5.19　实验工况 1、2 与宿舍的热感觉投票结果[1]

受试者在宿舍内可自由活动、更换衣物等,不同阶段宿舍内受试者服装热阻见表5.13。

表 5.13　不同阶段宿舍内受试者服装热阻

室温 /℃	23(供暖中期)	21(供暖中期)	21(供暖开始前)
服装热阻 /clo	0.89	0.95	0.89

由于热感觉受服装热阻影响较大,因此,对 23 ℃(供暖中期)、21 ℃(供暖中期)、21 ℃(供暖开始前)3 种工况下的服装热阻标准化,用式(5.5) ~ (5.8)[6],实验室与宿舍的热感觉投票对比如图 5.20 所示。

$$\mathrm{PMV} = f(t_a, t_r, \varphi, v, I_{clo}, M) \tag{5.5}$$

$$\mathrm{PMV}' = f(t_a, t_r, \varphi, v, \bar{I}_{clo}, M) \tag{5.6}$$

$$\Delta\mathrm{PMV} = \mathrm{PMV} - \mathrm{PMV}' \tag{5.7}$$

$$\mathrm{TSV}' = \mathrm{TSV} - \Delta\mathrm{PMV} \tag{5.8}$$

式中　t_a——平均室温,℃;

t_r——平均辐射温度,℃;

φ——平均相对湿度,%;

v——平均空气流速,m/s;

I_{clo}——平均服装热阻,clo;

$\bar{I}_{clo}$——标准化后的平均服装热阻,clo;

M——新陈代谢率(met),取 1.1 met;

PMV——预测平均热感觉投票;

PMV′——标准化后的预测平均热感觉投票;

TSV′——标准化后的平均热感觉投票。

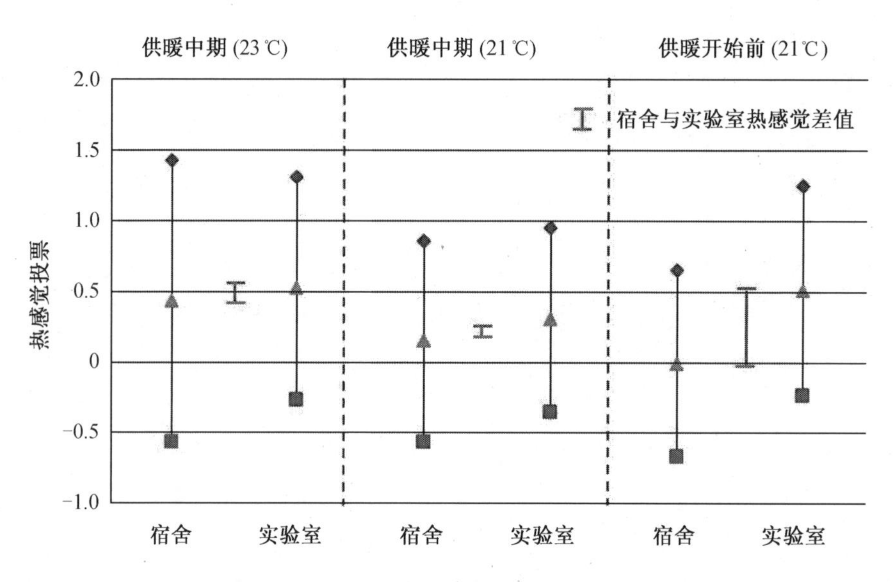

图5.20　实验室与宿舍的热感觉投票对比[1]

由图5.20可知,在供暖开始前的自然通风建筑中实验室和宿舍的热感觉差异较明显,宿舍中受试者热感觉更接近热中性。而经过服装热阻标准化后,在供暖中期(23 ℃、21 ℃),实验室和宿舍热感觉差异较小,但在宿舍中受试者热感觉更接近热中性。

5.2.4　感知控制的影响

人体热适应包括心理适应、生理习服和行为调节三个方面。本节主要关注心理适应和行为调节的影响。心理适应受热期望、热经历和感知控制的影响。热期望是人们对环境的心理期望,在很大程度上影响着人体热舒适状态。

行为调节包括自身行为调节(改变着衣量、活动水平,喝冷、热水等)、对环境的行为调节(开关门窗,调节供暖或制冷装置)以及文化行为调节(安排娱乐活动)[7]。在严寒地区,受试者在冬季主要的行为调节为开关窗、改变着衣量以及喝热水[8-11]。

当宿舍和实验室的空气温度相同且受试者活动水平相似时,受试者热反应差异主要是由心理适应和行为调节导致的。在宿舍内,受试者行为调节能力强,感知控制程度高;而在实验室中,受试者被要求坐着读书或休息,对环境没有控制能力,因此感知控制程度低。结果显示,实验室中受试者的热感觉投票高于宿舍受试者的,宿舍受试者的热感觉更加接近热中性,即宿舍受试者感觉更舒适。因此,感知控制和行为调节对人体热感觉的影响是具有积极作用的(图5.19)。

对比不同环境控制程度下的人体热感觉发现,在供暖开始前的自然通风环境下,实验室和宿舍的人体热感觉差异最为明显,宿舍的热感觉更加接近热中性。因此,人们对环境控制的能力越高,人体热感觉越趋向于热中性,更容易感到舒适(图5.20)。

对比图5.19和图5.20可以发现,当服装热阻标准化后,宿舍和实验室的人体热感觉差异减小,但宿舍中的人体热感觉仍更接近热中性。如果此时受试者不再采取任何行为调节措施,由于心理适应(感知控制),受试者仍能在一定程度下适应热环境。

因此，应当充分发挥人体热适应性，以节约能源和人体健康为目标，建议采用热舒适温度的下限值作为供暖室内设计温度，实现可持续的建筑环境设计。

5.3　室内热经历

热舒适研究表明，人的热中性温度接近其所处的热环境。为了深入揭示室内热经历对人体热舒适与热适应的影响规律，本节拟采用实验室研究和现场研究的方法，在供暖中期，通过设计室温不同的实验，对不同室温环境中的受试者的热反应进行对比，以探究室内热经历对人体热舒适的影响规律。

5.3.1　实验室研究方法

1. 实验设计

实验目的：研究供暖中期相同室外温度下，不同室温时人体的热反应，分析人体对室内热环境的适应性，探讨适宜的供暖温度。

表5.14 为实验工况表，其中工况2 和工况3 都在供暖中期（2013 年12 月底至2014 年1 月，室外平均气温为 − 17 ℃）进行，设计的实验室 A 的温度分别为21 ℃ 和19 ℃，实验室 B 的温度与此时的室外气候对应，为 − 15 ℃ 和 − 7 ℃。

室温 21 ℃ 的选择参考了课题组在冬季供暖期宿舍现场调查得到的热中性温度 21.3 ℃，而室温 19 ℃ 的选择参考了绳晓会[12] 对哈尔滨市住宅现场研究得到的居民 80% 可接受的温度下限值 19.3 ℃。

表 5.14　实验工况表[2,6,13]

供暖期间	工况	实验室 A 的室温 /℃	实验室 B 的室温 /℃
供暖初期	1	21	− 7
供暖中期	2	21	− 15
供暖中期	3	19	− 15
供暖末期	4	21	− 7

2. 实验样本

采用5.1 实验中的30 名受试者参加上述4 个工况的实验，共计120 人次实验。受试者在实验期间穿统一购置的运动服、运动裤。平均服装热阻约为 1.01 clo。主观调查采用电子问卷，具体方法详见 5.1.1。

5.3.2　现场研究方法

1. 现场调研实验设计

为了研究严寒地区供暖期间不同室内热经历对人体的热适应影响，本节将对长期暴露在热中性 − 稍凉和热中性 − 稍暖的两组住宅中的受试者进行现场调研，并做对比分析。

第4 章已经介绍了课题组于2013 年整个供暖季（从2013 年10 月至2014 年4 月）开展的

热舒适现场研究,所调研的住宅室温较高,室内热环境为热中性偏暖(简称 SW – N)。为了进行对比分析,课题组于2014年整个供暖季(从2014年10月至2015年4月)对哈尔滨市不同住宅小区热中性稍凉(简称 SC – N)的室内热环境和居民热反应进行了现场研究。

2. 调查样本

SW – N住宅的受试者信息参见4.1。SC – N住宅的受试者人数为16名,年龄分布为31 ~ 72岁,男女比例为1∶1,分布在哈尔滨市8个小区的8栋住宅楼。这些住宅楼均为砖混结构的多层建筑,全部采用散热器供暖。

现场调查包括室内热环境参数测试和受试者主观热反应问卷调查两部分。测试内容、测试方法、测试仪器和问卷内容参见4.1。现场调研样本的综合信息统计表见表5.15。

表5.15　现场调研样本的综合信息统计表[6]

	住宅小区数量	住宅建筑数量	住宅户数	受试者人数	男女比例	平均年龄	平均在哈尔滨市居住时间/年	有效问卷数量
SC – N	8	8	8	16	1∶1	46.7 ±9.6	37.1 ±8.3	304
SW – N	5	9	10	20	9∶11	48.5 ±13.2	39.7 ±19.5	321

根据受试者的身高和体重,可计算出两次现场调研受试者的身体质量指数(Body Mass Index,BMI),受试者BMI见表5.16。

表5.16　受试者 BMI[6]

等级	WHO标准	SC – N	SW – N
偏瘦	< 18.5	0	2
正常	18.5 ~ 24.9	12	14
偏胖	25.0 ~ 29.9	4	4
肥胖	30.0 ~ 34.9	0	0

由表5.16可知,两种热暴露受试者的BMI整体在正常范围内,只有少部分受试者在偏瘦或偏胖范围。因此,数据统计时可以基本排除由于受试者偏胖或偏瘦对主观热反应投票的影响。

5.3.3　室内热环境参数

SC – N和SW – N环境的平均室温分别为20.7 ℃和24.3 ℃。两种热环境的室内空气流速范围为0.01 ~ 0.05 m/s,满足热舒适标准规定的冬季室内空气流速小于0.15 m/s的要求。两种热暴露室内热环境参数分布图如图5.21所示。SC – N环境中大部分室温接近ASHRAE Standard 55—2013[14]中推荐的冬季室内舒适区的下限,有20.1%的温度超过下限值。SW – N环境中大部分室温接近ASHRAE Standard 55—2013[14]中推荐的冬季室内热舒适区的上限值,有27.9%的温度超过上限值。总体来说,SC – N环境的住户室内相对湿度略高于SW – N的住户。通过计算,两种热环境的室内操作温度和空气温度之间的差异在 ±0.5 ℃内。因此,后文中采用室温作为热环境评价指标。

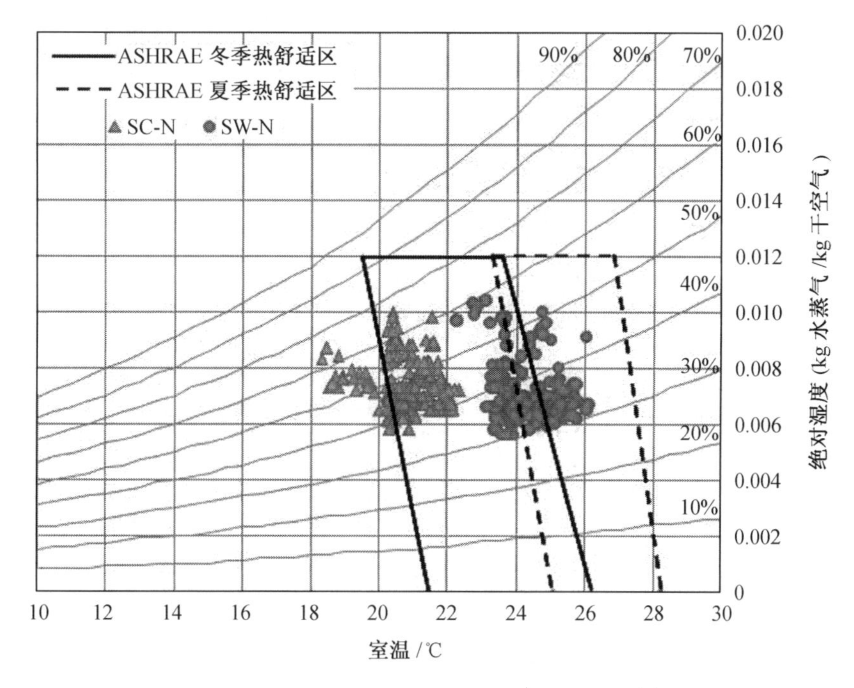

图 5.21　两种热暴露室内热环境参数分布图[6]

5.3.4　人体热反应

1. 基于实验室研究的热感觉

不同工况局部和全身热感觉投票如图5.22 所示。由图可知,工况2 中,局部热感觉为 0.1 ~ 0.5,全身热感觉投票接近“热中性 - 稍暖”。工况 3 中,局部和全身热感觉投票为 0 ~ 0.3, 全身热感觉投票接近“热中性”。

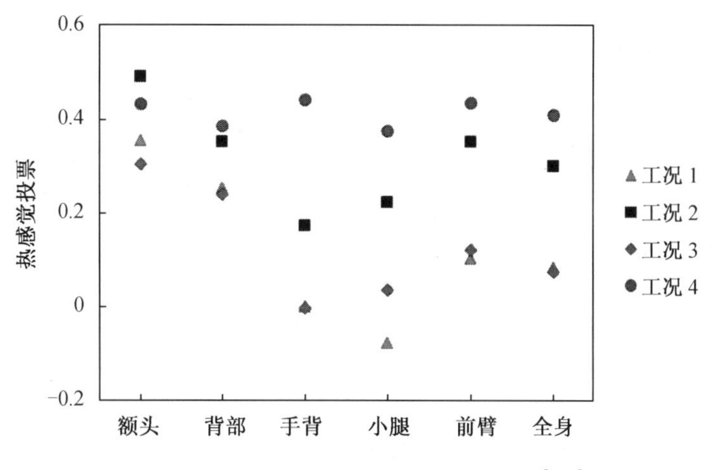

图 5.22　不同工况局部和全身热感觉投票[2,13]

表5.17 为局部和全身热感觉投票 t 检验结果。可见,工况2 和3 比较实际地反映了室外温度相同而室温不同时热感觉的变化规律。工况 3 中各部位和全身热感觉投票均有降低,全身热感觉更接近热中性,前臂的平均热感觉变化最大。通过 t 检验可知,只有前臂

和全身热感觉有显著性差异($P < 0.1$)。由此可知,在供暖中期,维持 19 ℃ 室温人们感觉较暖,故室内供暖温度可以随着室外温度的降低适当降低,以节约供暖能耗。在供暖中期时,工况 2、3 相比,采用工况 3 更合适。

表 5.17　局部和全身热感觉投票 t 检验结果[2]

	工况	额头	背部	手背	小腿	前臂	全身
P 值	1 和 2	0.268 > 0.1	0.059 < 0.1	0.109 > 0.1	0.016 < 0.05	0.087 < 0.1	0.048 < 0.05
	2 和 4	0.407 > 0.1	0.622 > 0.1	0.049 < 0.05	0.170 > 0.1	0.346 > 0.1	0.231 > 0.1
	2 和 3	0.146 > 0.1	0.316 > 0.1	0.251 > 0.1	0.175 > 0.1	0.086 < 0.1	0.026 < 0.05

2. 基于实验室研究的热舒适

不同工况局部热舒适和全身热舒适投票如图 5.23 所示。

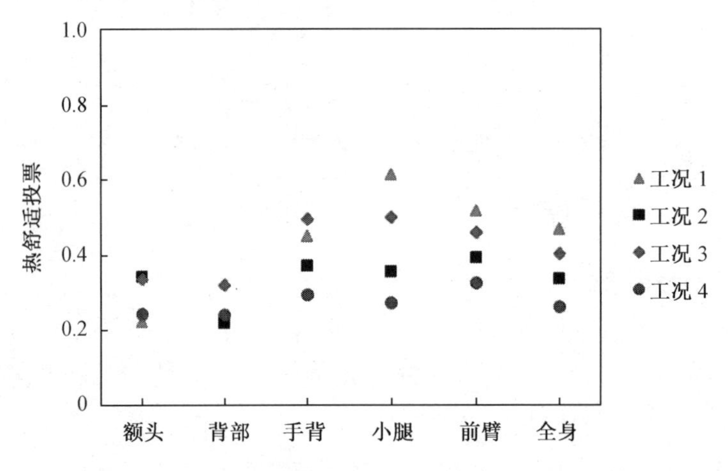

图 5.23　不同工况局部热舒适和全身热舒适投票[2,13]

表 5.18 为局部和全身热舒适投票 t 检验结果。工况 2 和 3 比较实际地反映了室外温度相同而室温不同时热舒适的变化规律。工况 3 中各部位和全身热舒适投票略有升高,小腿的热舒适变化最大。通过 t 检验可知,各部位和全身热舒适均没有显著性差异($P > 0.1$)。说明供暖中期人体在 19 ℃ 与 21 ℃ 室温下热舒适状态差别不大。

表 5.18　局部和全身热舒适投票 t 检验结果[2]

	工况	额头	背部	手背	小腿	前臂	全身
P 值	1 和 2	0.109 > 0.1	0.784 > 0.1	0.341 > 0.1	0.012 < 0.05	0.155 > 0.1	0.070 < 0.1
	2 和 4	0.199 > 0.1	0.638 > 0.1	0.354 > 0.1	0.378 > 0.1	0.559 > 0.1	0.335 > 0.1
	2 和 3	0.928 > 0.1	0.118 > 0.1	0.215 > 0.1	0.206 > 0.1	0.470 > 0.1	0.385 > 0.1

在冬季最冷的时候,人体在 19 ℃ 与 21 ℃ 室温下热舒适差别不大,都接近热舒适状

态。从热舒适的角度看,室内供暖温度也可以随着室外温度的降低而适当降低。

3. 现场调查的热反应

现场调研中受试者的热感觉投票(TSV)、热舒适投票(TCV) 以及热可接受度、热期望分布图如图 5.24 所示。

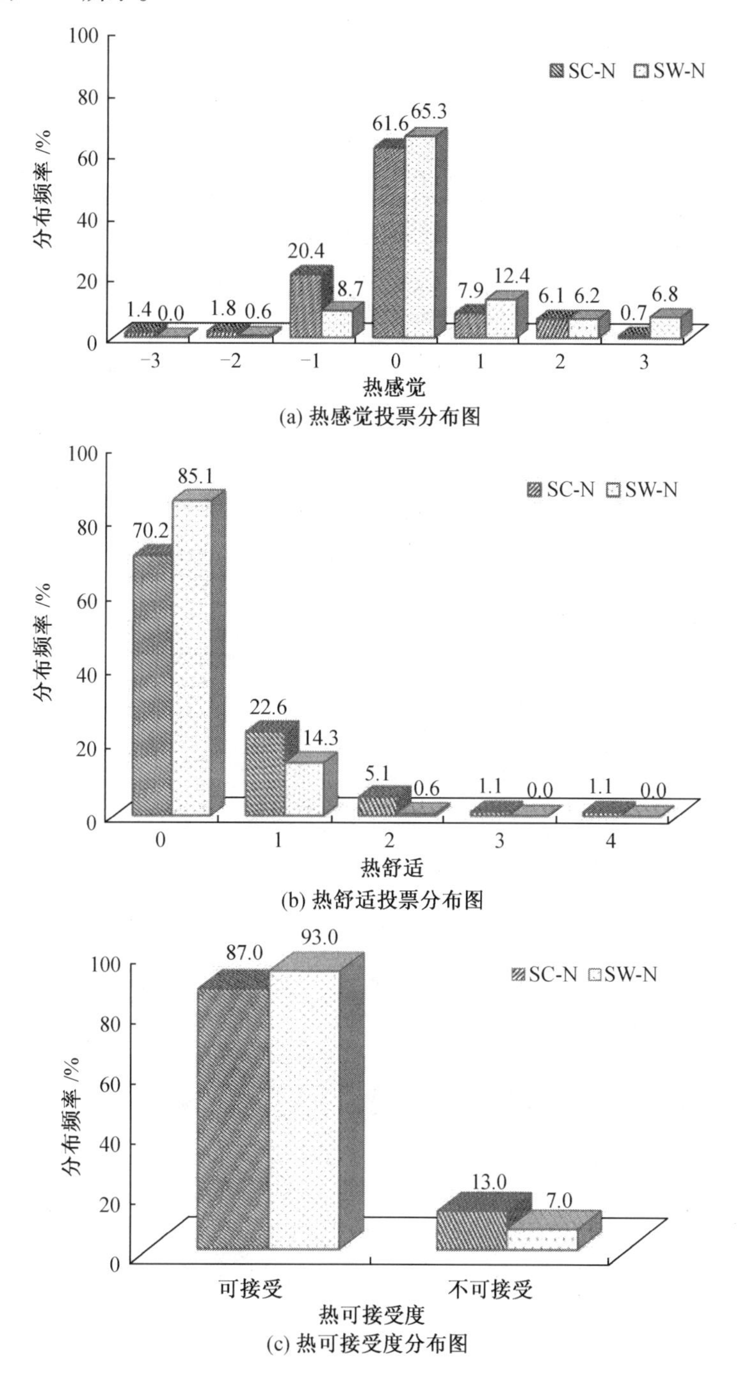

(a) 热感觉投票分布图

(b) 热舒适投票分布图

(c) 热可接受度分布图

图 5.24　两种热暴露受试者的热反应分布图[6]

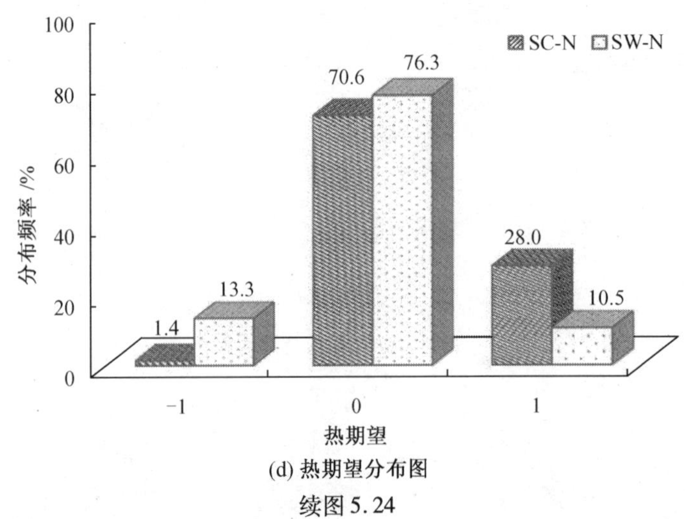

(d) 热期望分布图

续图 5.24

图5.24(a)显示,受试者实际热感觉投票(TSV)为热中性时的分布频率最高,两种热环境中均有60%以上的投票为热中性。图5.24(b)显示受试者热舒适投票(TCV)为舒适时的分布频率最高,两种环境中均有70%以上的受试者投票为热舒适。SW－N组中感到热舒适的比例略高于SC－N组中的比例。图5.24(c)显示两组受试者的热可接受度均较高,两种环境中均有超过80%的投票为热可接受。图5.24(d)显示在SC－N的环境中,期望室温升高的比例略高于SW－N组的。然而,两种热环境中均有超过70%的人期望维持现有室温。以上结果表明,两组受试者均已经适应了其所处的热环境。两组受试者普遍对其所处的热环境感到舒适和可接受,期望维持现有的室温。

5.3.5 行为适应

实验室研究中,要求受试者着统一服装,因此受试者无法调节服装热阻。但现场调查发现,冬季住宅中居民的主要热适应行为是调节着衣量。两种热暴露环境受试者服装热阻随室温变化图如图5.25所示。

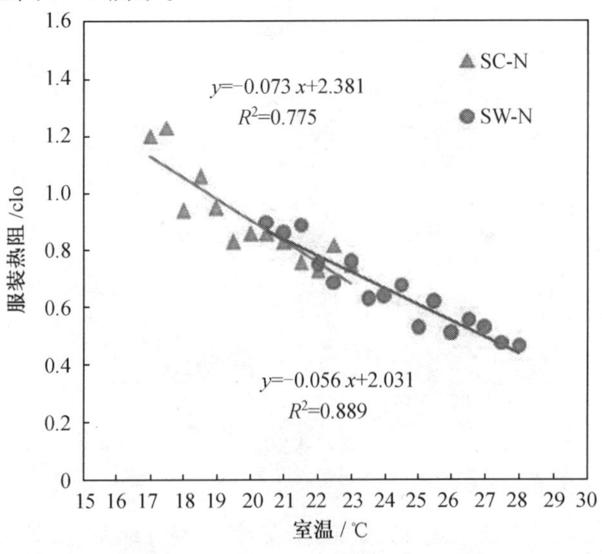

图5.25 两种热暴露环境受试者服装热阻随室温变化图[6]

由图5.25可知,受试者可以根据室温的变化调整着衣量。SC－N和SW－N两组服装热阻的变化趋势一致,平均服装热阻值分别为0.97 clo和0.74 clo。SC－N组受试者的服装热阻值要明显高于SW－N组的。SC－N组服装热阻值接近1.0 clo,满足热舒适标准推荐的冬季室内服装热阻值。通过t检验,两组受试者的服装热阻存在显著性差异($P<0.05$)。此外,在19～23 ℃范围内,两组受试者服装热阻值变化大致相等。这说明在相同的室温下,受试者通过增减衣物的行为调节趋势是近似相同的。

5.3.6　不同热环境下的热中性温度

现场调研的两种热环境下的室温和热中性温度分布图如图5.26所示。由图可知,两组的室温分布都比较集中。SW－N和SC－N组的平均室温分别为24.3 ±1.6 ℃和20.7 ±0.9 ℃。通过线性回归,得到两组的热中性温度分别为22.8 ℃和20.2 ℃。可见,SW－N组的热中性温度明显高于SC－N组的,且热中性温度分别接近对应的室温,这与前期的研究相一致。

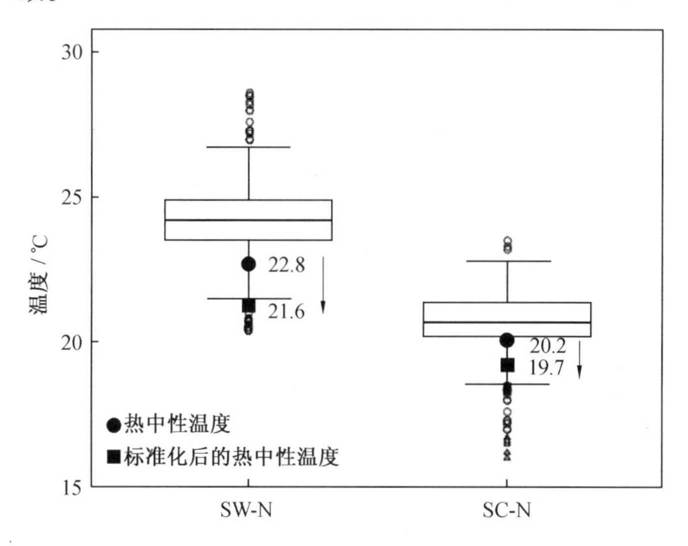

图5.26　两种热环境下的室温和热中性温度分布图[6]

由于两种热环境中居民的服装热阻不同,对两组受试者的服装热阻进行了标准化处理。SW－N组的热中性温度为21.6 ℃,SC－N组的热中性温度为19.7 ℃,如图5.26所示。比较发现,长期暴露在SW－N环境中的受试者热中性温度仍然比SC－N环境中的热中性温度高1.9 ℃。这说明在排除受试者受服装热阻的影响后,SW－N组受试者的热中性温度仍然高于SC－N组的热中性温度。

不同供暖热暴露环境中受试者的实际热感觉投票值(TSV)和标准化后的实际热感觉投票值(TSV′)随室温变化的回归方程见表5.19。由表5.19可知,在相同服装热阻下,室温每增加1 ℃,两组受试者的热感觉分别变化0.3和0.16个单位。

建筑使用者对于建筑环境的热刺激的适应性主要通过心理、生理和行为调节来维持和改善。本节通过对两组长期暴露在不同供暖室温下的居民热反应的研究发现,供暖季两组受试者的服装热阻和热适应存在明显差异。通过独立样本t检验,发现热中性的室温分布存在显著性差异($P<0.01$)。SW－N组和SC－N组的平均室温分别为24.3 ℃和

20.7 ℃，室温大部分在 ASHRAE Standard 55—2013[14] 冬季热舒适区内，部分超过或低于热舒适区的上下限。然而，绝大多数受试者对环境感到热舒适并对所处的热环境可接受，这主要是由于人们采用调节服装热阻的行为适应。当服装热阻进行标准化处理后，SW - N 组受试者的热中性温度仍比 SC - N 组的高 1.9 ℃。这在某种程度上证实了长期暴露在不同供暖室温下的人们对所生活的热环境产生了心理和生理上的适应。两组受试者的热中性温度接近平均室温，这与 Wang 等[15] 的研究结果一致。

表 5.19　TSV 和标准化后的 TSV′ 随室温变化的回归方程[6]

回归方程		R^2
SC - N(TSV)	$y = 0.1848t_a - 3.7411$	0.686 5
SW - N(TSV)	$y = 0.1374t_a - 3.1281$	0.679 4
SC - N(TSV′)	$y = 0.2981t_a - 5.8843$	0.855 8
SW - N(TSV′)	$y = 0.1569t_a - 3.3807$	0.733 8

上述分析表明，受试者的热中性温度受长期的室内热经历影响较大。通过行为调节、心理和生理适应，受试者可以适应其所处的室内热环境。但较高的热中性温度的形成会增加供暖能耗，不利于节能减排。

5.4　年　　龄

5.4.1　研究方法

本节拟研究性别对人体热舒适的影响。为排除建筑使用功能因素对受试者热反应的影响，本节选择的受试者均来自住宅和宿舍，且均为第 4 章中住宅和宿舍中的受试者。为排除性别因素对受试者热适应的影响，各组受试者的性别比例接近 1∶1。

根据世界卫生组织对人类年龄的划分：44 岁以下为青年人，45 ~ 59 岁为中年人，60 岁以上为老年人。同时，相关研究指出人在 30 岁时身体的各项生理指标会发生较为显著的变化，认为 30 岁是人身体变化的分水岭。因此，将受试者划分为 4 组，分别为青少年组、青壮年组、中年组和老年组。受试者的基本信息见表 5.20。

表 5.20　受试者的基本信息[6]

组别	年龄段	受试者人数	男女比例	问卷数
青少年组	20 ~ 29 岁	31	15∶16	483
青壮年组	30 ~ 44 岁	15	7∶8	183
中年组	45 ~ 59 岁	16	1∶1	258
老年组	≥60 岁	5	2∶3	138

由于实际现场调查过程中不宜经常入户打扰受试者的日常生活，现场调查中使用了电子问卷调查的形式。由于可操作计算机的老年人较少，因此老年受试者人数较少。但本书采用了重复抽样获得了 138 份调查问卷，满足统计要求。

5.4.2　室内热环境参数

不同年龄组受试者经历的室温分布如图 5.27 所示。

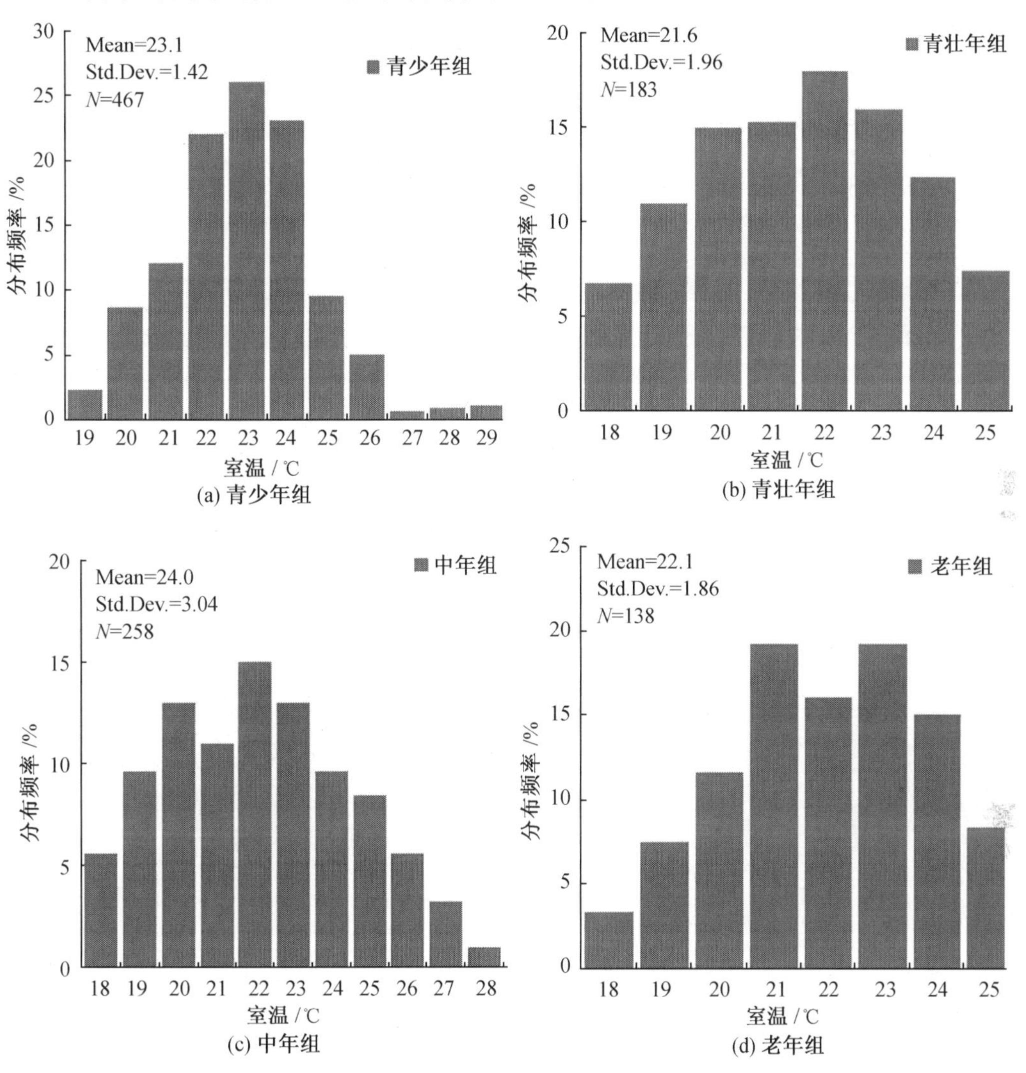

图 5.27　不同年龄组受试者经历的室温分布[6]

不同年龄组的室内相对湿度范围为 30% ~ 50%。不同年龄组的室内空气流速为 0.01 ~ 0.05 m/s，均远低于热舒适标准规定的冬季室内空气流速上限值 0.15 m/s。总体上，不同年龄组的室内热环境参数较为接近，可认为不同年龄组受试者的室内热经历近似相同。

5.4.3　人体热反应

不同年龄组受试者热感觉投票分布如图 5.28 所示。由图可以观察到，不同年龄组受试者在不同热感觉标度上所感知的温度范围大致接近。同时，随着热感觉标度向暖侧偏移，各组受试者感知的室温均随之升高。通过对不同年龄组受试者在不同热感觉标度上感知的室温进行显著性检验，发现各组受试者在不同热感觉标度上感知的室温并无显著性差异。

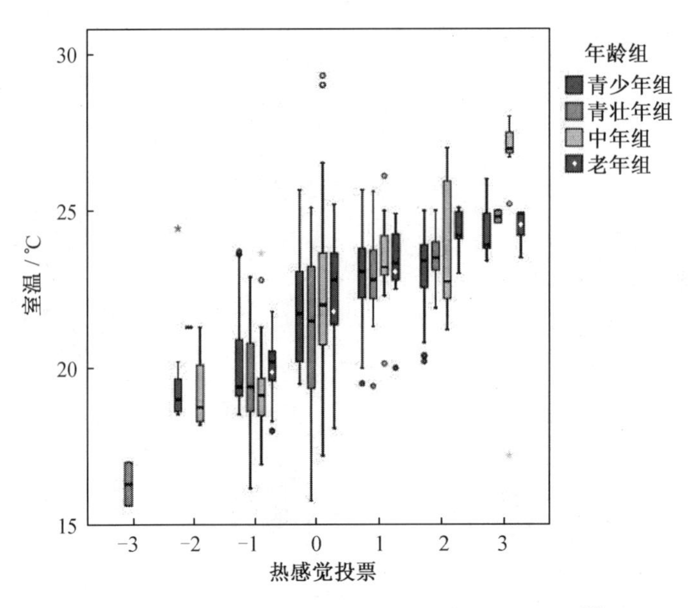

图 5.28　不同年龄组受试者热感觉投票分布[6]

不同年龄组受试者热感觉投票和室温拟合曲线如图 5.29 所示。通过计算，得到各组受试者的热中性温度和 90% 可接受温度上下限，见表 5.21。由表可知，受试者热中性温度从青少年组到老年组依次增大，但整体上各组热中性温度较为接近。青壮年组和中年组可接受的下限温度更低，接近供暖下限温度 18 ℃，但青少年组受试者的可接受温度上限为 23.5 ℃，青壮年组和中年组可接受温度上限较为接近，两组受试者可接受温度范围均较宽。老年组可接受温度范围为 20.3 ~ 23.8 ℃，相对较窄。相比中青年组受试者，老年组受试者的可接受温度下限较高，可能是由于老年组受试者的基础新陈代谢率较低，且着衣量较大。老年组受试者可接受的温度上限也较低，可能因为受试者年纪较大，室温较高可能会对其心率、血压和出汗率等生理指标造成一定的不利影响，因此老年组受试者并不能承受室内较高的上限温度。

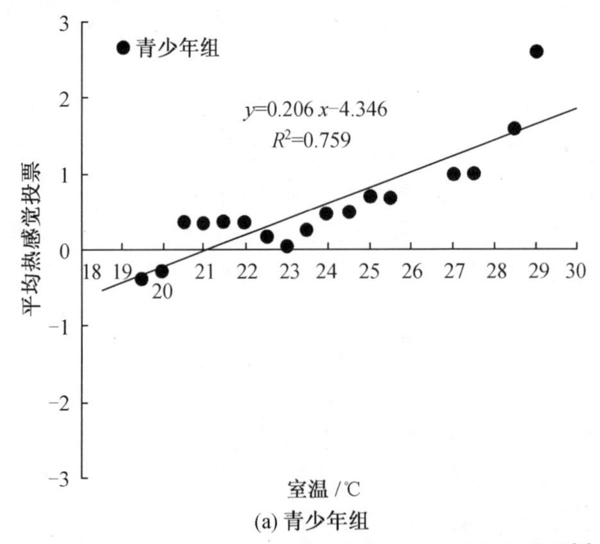

(a) 青少年组

图 5.29　不同年龄组受试者热感觉投票和室温拟合曲线[6]

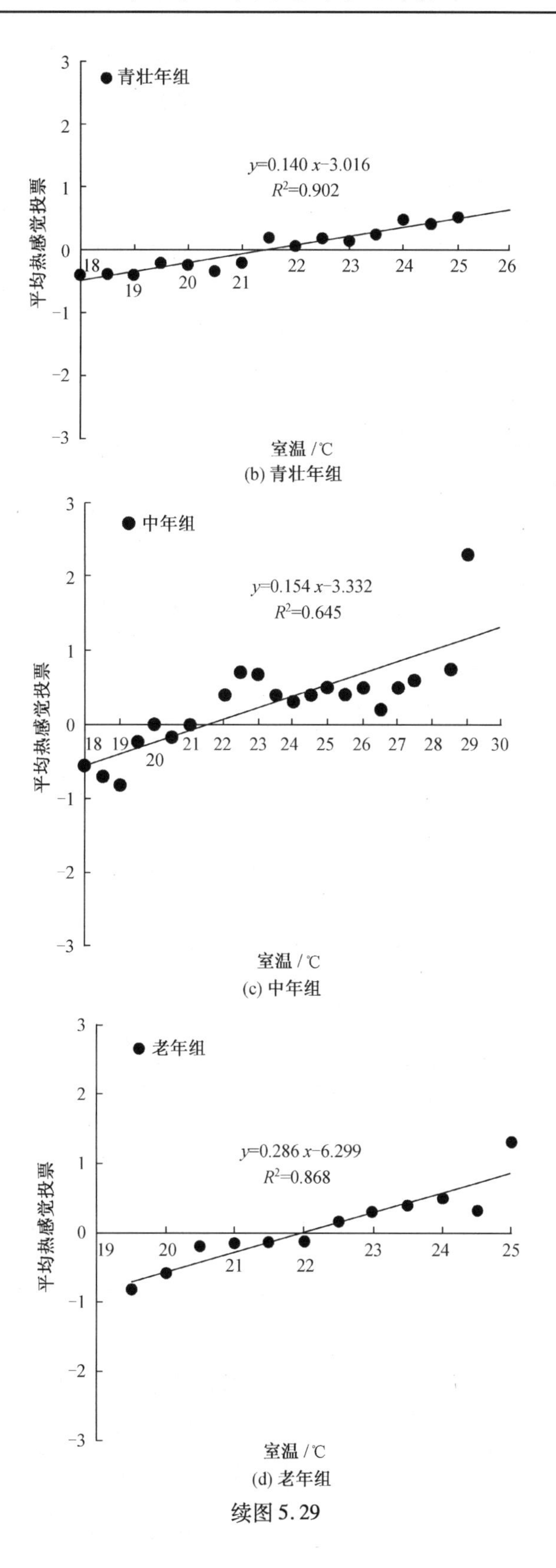

(b) 青壮年组

(c) 中年组

(d) 老年组

续图 5.29

表 5.21 热中性温度和 90% 可接受温度上下限[6]

组别	热中性温度/℃	下限温度/℃	上限温度/℃
青少年组	21.1	18.6	23.5
青壮年组	21.5	18.0	25.1
中年组	21.6	18.4	24.9
老年组	22.0	20.3	23.8

不同年龄组受试者的服装热阻值差异较大,标准化后的各组受试者热中性温度分别为青少年组 20.7 ℃,青壮年组 21.1 ℃,中年组 21.3 ℃,老年组 21.9 ℃。老年组的热中性温度和中青年组的有较大差异。青少年组的热中性温度较低,而老年组受试者的热中性温度明显高于其他各年龄组受试者的热中性温度。这体现了老年组受试者生理和心理因素导致的适应性差异。

5.4.4 行为适应

由图 5.29 可知,不同年龄组受试者所经历的室温较为接近,但室温分布范围略有不同,4 组不同年龄受试者所经历的相同室温范围为 19 ~ 25 ℃。在所经历的相同室温范围内,不同年龄组受试者的服装热阻分布如图 5.30 所示。图中的虚线所示为不同年龄组受试者的平均服装热阻值。

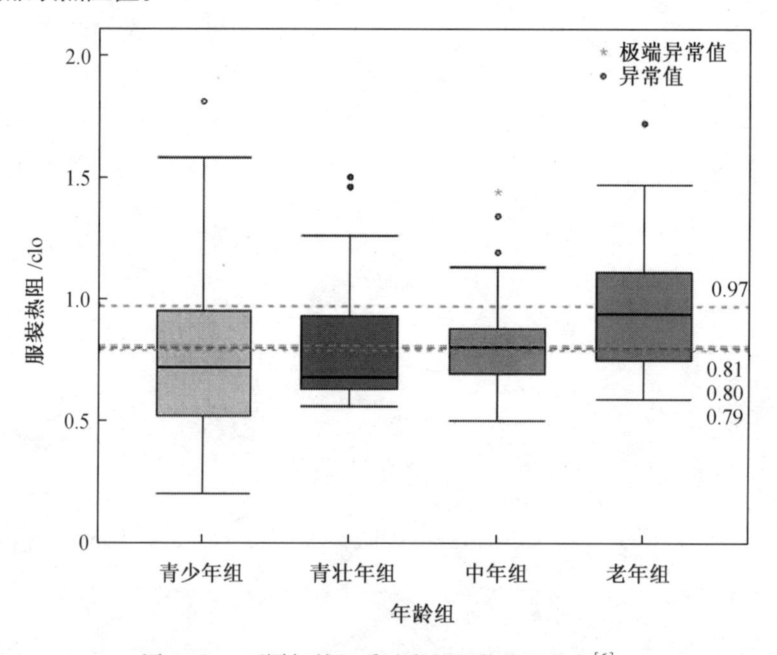

图 5.30 不同年龄组受试者的服装热阻分布[6]

由图 5.30 可以看出,60 岁以上受试者服装热阻值较大,平均值为 0.97 clo,其余年龄组受试者的服装热阻值较为接近。平均服装热阻值分别为:青少年组 0.79 clo,青壮年组 0.80 clo,中年组 0.81 clo。由图 5.30 可以观察到,青少年组的服装调节范围较广,各年龄组受试者的服装热阻值分布集中在各组的平均服装热阻值附近。

对不同年龄组受试者的服装热阻进行显著性检验,发现老年组与其余各组的服装热阻存在较强的显著性差异($P < 0.05$)。不同年龄组受试者服装热阻显著性检验结果见表 5.22。

表 5.22　不同年龄组受试者服装热阻显著性检验结果[6]

	青少年组	青壮年组	中年组	老年组
青少年组	—	0.091	0.041*	0.000**
青壮年组	—	—	0.474	0.000**
中年组	—	—	—	0.000**

注:* 表示两组检验结果存在显著性差异($P < 0.05$);

** 表示两组检验结果存在较强的显著性差异($P < 0.01$)。

Fanger 认为年龄差异对人体热感觉没有影响,但老年人的活动水平和基础新陈代谢率通常低于年轻人。课题组的现场调研表明,老年人更喜欢较高的室温,而且着装较厚。

研究发现,不同年龄组受试者在不同热感觉标度上的室温并无统计学上的显著性差异($P > 0.05$)。老年组受试者的热中性温度最高,青少年组的最低,但 4 组受试者的热中性温度较为接近。老年组与其他各年龄组的服装热阻存在显著性差异。经过服装热阻标准化后,不同年龄组受试者的热中性温度差别较大,青少年组的热中性温度较低,青壮年组和中年组的热中性温度较为接近,而老年组的热中性温度明显高于其他年龄组的。这表明不同年龄组受试者的生理适应和心理适应存在差异。

5.5　性　　别

5.5.1　研究方法

本节对 5.4 节中的住宅和宿舍中的受试者按性别进行分组研究。由于本节中每户住宅被调查的对象多为夫妻,且年龄较为接近,因此不同性别组受试者的年龄分布较为均匀,可以排除年龄因素的影响。按性别重新分组后的受试者样本信息和问卷统计见表 5.23。

表 5.23　受试者样本信息和问卷统计[6]

组别	年龄段 / 岁	受试者人数 / 人	问卷数 / 份
男性	20 ~ 72	32	551
女性	20 ~ 69	35	511

5.5.2　室内热环境参数

在现场调查期间,不同性别组受试者所经历的室温分布如图 5.31 所示。由图可知,男性和女性受试者所经历的室温分布较为接近。

不同性别组室内相对湿度范围为 30% ~ 50%,室内空气流速为 0.01 ~ 0.05 m/s,均满足热舒适标准要求。总体来看,不同性别组受试者所经历的室内热环境参数较为接近。

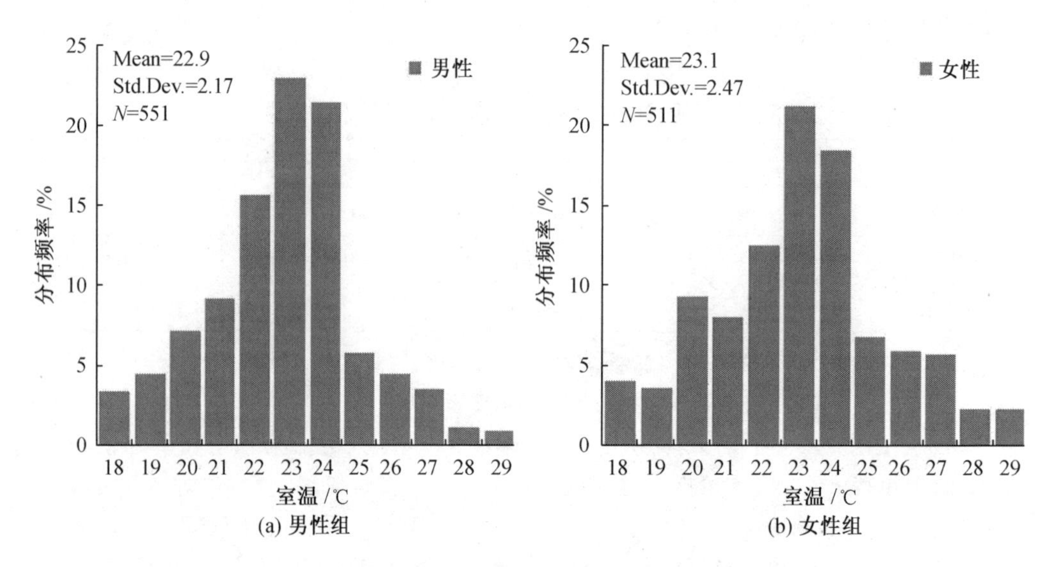

图 5.31　不同性别组受试者所经历的室温分布[6]

5.5.3　人体热反应

不同性别组平均热感觉投票和室温的关系如图 5.32 所示。两组受试者的热中性温度分别为:男性组 21.6 ℃,女性组 22 ℃,女性受试者的热中性温度略高于男性组的。对服装热阻进行标准化后,得到热中性温度分别为:男性组 21.3 ℃,女性组 21.5 ℃。

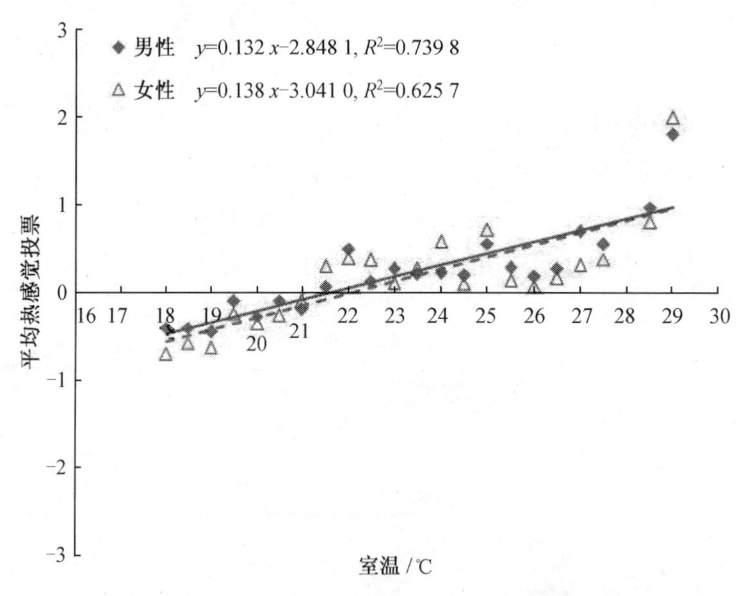

图 5.32　不同性别组平均热感觉投票和室温的关系[6]

5.5.4　行为适应

不同性别组受试者的服装热阻分布如图 5.33 所示,图中的虚线为男性和女性受试者的平均服装热阻值。由图 5.33 可以看出,男性组和女性组受试者平均服装热阻值分别为

0.83 clo和0.77 clo。通过显著性t检验,男性组和女性组受试者的服装热阻存在显著性差异($P < 0.05$)。同时,可以看出,男性和女性的服装热阻调节范围均较广,且男性和女性的服装热阻分布在各组的平均服装热阻值附近。

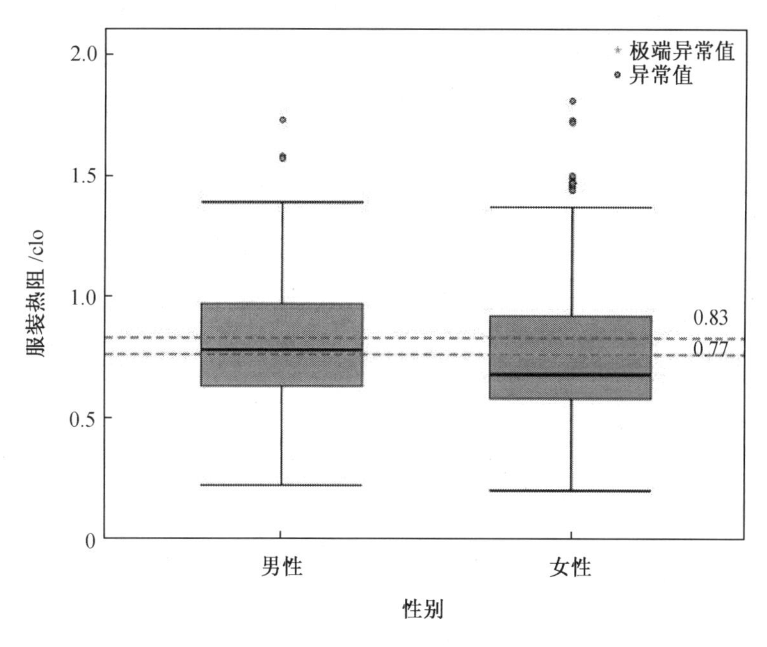

图5.33 不同性别组受试者的服装热阻分布[6]

研究发现男性受试者的热中性温度为21.6 ℃,女性受试者的热中性温度为22 ℃,女性受试者的热中性温度略高于男性受试者的。结果与Wang[16]的研究结果相近(男性20.9 ℃,女性21.9 ℃)。女性受试者的热中性温度略高于男性受试者的,这可能是由于女性的新陈代谢率低于男性的。

通过显著性检验,发现男性和女性受试者的服装热阻存在显著性差异。经过服装热阻标准化处理后,男性和女性受试者的热中性温度较为接近。研究表明,坐姿状态下的女性单位皮肤面积的新陈代谢率比男性的低,因此相同活动状态下女性的基础新陈代谢率略低于男性的。但实验发现,女性的隐性出汗率比男性的低,并通过计算发现基础新陈代谢率和隐性出汗率对人体热量收支的影响可以相互抵消[17]。因此,由于两者的综合作用,人体的热中性温度不会因性别差异而有较大不同。Fanger认为,女性由于着装少,因此喜欢偏高的温度[18]。但本节的研究发现,服装热阻标准化后的热中性温度仍然存在较小的差异,这可能主要由于男性和女性对环境的热期望不同。第3章的研究结果也表明,女性的热中性温度高于男性的,且女性对温度的变化更敏感。本节的研究中,通过对不同性别在不同室温下期望保持现有室温的百分比统计,发现女性比男性更期望较高的室温,且对较高室温的耐受力较强。

在严寒地区冬季供暖环境中,不同年龄和性别的人群广泛分布其中,尤其以住宅为主要代表。研究发现年龄和性别因素会影响人们的适应性热舒适,但热舒适差异可以通过行为调节来抵消。

本章主要参考文献

[1] 吉玉辰. 严寒地区室内外气候对热舒适与热适应的影响研究[D]. 哈尔滨:哈尔滨工业大学, 2020.

[2] 康诚祖. 严寒地区冬季人体热适应实验研究[D]. 哈尔滨:哈尔滨工业大学, 2014.

[3] LIU W W, LIAN Z W, DENG Q D. Evaluation of calculation methods of mean skin temperature for use in thermal comfort study[J]. Building and Environment, 2011, 46(2):478-488.

[4] FANGER P O, TOFTUM J. Extension of the PMV model to non-air-conditioned buildings in warm climates[J]. Energy and Buildings, 2002, 34(6):533-536.

[5] NIKOLOPOULOU M, STEEMERS K. Thermal comfort and psychological adaptation as a guide for designing urban spaces[J]. Energy and Buildings, 2003, 35(1):95-101.

[6] 宁浩然. 严寒地区供暖建筑环境人体热舒适与热适应研究[D]. 哈尔滨:哈尔滨工业大学, 2017.

[7] BRAGER G S, DE DEAR R J. Thermal adaptation in the built environment: a literature review[J]. Energy and Buildings, 1998, 27(1):83-96.

[8] 任静. 严寒地区住宅和办公建筑人体热适应现场研究[D]. 哈尔滨:哈尔滨工业大学, 2014.

[9] 王昭俊,宁浩然,任静,等. 严寒地区人体热适应性研究(1):住宅热环境与热适应现场研究[J]. 暖通空调, 2015,45(11):73-79.

[10] 张雪香. 严寒地区高校教室和宿舍人体热适应现场研究[D]. 哈尔滨:哈尔滨工业大学, 2015.

[11] 王昭俊,宁浩然,张雪香,等. 严寒地区人体热适应性研究(2):宿舍热环境与热适应现场研究[J]. 暖通空调, 2015,45(12):57-62.

[12] 绳晓会. 严寒地区农村和城市住宅热舒适现场测试与分析[D]. 哈尔滨:哈尔滨工业大学, 2013.

[13] 王昭俊,康诚祖,宁浩然,等. 严寒地区人体热适应性研究(3):散热器供暖环境下热反应实验研究[J]. 暖通空调, 2016, 46(3):79-83.

[14] ANSI/ASHRAE Standard 55—2013. Thermal environmental conditions for human occupancy[S]. Atlanta: American Society of Heating, Refrigerating, and Air-conditioning Engineers, Inc., 2013.

[15] WANG Z J, LI A X, REN J, et al. Thermal adaptation and thermal environment in university classrooms and offices in Harbin[J]. Energy and Buildings, 2014, 77(7):192-196.

[16] WANG Z J. A field study of the thermal comfort in residential buildings in Harbin[J]. Building and Environment, 2006,41(8):1034-1039.

[17] MCNALL P E, NEVINS R G, RYAN P W, et al. Metabolic rates at four activity levels and their relationship to thermal comfort[J]. ASHRAE Transactions, 1968, 74(1):Ⅳ.3.1-Ⅳ.3.20.

[18] FANGER P O. Thermal comfort[M]. Copenhagen: Danish Technical Press,1970.

第6章　不同供暖方式下的热环境与热舒适

本章将介绍在黑龙江省自然科学基金项目——冷辐射环境中人体生理与心理响应的基础研究（项目编号 E201039）和教育部留学回国基金项目——不对称辐射场对人体热舒适影响的基础研究资助下，开展的实验研究工作。严寒地区冬季室外温度低，要维持室内舒适的温度，必须采用供暖设备，常用的供暖末端形式为散热器供暖和地板辐射供暖。冬季外墙和外窗等内表面温度低，其形成的冷辐射与供暖设备营造的环境为不均匀环境。由于冷辐射环境的不均匀性，人体各部位的热感觉和热舒适不同，而全身热感觉和热舒适受局部热感觉和热舒适影响。在实验室营造两种不同供暖环境，研究不均匀环境中人体生理参数、心理反应随室内热环境参数的变化规律，分析两种不同供暖方式对人体热舒适影响的差异性，为室内热环境参数设计提供基础参数，为相关标准的修订提供理论依据。

6.1　冷辐射环境中人体生理和心理反应

6.1.1　实验方法

1. 实验目的

（1）研究严寒地区冬季冷辐射环境中人体生理反应随环境参数变化的规律。

（2）研究严寒地区冬季冷辐射环境中人体心理反应随环境参数变化的规律。

2. 实验方案

拟通过在实验室营造冬季外窗和外墙冷辐射环境，研究在该环境中人员距离外窗为1 m时，不同室温对人体心理反应和生理反应的影响规律。

本实验内容包括：环境参数的测量、受试者生理参数的测量，以及受试者心理反应的主观调查。

实验在哈尔滨工业大学建筑热能工程系一楼大厅的人工微气候室中完成。该人工气候室包括两个相邻房间，称为实验室A和实验室B。实验室A用于模拟室内热环境，实验室B用于模拟室外气候。相邻房间的墙和窗可视为外墙和外窗。实验室A的其他围护结构可视为内围护结构。人工气候室采用彩色钢板内夹聚苯乙烯泡沫塑料保温材料的墙体，保温层厚度为150 mm，传热系数为0.404 W/(m^2·K)。

该人工微气候室的总尺寸为6 m（长）×3.3 m（宽）×3 m（高），实验室A的尺寸为3.9 m（长）×3.3 m（宽）×3 m（高），窗户尺寸为1.8 m（长）×1.5 m（宽），测点布置平面图如图6.1所示。

本实验中，实验室B采用活塞式制冷机和热补偿，温度可控制在-20～-5 ℃，控制精度为±0.5 ℃。实验室A的温度采用电加热器控制，该电加热器有两个功率档，分别为800 W和1 200 W，温度可控制在10～30 ℃。

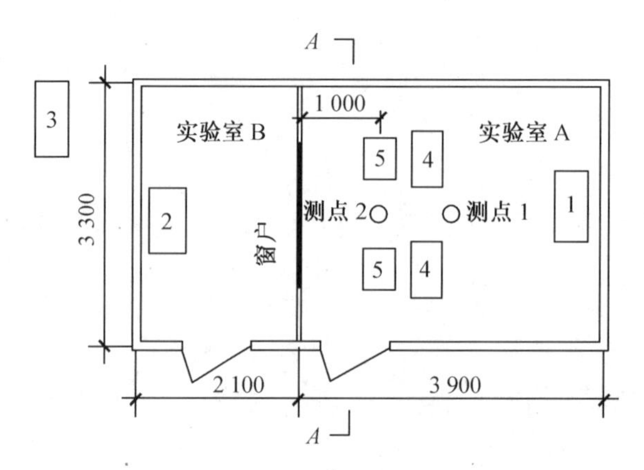

图 6.1　测点布置平面图[1]

1— 电加热器;2— 蒸发器;3— 冷凝器;4— 桌子;5— 椅子

3. 实验工况设计

本实验共设计了 3 个实验工况,即有冷辐射的稍凉工况 1 与热中性工况 2,和做对比研究的无冷辐射的均匀工况 3,见表 6.1。其中,稍凉工况和热中性工况是根据该工况中受试者的平均热感觉来定义的。3 个工况下实验室 A 的空气温度分别为 19 ℃、22 ℃ 和 20 ℃。冷辐射工况下外窗的表面温度分别为 11 ℃ 和 15.4 ℃。

在稍凉工况和热中性工况中,实验室 B 的空气温度都维持在 - 15 ℃,以模拟严寒地区冬季供暖中期的室外温度。均匀工况中,实验室 A 和 B 的空气温度与大厅的空气温度相同。

表 6.1　冷辐射环境的实验工况表

实验工况	实验室 A 的空气温度 /℃	实验室 B 的空气温度 /℃
工况 1:稍凉工况	19	- 15
工况 2:热中性工况	22	- 15
工况 3:均匀工况	20	20

4. 热环境参数和生理参数测试

本实验中测试的环境参数包括实验室 A 的空气温度、相对湿度、空气流速、黑球温度、围护结构内表面温度和实验室大厅的空气温度和相对湿度。

布置空气温度测点时,主要考虑所关注的空间温度分布和不妨碍受试者进出实验室。在实验室 A 内共布置了 2 组测点,第 1 组测点(简称测点 1)位于实验室 A 的中心点,在距地面分别为 0.1 m、0.6 m 和 1.1 m 三个高度上测量空气温度,分别代表坐姿受试者的脚踝、腰部和头部。在距地面 0.6 m 处测量黑球温度、相对湿度和空气流速。第 2 组测点(简称测点 2)位于受试者附近,在距地面分别为 0.1 m 和 1.1 m 两个高度上测量空气温度。受试者在实验中距离外窗的距离为 1 m,如图 6.1 所示。

布置围护结构内表面温度的测点时,主要关注所模拟的外墙和外窗的表面温度,因此仅在内墙、顶棚和地面上的中心点设置温度测点。外墙和外窗温度测量布置点(*A—A* 剖面)如图 6.2 所示。

同时在实验中测量受试者的生理参数:皮肤温度、心率、血压和腋下温度。测量腋下温度的目的是确保受试者在体温正常的条件下参加实验。

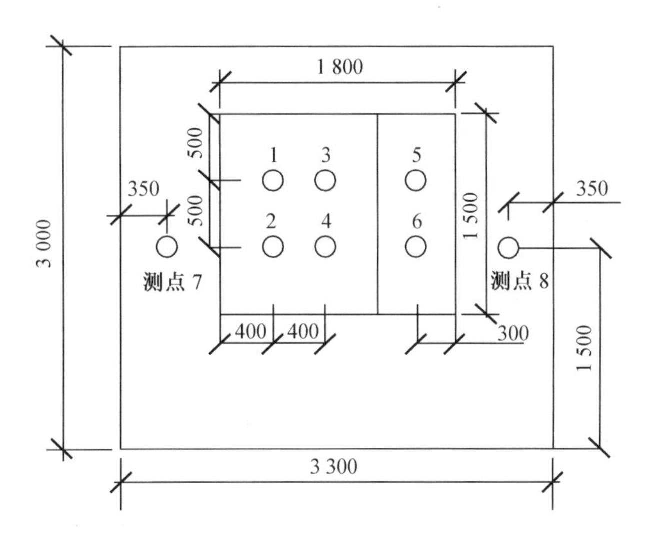

图6.2　外墙和外窗温度测试布置点(*A*—*A* 剖面)

实验室 A 的空气温度和围护结构内表面温度采用 SSR 系列 64 路巡检仪和计算机自动巡检和记录,温度的测温元件为铜 - 康铜热电偶,其精度经过标定为 ±0.2 ℃。黑球温度计型号为CHW - 1A,其测温元件为TX型精密热敏电阻对,测量误差为 ±0.4 ℃。实验室 A 的相对湿度与大厅的空气温度和相对湿度均采用温湿度自记仪测量,空气流速采用热线风速仪测量。测量仪器及误差见表6.2。

表6.2　测量仪器及误差

测量参数	仪器	误差
空气温度及围护结构表面温度	T 型热电偶、SSR 系列 64 路巡检仪	±0.2 ℃
空气流速	Testo 425 热线风速仪	±0.03 m/s
空气相对湿度	WSZJ - 1A 温湿度自记仪	±3%RH
黑球温度	CHW - 1A 黑球温度计	±0.4 ℃
皮肤温度	T 型热电偶、BEC - Ca 总线式多路数据采集仪	±0.2 ℃
心率、血压	欧姆龙 HEM - 7112 型电子血压计	±5% 和 ±3 mmHg

5. 受试者选择

本实验选择了20名自愿参加的受试者,男女比例为1∶1,均为某高校大三学生,身体健康,在哈尔滨市居住的时间都已经超过2年,已基本适应了严寒地区的气候。其中18名受试者参加了稍凉工况实验,热中性工况和均匀工况分别有20名和12名受试者参加。冷辐射环境的受试者基本信息见表6.3。受试者的身高和体重采用同一台体重秤测量得到。

服装热阻也是本实验重点考虑的问题。以往的实验室研究,受试者的服装热阻均较小,主要参考的是夏季标准服装。由于本实验的目的是研究严寒地区冬季人体的热舒适,因此不应选用夏季标准服装。服装热阻又不能太大,否则人体热感觉对环境温度的变化不显著。根据严寒地区冬季热舒适现场调查结果,住宅受试者的服装热阻为0.88 ~ 1.37 clo[2-4],本实验取两者的中间值。受试者着统一服装参加实验,受试者的服装及其服装热阻见表6.4。其中服装热阻参考美国热舒适标准 ASHRE55 Standard—2004[5],根据式(6.1),计算成套服装的热阻,并附加椅子热阻,得到受试者的服装热阻为1.02 clo。

表6.3 冷辐射环境的受试者基本信息[1]

分类	统计值	年龄	身高/cm	体重/kg
女性	最大值	22	165.5	61.5
	最小值	21	151.6	44.5
	平均值	21.3	159.1	54.2
	标准偏差	0.47	4.6	5.1
男性	最大值	23	175.2	77.0
	最小值	21	154.0	55.0
	平均值	21.3	171.8	60.5
	标准偏差	0.94	6.4	5.9
总体	最大值	23	175.2	77.0
	最小值	21	151.6	44.5
	平均值	21.3	164.3	58.7
	标准偏差	0.75	7.6	7.1

$$I_t = 0.835\sum_i I_{clu,i} + 0.161 \tag{6.1}$$

式中 I_t—— 成套服装热阻,clo;

$I_{clu,i}$—— 单件服装热阻,clo。

表6.4 受试者的服装及其服装热阻[1]

服装名称		服装热阻/clo
上装	薄毛衣	0.25
	秋衣	0.15
下装	内衣、内裤	0.04
	秋裤	0.15
	牛仔裤	0.2
鞋袜	短袜	0.02
	运动鞋	0.04

6.调查问卷设计

人体心理反应主观调查表包括:额头、后背、前臂、手背和小腿的局部热感觉和热舒适,以及全身热感觉、热舒适等。其中局部热感觉和全身热感觉采用ASHRAE 7级连续标度,局部热舒适和全身热舒适采用间断标度,以明确区分舒适和不舒适,热感觉与热舒适标尺如图6.3所示。全身热可接受度采用6级标度:完全不可接受(1),中等不可接受(2),有点不可接受(3),有点可接受(4),中等可接受(5),完全可接受(6)。

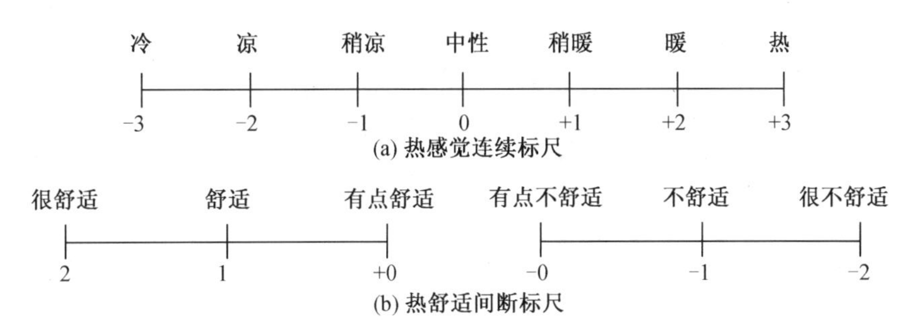

图6.3　热感觉与热舒适标尺

7. 实验过程

实验总共历时47天(2011年12月2日至25日,2012年3月14日至30日,5月13日至19日),冷辐射不均匀环境实验于2011年至2012年的冬季进行,均匀环境实验于2012年春季进行。

每次实验两名受试者(1男1女)参加,实验前,要求受试者正常饮食和睡眠,实验前1 h不能做剧烈活动,且在饭后30 min才允许参加实验。实验开始前的准备工作如下。

(1) 检查着装,如果着装不符合要求,则不能参加实验。

(2) 测量受试者的腋下温度,体温 < 37.0 ℃ 者才允许参加实验。

(3) 讲解实验要求和调查问卷的填写时间与填写方式。

(4) 为参加实验的受试者粘贴用于测量皮肤温度的热电偶。

(5) 为参加实验的受试者介绍血压计的使用方法。

实验的时间顺序如图6.4所示。实验历时1.5 h,其中前30 min为适应期,后60 min为实验期。实验期间受试者每隔10 min填写一次主观调查表。实验开始后,受试者的皮肤温度每5 min采集一次,心率和血压每30 min测量一次。

实验期间受试者按照实验要求着冬季服装,服装热阻为1.02 clo,距离外窗1 m保持静坐,可使用计算机、阅读或交谈,但不允许交流实验相关内容,以免在心理上影响受试者的真实热感觉,给实验结果带来偏离。

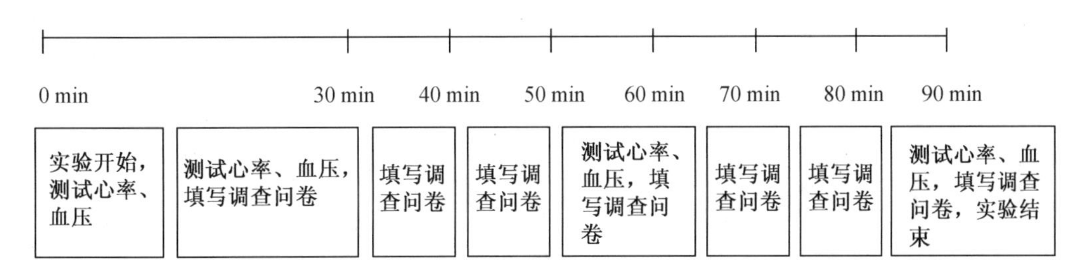

图6.4　实验的时间顺序[1]

6.1.2　热环境参数

热环境参数包括空气温度、相对湿度、空气流速、围护结构表面温度和平均辐射温度等。

1. 平均辐射温度

在具有冷辐射和供暖的不均匀环境中,平均辐射温度是影响人体热感觉与热舒适的重要环境参数,平均辐射温度考虑了周围物体表面温度对人体辐射换热的影响。本实验采用黑球温度计测量房间中心点距地面0.6 m处的黑球温度。

影响人体热舒适的环境参数是平均辐射温度而非黑球温度。因此,需要将黑球温度换算为平均辐射温度,其换算关系式[6]为

$$t_r = t_g + 2.44v(t_g - t_a) \tag{6.2}$$

式中 t_r—— 平均辐射温度,℃;

t_g—— 黑球温度,℃;

t_a—— 空气温度,℃;

v—— 空气流速,m/s。

2. 热环境参数测试结果分析

通过方差分析,实验后期30 min各点的空气温度是稳定的。统计实验后期30 min的空气温度、围护结构表面温度、平均辐射温度、相对湿度、空气流速等参数,3个实验工况的环境参数见表6.5。表中:$t_{0.1\,m}$为距地面0.1 m处的空气温度,$t_{0.6\,m}$为距地面0.6 m处的空气温度,$t_{1.1\,m}$为距地面1.1 m处的空气温度,t_1为测点1处的平均空气温度,t_2为测点2处的平均空气温度。

表6.5 3个实验工况的环境参数[7]

实验工况	测点1				测点2			外窗表面温度 t_{win}/℃	外墙表面温度 t_{ow}/℃	内墙表面温度 t_{iw}/℃	平均辐射温度 t_r/℃	相对湿度 φ/%	空气流速 v/(m·s^{-1})
	$t_{0.1\,m}$/℃	$t_{0.6\,m}$/℃	$t_{1.1\,m}$/℃	t_1/℃	$t_{0.1\,m}$/℃	$t_{1.1\,m}$/℃	t_2/℃						
稍凉工况	16.8±0.6	19.1±0.4	20.5±0.3	18.8±0.3	16.2±0.4	21.3±0.4	18.8±0.3	11.0±0.3	18.1±0.3	20.6±0.4	17.9±0.2	21.7	0.10
热中性工况	20.4±0.4	21.5±0.3	25.4±0.3	22.4±0.3	19.9±0.3	25.4±0.3	22.7±0.3	15.4±0.2	23.5±0.2	24.5±0.5	21.7±0.1	22.4	0.12
均匀工况	19.0±0.1	21.0±0.2	21.2±0.1	20.4±0.1	20.2±0.1	21.1±0.1	20.7±0.1	20.3±0.2	20.8±0.1	20.6±0.1	20.0±0.1	57.3	0.12

由表6.5可知:测点2稍凉工况中$t_{1.1\,m}$与$t_{0.1\,m}$处温差,即头部和脚部温差为5.1 ℃;热中性工况中头脚温差为5.5 ℃,都超过了ASHRAE Standard 55要求的上限温度3 ℃。而均匀工况中的头脚温差仅为0.9 ℃。说明外墙和外窗冷辐射导致其附近的冷空气流下沉,增加了其附近的人体头部和脚部温差。

均匀工况的空气相对湿度大于稍凉工况与热中性工况,其原因是实验季节不同,春季相对湿度大于冬季的相对湿度。空气流速在3个实验工况下变化不大,且均在热舒适范围内。

6.1.3 人体生理反应

人体的生理反应受其所处热环境参数的影响,因此本节将探讨生理参数随环境参数变化的规律。

由于人体可以通过改变出汗率、皮肤血流量和血管收缩来调节自身的体温，使其在不断变化的环境中保持恒定，研究生理参数随热环境参数变化的规律具有重要意义。

一些学者研究了大脑双侧扁桃体的血氧水平、运动神经传导速度、感觉神经传导速度、脑电波、皮肤温度、汗分泌、核心温度、血压、心率变异性等生理参数随环境参数的变化，及其与人体热反应的关系，但是心电图、脑电图、运动神经传导速度和感觉神经传导速度等生理参数的测量受仪器的限制，难以得到普遍的应用。而皮肤温度、心率、血压、出汗率等较易测量，因此受到广大学者的青睐。本实验关注的是非均匀冷辐射环境，受试者的全身热感觉为热中性和稍冷，因此仅测量皮肤温度、心率和血压。

1. 皮肤温度变化规律

皮肤温度是反映人体与其所处的热环境进行换热的一个重要生理参数。研究表明，人体热反应与皮肤温度具有非常显著的相关性。根据本实验的目的，并考虑便于粘贴热电偶，本实验拟测量5个部位的皮肤温度，分别为额头、后背、前臂、手背和小腿。

已知采用5点法求平均皮肤温度的5个部位为：小腿、大腿、胸部、手背和额头。考虑胸部与背部的面积系数接近、大腿与手臂的面积系数接近，因此可认为胸部与背部的加权系数相等，大腿与手臂的加权系数相等，得到平均皮肤温度的计算式如下。

$$t_s = 0.2t_{forehead} + 0.18t_{arm} + 0.50t_{back} + 0.05t_{hand} + 0.07t_{lowerleg} \tag{6.3}$$

式中　t_s—— 平均皮肤温度，℃；

$t_{forehead}$—— 额头皮肤温度，℃；

t_{arm}—— 前臂皮肤温度，℃；

t_{back}—— 后背皮肤温度，℃；

t_{hand}—— 手背皮肤温度，℃；

$t_{lowerleg}$—— 小腿皮肤温度，℃。

不同工况中人体各部位皮肤温度随时间变化的曲线如图6.5所示。由图可知，在稍凉工况和热中性工况中，额头和后背的平均皮肤温度随着时间的推移逐渐升高并接近，为皮肤温度测点中温度最高的两个部位；前臂的平均皮肤温度变化不大；小腿的平均皮肤温度随着时间变化逐渐降低。稍凉工况中，手背是平均皮肤温度最低的部位，随着时间变化先逐渐升高、后逐渐降低。而热中性工况中，手背的平均皮肤温度随着时间的变化呈波动上升的趋势。

均匀工况除了小腿的皮肤温度在逐渐下降以外，其余部位的皮肤温度基本保持不变。皮肤温度由高到低的顺序为：后背、额头、小腿、前臂、手背。可见，即使在均匀工况中，各部位的平均皮肤温度之间同样存在差异。

2. 心率和血压变化规律

本实验中，受试者的心率和血压每隔30 min测量一次。图6.6所示为心率随时间变化的分布图。由图6.6可知，心率随着时间的变化逐渐降低，而最后一次测量值有所升高。可能是因为受试者产生了实验即将结束的心理暗示，处于相对兴奋的状态。因此在研究心率与热感觉的关系时，舍弃最后一次心率的测量结果。

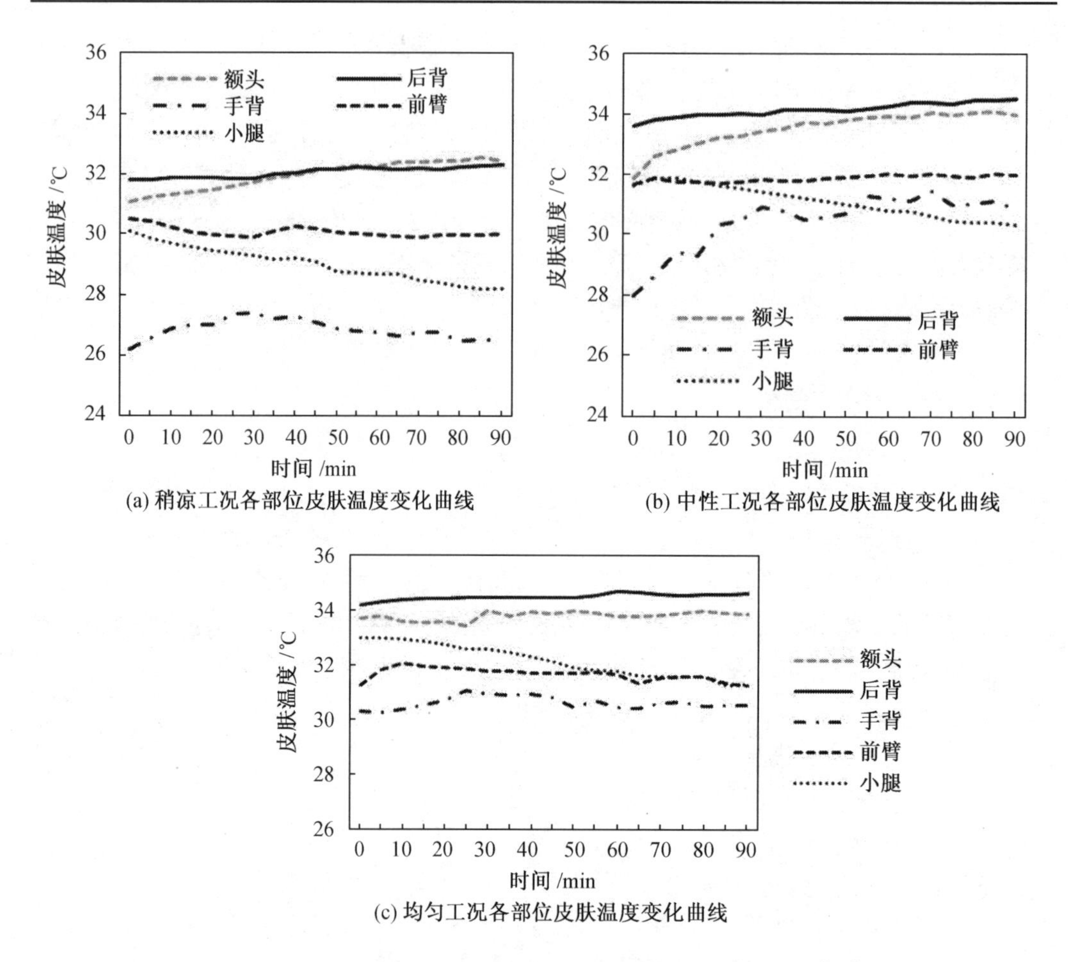

(a) 稍凉工况各部位皮肤温度变化曲线

(b) 中性工况各部位皮肤温度变化曲线

(c) 均匀工况各部位皮肤温度变化曲线

图 6.5　不同工况中人体各部位皮肤温度随时间变化的曲线[1,8]

由图 6.6 还可以看出，热中性工况中受试者的心率要高于稍凉工况的，稍凉工况中的心率高于均匀工况的。

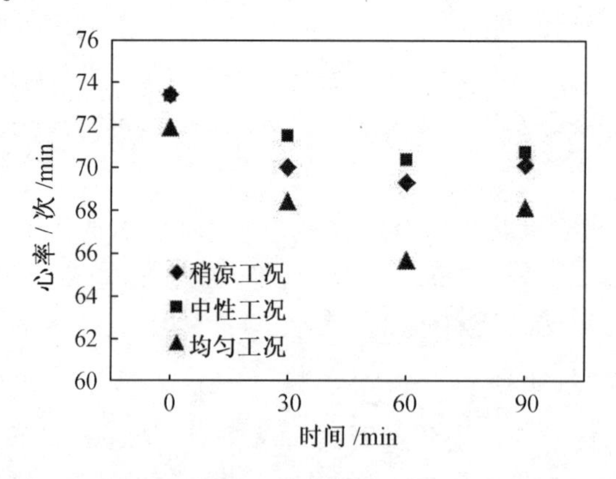

图 6.6　心率随时间变化的分布图[1]

表 6.6 为稍凉工况和热中性工况中受试者的舒张压、收缩压和血压差的测量结果。本实验中仪器的测量误差为± 3 mmHg，可以认为在整个实验过程中，血压基本保持不

变。热中性工况和稍凉工况的舒张压平均值之差为5.5 mmHg，收缩压平均值之差为3.4 mmHg，血压差平均值之差为2.1 mmHg。因此认为不同工况中，血压的测量值没有明显的差异。

表6.6　稍凉工况和热中性工况中受试者的舒张压、收缩压和血压差的测量结果[1]

工况	稍凉工况					热中性工况				
	0 min	30 min	60 min	90 min	平均值	0 min	30 min	60 min	90 min	平均值
舒张压/mmHg	118.3	119.1	120.0	126.1	120.9	115.5	111.5	116.8	117.9	115.4
收缩压/mmHg	72.4	70.5	69.7	77.8	72.6	69.4	66.9	71.6	68.9	69.2
血压差/mmHg	45.9	48.6	50.3	48.3	48.3	46.1	44.7	45.2	49.1	46.2

3. 皮肤温度差异性分析

图6.7为不同工况实验后期30 min各部位皮肤温度和全身的平均皮肤温度分布图。

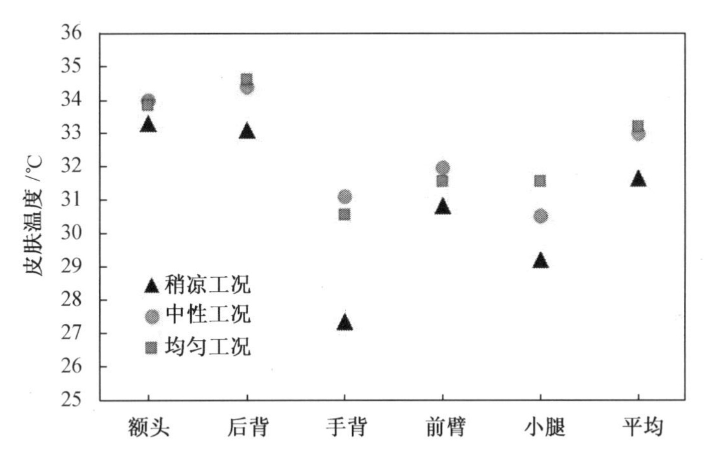

图6.7　不同工况实验后期30 min各部位皮肤温度和全身的平均皮肤温度分布图[1,7]

对比热中性工况和稍凉工况，随着空气温度的升高，人体各部位皮肤温度和平均皮肤温度均会升高。通过成对t检验，在显著性水平$\alpha=0.05$的条件下，各部位的皮肤温度及全身平均皮肤温度均具有显著性差异，说明皮肤温度随空气温度的变化比较显著。

对比热中性工况和均匀工况，均匀工况距地面1.1 m处的空气温度低于热中性工况，而额头和后背的皮肤温度接近，距地面0.1 m处的空气温度与热中性工况接近，而均匀工况的小腿皮肤温度高于热中性工况。两个高度的平均空气温度，热中性工况高于均匀工况，而前臂、手背的皮肤温度和全身平均皮肤温度接近。成对t检验结果表明，在显著性水平$\alpha=0.05$的条件下，均匀工况和热中性工况中小腿皮肤温度具有显著性差异。

对比稍凉工况和均匀工况，均匀工况距地面1.1 m处的空气温度为21.1 ℃，接近于稍凉工况的21.3 ℃，但均匀工况额头和后背的皮肤温度高于稍凉工况。成对t检验结果表明，在显著性水平$\alpha=0.05$的条件下，额头皮肤温度不具有显著性差异，而后背皮肤温度均具有显著性差异。

通过3个工况对比分析可以得出以下结论:外墙和外窗的冷辐射会导致人体皮肤温度降低,尤其是对小腿和后背皮肤温度的影响最为显著。

6.1.4 人体心理反应

人体对热环境的心理反应包括热感觉、热舒适、潮湿感、吹风感等。由于相对湿度和空气流速都在热舒适范围内,对本章的研究结果影响不大,故下面仅分析热感觉和热舒适。

1. 热感觉

由于空气温度在实验后期30 min处于较稳定的状态,因此对热感觉和热舒适投票值取后3次投票的平均值进行对比分析。不同工况的局部热感觉和全身热感觉投票如图6.8所示。在稍凉工况中,除了额头的热感觉投票在"热中性"以上,其余部位的热感觉投票值均小于0。全身热感觉接近于"稍凉"。在热中性工况和均匀工况中,除额头以外,其他部位的热感觉以及全身的热感觉投票均接近于"热中性",额头的热感觉投票值稍大于其他部位投票值。

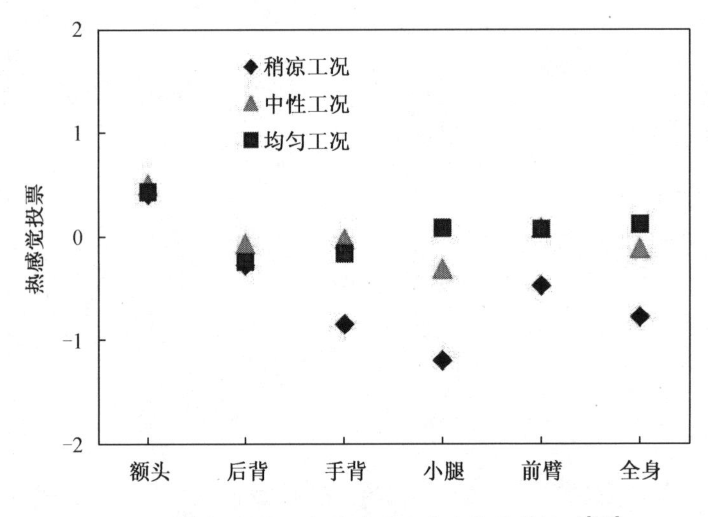

图6.8 不同工况的局部热感觉和全身热感觉投票[1,7]

与稍凉工况相比,热中性工况中各部位的热感觉投票值均有所升高,但升高的幅度各不相同。额头的热感觉投票值变化最小,手背和小腿的热感觉变化最大。t检验结果表明:在显著性水平$\alpha=0.05$($t_{0.05}(17)=2.109\ 8$)的条件下,额头($t=0.777\ 1$)和后背($t=0.693\ 6$)的热感觉投票值均无显著性差异;手背($t=3.405\ 8$)、小腿($t=3.208\ 3$)、前臂($t=2.347\ 6$)和全身($t=2.761\ 3$)的热感觉投票值均具有显著性差异,手背和小腿的热感觉投票差异性最明显。说明在冷辐射不均匀环境中,额头和后背对温度的变化不敏感,而手背和小腿是较敏感的部位。由于文献[9]的实验中受试者着衣量较少,故后背对温度变化较敏感;而本实验中受试者着冬季服装,服装热阻值较大,故后背对温度变化不敏感。

与均匀工况相比,热中性工况的小腿热感觉投票值低于均匀工况的,t检验结果表明:在显著性水平$\alpha=0.05$($t_{0.05}(11)=2.178\ 8$)的条件下,小腿的热感觉投票值具有显著性差异($t=2.189\ 8$)。热中性工况下受试者小腿附近的空气温度比均匀工况的低0.3 ℃。

热中性工况的全身热感觉投票值低于均匀工况的，但热中性工况的人体附近平均温度(测点2)和室内平均温度(测点1)比均匀工况对应的温度分别高出2.0 ℃和4.2 ℃。为何室温高人体热感觉投票值却偏低？这主要是由两种不同环境的温度梯度不同造成的。热中性工况中头脚温差为5.5 ℃，而均匀工况中的头脚温差仅为0.9 ℃。说明当人体距外墙和外窗较近时(本章为1.0 m)，外墙和外窗冷辐射导致人体头脚温差增大会加剧人体小腿的冷感觉，进而影响人体全身热感觉。

文献[9]对稳态均匀热中性环境的实验研究也表明，虽然全身热感觉为热中性，但不同部位的热感觉是变化的。额头稍暖，后背、小腿和脚部稍凉，与本章研究结论一致。

文献[10]的研究也发现，在不对称辐射环境中，虽然受试者全身热感觉为热中性，但全身热舒适的比例低于均匀环境的比例。说明不对称辐射会降低人体的热舒适。因此，在严寒地区进行暖通空调系统设计时，应考虑冷辐射对人体热感觉的影响。

2. 热舒适

不同工况的局部热舒适和全身热舒适投票如图6.9所示。由图6.9可见，在稍凉工况中，除额头的热舒适投票值大于0以外，其他部位的热舒适投票值均小于0；全身热舒适投票值也小于0，介于"有点舒适"和"有点不舒适"之间。热中性工况和均匀工况中，局部和全身热舒适投票值均介于"有点舒适"和"舒适"之间。

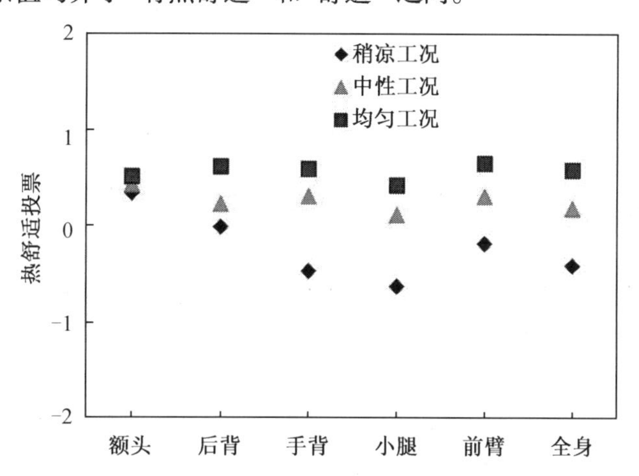

图6.9　不同工况的局部热舒适和全身热舒适投票[1,7]

与稍凉工况相比，热中性工况的局部热舒适投票值和全身热舒适投票值都有所增大。通过成对t检验，在显著性水平$\alpha = 0.05$的条件下，额头和后背的热舒适投票值无显著性差异；而手背、小腿、前臂和全身的热舒适投票值均有显著性差异。手背和小腿的差异性最大，与热感觉投票值显著性差异检验的结果相似。

与热中性工况相比，均匀工况中的局部热舒适投票值和全身热舒适投票值均高于热中性工况。但热中性工况中受试者额头附近(测点2于1.1 m处)的空气温度高于均匀工况的，受试者脚部附近0.1 m处的空气温度稍低于均匀工况的。说明外窗和外墙引起的冷辐射环境导致的较大的头脚温差会降低外窗和外墙附近人体的局部热舒适和全身热舒适。

6.1.5　热感觉随生理参数的变化规律

1. 热感觉与皮肤温度的关系

人体通过位于皮肤和人体核心部位的温度感受器对热环境进行“冷”或“热”的反应。在热中性附近，温度感受器的反应与人体与环境的热交换是独立的，温度感受器的参数决定了人体的热反应[10]。局部热感觉与局部皮肤温度、全身热感觉均有关系，当皮肤温度在“非常高”与“非常低”之间的范围时，热感觉与皮肤温度接近于线性关系[9]。在本章的研究中，皮肤温度和全身热感觉均处于较小的范围内，因此对热感觉投票和皮肤温度进行线性回归，全身热感觉投票与平均皮肤温度的关系如图 6.10 所示。

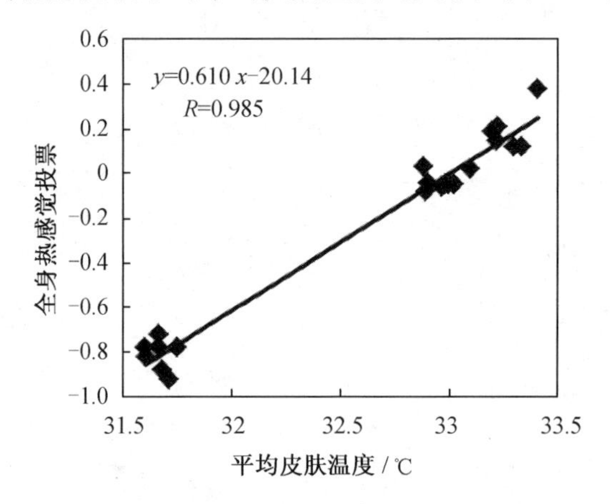

图 6.10　全身热感觉投票与平均皮肤温度的关系[1]

回归方程为

$$\mathrm{TSV} = 0.610t_{\mathrm{skin}} - 20.14 \tag{6.4}$$

线性相关系数 $R = 0.985$，说明全身热感觉投票与平均皮肤温度呈现很好的线性关系。令 TSV = 0，得到全身热感觉投票为热中性时，人体的平均皮肤温度为 33.0 ℃。

2. 心率与热感觉的关系

由于均匀热环境与冷辐射环境的差别很大，因此在分析心率、血压与热感觉的关系时，只考虑稍凉工况和热中性工况，得到的结论只适用于具有冷辐射的环境。

从受试者的热感觉投票中，挑选出 30 min 和 60 min 的热感觉投票与对应的心率，进行线性回归，心率与全身热感觉投票的关系如图 6.11 所示。

心率与全身热感觉投票的回归公式为

$$N = 4.648\mathrm{TSV} + 73.08 \tag{6.5}$$

线性相关系数 $R = 0.762$，说明，心率和热感觉投票呈现良好的线性关系。

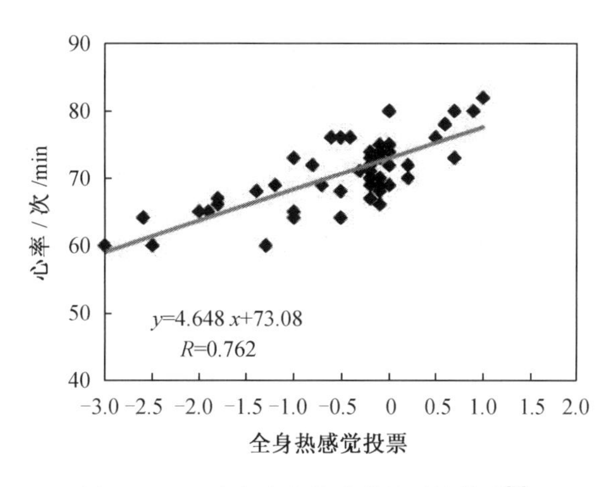

图6.11　心率与全身热感觉投票的关系[1]

6.1.6　讨论

1. 局部热反应对全身热反应的影响

局部热反应包括局部热感觉与热舒适，全身热反应包括全身热感觉与热舒适。

文献[9]认为全身热舒适反应并不是身体所有部位局部热舒适反应的累加，而是遵循“抱怨”模式，即最不舒适的身体部位对全身热舒适的感知起决定性作用。如在均匀热中性环境和稍凉环境中，腿部温度最低，脚部温度次之[9]，但脚部热感觉最低，腿部次之。因腿部的服装热阻值大于脚部的服装热阻值。空气垂直温差导致脚部空气温度最低，且脚部血液循环差，故脚部热感觉最低。全身热感觉与腿部热感觉接近，全身热舒适与最不舒适部位的热舒适接近。

由图6.8可知，稍凉工况中，全身热感觉接近于手背的热感觉，而小腿是全身最冷的部位。热中性工况中，全身热感觉均接近于手背和小腿的热感觉的平均值，而小腿是全身最冷的部位。均匀工况中，全身热感觉接近于小腿的热感觉，而后背是全身最冷的部位。可见，全身热感觉受各部位局部热感觉的综合影响，而且受较冷部位的影响权重较大，但不取决于最冷部位。

由于本实验中受试者着冬季服装，服装热阻值较大(1.02 clo)，受试者穿旅游鞋，因此脚部温度无法测量，不能进行比较分析。但总的结论与文献[9]的研究结果一致。

由图6.9可知，稍凉工况、热中性工况和均匀工况中，全身热舒适均接近于人体最不舒适部位小腿和手背的热舒适。由此可见，本章研究中，全身热感觉和热舒适也遵循“抱怨”模式，即较冷部位影响全身热感觉的权重较大，最不舒适部位对全身热舒适的影响最显著。说明在冷辐射不均匀环境中，通过局部加热提高人体较冷部位的空气温度可改善局部热感觉，从而提高全身热感觉和热舒适。

2. 热感觉与热舒适的关系

研究表明：均匀环境中全身热感觉与全身热舒适具有较强的线性相关关系，而非均匀环境中，全身热感觉与全身热舒适出现了分离的现象。下面讨论不同环境中热感觉与热舒适的关系。

(1) 均匀热环境。

受试者在实验后期 30 min 的均匀热环境中热舒适投票(y) 与热感觉投票(x) 的关系如图 6.12 所示。其回归方程为

$$y = 0.744x + 0.113, R^2 = 0.911 \tag{6.6}$$

在均匀热环境中，全身热感觉与全身热舒适存在较强的线性相关关系(R^2 = 0.911)。当热感觉为热中性时,热舒适的投票值为 0.113,接近于"有点舒适"。

Fanger 基于稳态均匀微气候室的实验研究结果,提出了预测人体热舒适的评价指标 PMV - PPD[11]。Fanger 认为"热中性" 的热感觉就是热舒适。文献[9] 对稳态均匀热环境的实验研究结果也表明,当受试者全身热感觉为热中性时,其全身热舒适投票值为"舒适"。在热和冷的均匀热环境中,人体都感到不舒适。

综上可认为稳态均匀的热环境中,全身热感觉和全身热舒适具有较强的线性相关关系。

(2) 冷辐射不均匀热环境。

冷辐射不均匀热环境(稍凉工况和热中性工况) 中热舒适与热感觉投票的关系如图 6.13 所示。其回归方程为

$$y = 0.575x + 0.202, R^2 = 0.619 \tag{6.7}$$

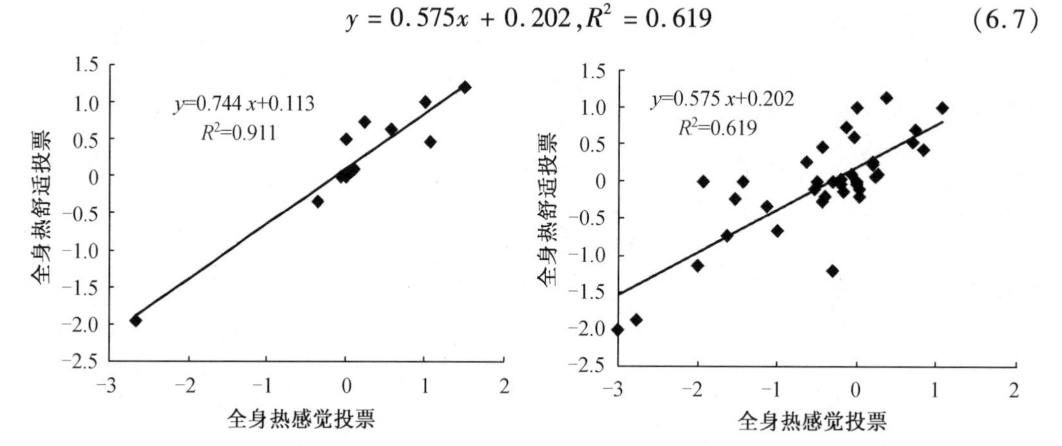

图 6.12 均匀热环境中热舒适与热感觉投票的关系[7]　　图 6.13 冷辐射不均匀热环境中热舒适与热感觉投票的关系[7]

在冷辐射不均匀热环境中,全身热感觉与热舒适存在较好的线性相关关系(R^2 = 0.619)。研究结果表明,在冷辐射不均匀热环境中,当全身热感觉提高时,全身热舒适也提高了。

6.2 地板辐射供暖热环境与热舒适

6.2.1 实验方法

1. 实验目的

(1) 研究严寒地区冬季不均匀辐射环境中人体生理反应随环境参数变化的规律。

(2) 研究严寒地区冬季不均匀辐射环境中人体心理反应随环境参数变化的规律。

2. 实验方案

拟通过在实验室营造冬季冷辐射与地板辐射供暖形成的不均匀辐射热环境,研究在该环境中距离外窗相同位置、不同室温时,人体的生理反应和心理反应的变化规律;距离外窗不同位置、相同室温时,人体的生理反应和心理反应的变化规律。

本实验内容包括:环境参数的测量、受试者生理参数的测量,以及受试者心理反应的主观调查。

本实验在人工环境实验室中进行,实验室 A 可模拟严寒地区冬季外墙和外窗冷辐射与地板辐射供暖形成的不对称辐射热环境。实验室 A 地面先铺设电缆,上面铺设地板,以模拟室内地板辐射供暖环境。铺设的电缆地面供暖系统配有温控器,可以使室温稳定到预设值,地板辐射供暖的实验设备如图 6.14 所示。

(a) 实验室 A 中的电缆供暖

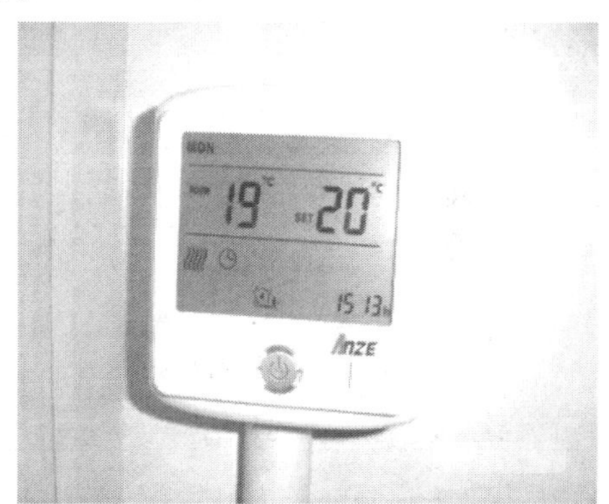

(b) 电缆供暖温控器

图 6.14　地板辐射供暖的实验设备[12]

3. 实验工况设计

本实验共设计 4 个实验工况,实验室 A 中均为由外窗和外墙冷辐射及地板辐射供暖形成的不对称辐射热环境,地板辐射供暖的实验工况见表6.7。其中工况1 和工况2,受试者距外窗均为 1 m,但室温不同;工况 3 和工况 4,受试者距外窗均为 2 m,工况 3 与工况 1 的室温相同,为19 ℃;工况4 与工况2 的室温相同,为22 ℃。4 个工况中,实验室 B 的空气温度均维持在 - 15 ℃,以模拟严寒地区冬季供暖中期的室外温度。

表 6.7　地板辐射供暖的实验工况

工况	受试者距外窗距离 /m	实验室 A 的空气温度 /℃	实验室 B 的空气温度 /℃
1	1	19	- 15
2	1	22	- 15
3	2	19	- 15
4	2	22	- 15

4. 热环境参数和生理参数测试

本实验中测试的环境参数包括实验室 A 的空气温度、相对湿度、空气流速、黑球温度、围护结构内表面温度、地板表面温度和实验室大厅的空气温度和相对湿度。

在工况1和工况2中，空气温度的测点布置在房间中心（测点1）距地面分别为0.6 m、1.1 m，以及受试者附近（测点2）距地面分别为0.1 m、0.6 m、1.1 m，地板辐射供暖的测点布置如图6.15所示。在工况3和工况4中，空气温度的测点布置在受试者附近，即房间中心（测点1）距地面分别为0.1 m、0.6 m、1.1 m。4个工况中，黑球温度、相对湿度和空气流速均在房间中心点（测点1）距地面0.6m处测量。

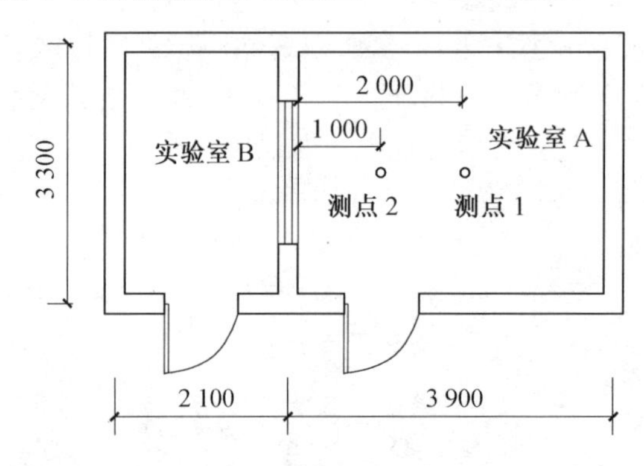

图6.15　地板辐射供暖的测点布置[12]

由于本实验采用的是地板辐射供暖，所以在地板对角线上均匀布置5个温度测点，地板表面温度测点布置如图6.16所示。微气候室中三面内墙的中心点各布置一个温度测点，外窗和外墙的温度测点布置如图6.17所示。

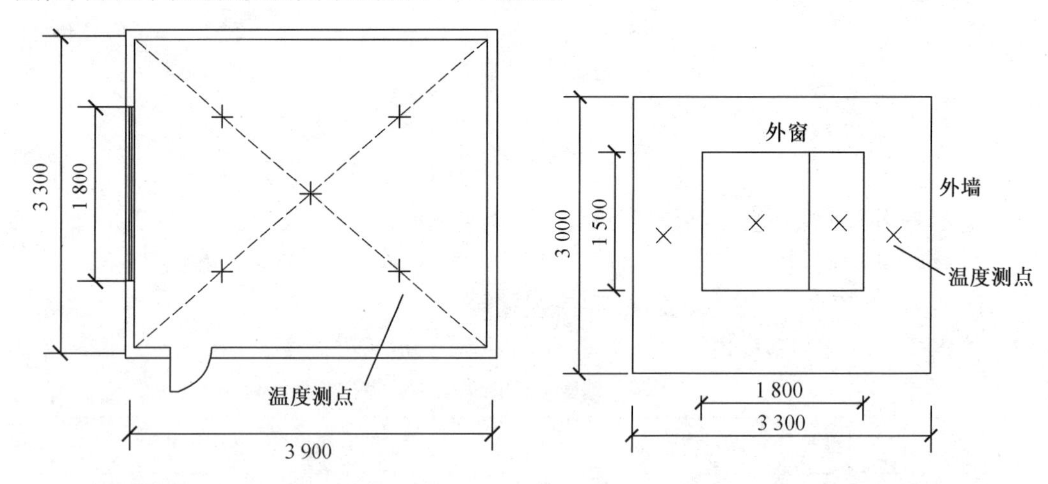

图6.16　地板表面温度测点布置　　　　图6.17　外窗和外墙的温度测点布置

实验中测量的生理参数包括皮肤温度、心率和血压。测量仪器和测试方法同6.1的实验。

5. 受试者选择

本实验选择的受试者人数为16人，男女比例为1∶1，且均为某高校大三学生，受试者身体健康。16名受试者自愿参加了所有工况的实验，共计64人次。地板辐射供暖的受试者基本信息见表6.8。

表 6.8　地板辐射供暖的受试者基本信息[12]

分类	统计值	年龄	身高 /cm	体重 /kg	BMI/($kg \cdot m^{-2}$)
男生	最大值	22.0	176.5	73.9	24.6
	最小值	20.0	162.0	56.3	19.1
	平均值	20.8	170.0	65.3	22.6
	标准偏差	0.7	5.1	6.7	1.9
女生	最大值	22.0	167.0	66.0	23.7
	最小值	20.0	151.0	38.4	16.8
	平均值	20.7	158.8	53.9	21.3
	标准偏差	0.7	4.4	8.3	2.4
总体	最大值	22.0	176.5	73.9	24.6
	最小值	20.0	151.0	38.4	16.8
	平均值	20.7	164.3	59.6	22.0
	标准偏差	0.7	7.4	9.4	2.2

注:BMI = 体重 / 身高的平方,为身体质量指数。

实验期间受试者着冬季服装,服装热阻值约为 1.02 clo,考虑了椅子的附加热阻。

6. 调查问卷设计及实验过程

本实验的主观热反应心理学调查问卷与生理参数测量内容同 6.1 的实验。在正式实验前,邀请两名志愿者参加了所有工况的预实验。正式实验时,每次实验两名受试者参加(1 男 1 女)。

实验历时 90 min,其中前 30 min 为适应期,后 60 min 为实验期。每隔 5 min 采集一次皮肤温度、空气温度、相对湿度、黑球温度、围护结构内表面温度、地板表面温度;每隔 10 min 记录一次空气流速;每隔 30 min 测量一次受试者的心率和血压。30 min 后,即进入实验后期,每隔 10 min 受试者填写一次主观调查问卷。

实验期间受试者保持坐姿,且后背与外窗的距离均为 1 m 或 2 m。受试者在实验期间可以使用计算机、阅读、交谈,但是不能谈论与实验内容相关的话题,不能随意走动、喝水、吃东西。

6.2.2　热环境参数

由于不同工况实验中各点的空气温度波动不大,因此统计了实验期间各测点的平均空气温度,地板辐射供暖 4 个工况的空气温度测试结果见表 6.9。

工况 1 和工况 2 中,由于外窗和外墙冷辐射的影响,测点 2 的空气温度均低于测点 1;测点 2 处的空气温度随高度的增加而逐渐升高。工况 3 和工况 4 中,由于受试者在中心点 1 处,其 0.6 m、1.1 m 处的空气温度均稍高于与之相对应的工况 1 和工况 2 的,但其平均温度几乎相等。

不同工况的空气相对湿度、空气流速和平均辐射温度见表 6.10。相对湿度和空气流速均在热舒适范围内,不同工况的平均辐射温度均接近其对应的测点1处的平均空气温度。

表6.9　地板辐射供暖4个工况的空气温度测试结果[12]

位置	高度/m	空气温度/℃			
		工况1	工况2	工况3	工况4
测点1	0.1	—	—	18.4	21.2
	0.6	19.5	21.9	19.7	22.0
	1.1	18.4	20.9	18.7	21.1
	平均	19.0	21.4	18.9	21.4
测点2	0.1	17.2	19.3	—	—
	0.6	17.5	19.4	—	—
	1.1	18.4	20.6	—	—
	平均	17.7	19.8	—	—

表6.10　不同工况的空气相对湿度、空气流速和平均辐射温度

	工况1	工况2	工况3	工况4
相对湿度/%	30	30	40	40
平均空气流速/($m \cdot s^{-1}$)	0.01	0.01	0.01	0.02
平均辐射温度/℃	19.0	21.3	19.0	21.6

本实验中,测量了房间中心点距地面0.6 m的黑球温度。由于平均辐射温度是影响人体热感觉的因素之一,需要将黑球温度换算为平均辐射温度,见式(6.8)。

$$t_r = [(t_g + 273)^4 + 2.5 \times 10^8 \times v^{0.6}(t_g - t_a)]^{1/4} - 273 \tag{6.8}$$

式中　t_r——平均辐射温度,℃;

t_g——黑球温度,℃;

t_a——空气温度,℃;

v——空气流速,m/s。

不同工况下,平均辐射温度与房间中心距地面0.6 m的平均空气温度的关系见表6.11。4个工况下的平均辐射温度均低于此处的平均空气温度,工况2和工况4的平均辐射温度高于工况1和工况3。

表6.11　平均辐射温度与房间中心距地面0.6 m的平均空气温度的关系[12]

工况	房间中心距地面0.6 m的平均空气温度	平均辐射温度
1	19.5	19.0
2	21.9	21.3
3	19.7	19.0
4	22.0	21.6

分别对各工况下的3个内墙测点、2个外墙测点、2个外窗测点和5个地面测点的表面

温度取算术平均值,得到相对应的围护结构内表面温度,地板辐射供暖围护结构内表面平均温度见表6.12。由于本实验采用地板辐射供暖,因此各工况下的地面表面温度均为最高。由于外墙和外窗冷辐射的影响,各工况的外窗内表面温度均为最低。地面、内墙、外墙和外窗的内表面温度依次降低,因此实验室A中为不对称辐射热环境。

表6.12　地板辐射供暖围护结构内表面平均温度[12]

围护结构内表面平均温度/℃	工况1	工况2	工况3	工况4
内墙	18.5	20.5	18.7	21.0
外墙	16.7	18.5	16.4	18.9
外窗	8.2	9.5	7.8	9.0
地面	21.9	25.2	21.7	25.2

本实验中,工况1和工况3的温控器设置温度均为19 ℃,工况2和工况4的温控器设置温度均为22 ℃。因此,工况1和工况3、工况2和工况4的各壁面平均温度近似相等。

6.2.3　人体生理反应

本节将研究人体生理参数随环境参数变化的规律。在体温调节控制系统中,最重要的输入量是核心温度和平均皮肤温度。心率的变化在某种程度上也可反映环境温度对人体所造成的影响。因此,考虑生理参数测量的可行性,本实验中测量了受试者的皮肤温度、心率和血压。

考虑粘贴热电偶的方便性和可行性,本实验中测量了受试者身体5个局部部位,即额头、后背、手背、前臂和小腿的皮肤温度。不同工况受试者各部位皮肤温度的变化曲线如图6.18所示。

由图可知,各工况额头和后背的皮肤温度较为接近,为局部皮肤温度测点中温度值最高的两个点,且实验期间波动不大;手背的皮肤温度随着时间的推移均先增大后减小;前臂和小腿的皮肤温度随着时间的推移呈下降趋势。同一工况各部位皮肤温度之间存在差异性。

工况1中,手背的皮肤温度最低,小腿次之。而其余3个工况中,均为小腿的皮肤温度最低,手背次之。

本实验采用5点测定、加权平均值法计算得到平均皮肤温度,5点即为额头、后背、手背、前臂和小腿。由于大腿和手臂、胸部和后背的面积系数分别接近,因此可近似认为大腿和手臂、胸部和后背的加权系数分别相等,从而可得到额头、后背、手背、前臂和小腿5点的平均皮肤温度计算公式,见式(6.9)。

$$t_s = 0.20t_{forehead} + 0.50t_{back} + 0.05t_{hand} + 0.18t_{arm} + 0.07t_{calf} \tag{6.9}$$

式中　t_s—— 平均皮肤温度,℃;

$t_{forehead}$—— 额头皮肤温度,℃;

t_{back}—— 后背皮肤温度,℃;

t_{hand}—— 手背皮肤温度,℃;

t_{arm}—— 前臂皮肤温度,℃;

t_{calf}—— 小腿皮肤温度,℃。

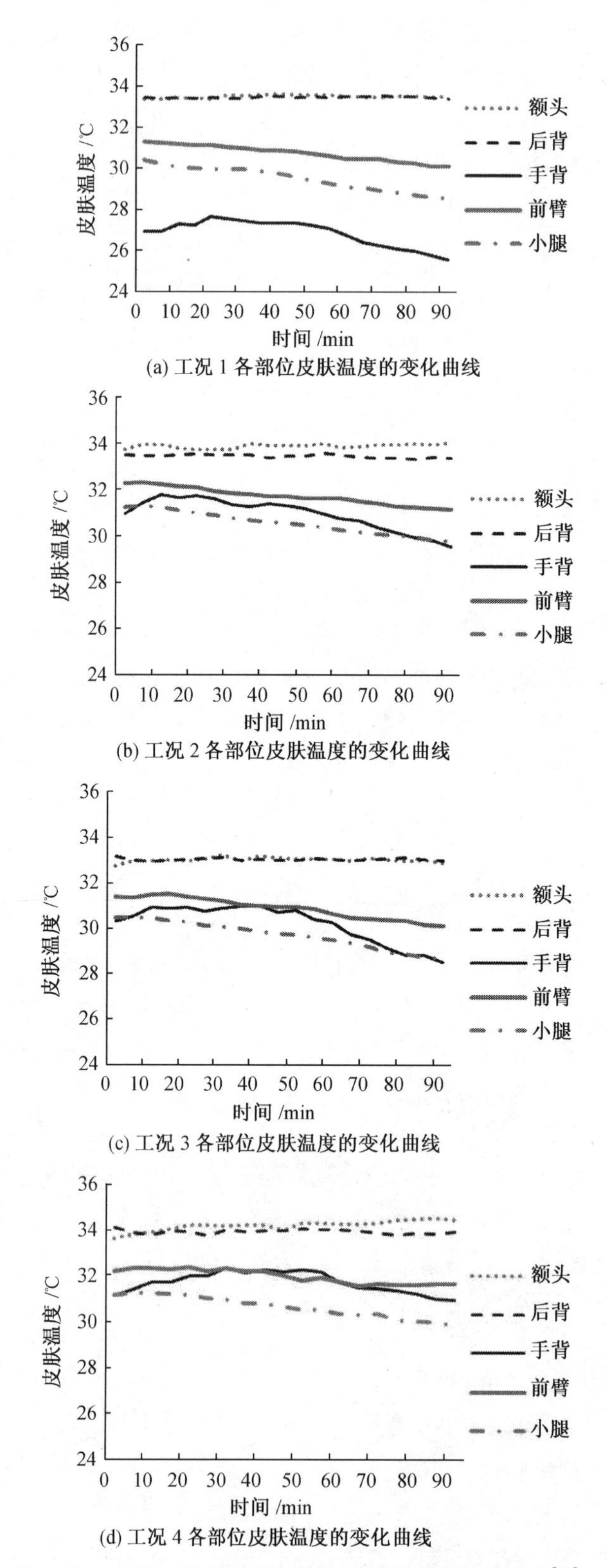

(a) 工况 1 各部位皮肤温度的变化曲线

(b) 工况 2 各部位皮肤温度的变化曲线

(c) 工况 3 各部位皮肤温度的变化曲线

(d) 工况 4 各部位皮肤温度的变化曲线

图 6.18　不同工况受试者各部位皮肤温度的变化曲线[12]

不同工况的局部皮肤温度和平均皮肤温度如图6.19所示。可以看出,不同工况额头和后背的皮肤温度较接近,且相对较高。同一工况不同部位的皮肤温度存在差异。

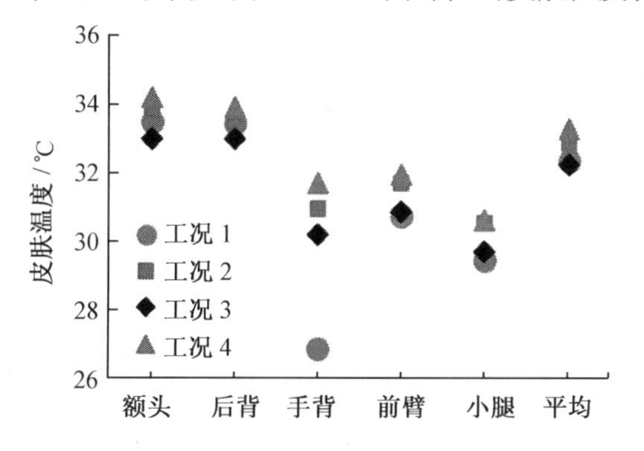

图6.19　不同工况的局部皮肤温度和平均皮肤温度[12,13]

分别对比工况1和2及工况3和4可以发现,随着空气温度的升高,受试者局部皮肤温度和平均皮肤温度均会增大。

对比工况2和4,虽然二者的空气温度相等,但由于工况2中受试者距离外窗仅1 m,而工况4中受试者距离外窗2 m,受冷辐射的影响,工况4中的局部皮肤温度和平均皮肤温度均高于工况2的。

本实验中,对两个独立样本采用曼-惠特尼U检验(Mann-Whitney U-test),对多个独立样本采用Kruskal-Wallis检验。Kruskal-Wallis检验结果表明,显著性水平P值都为0,均小于0.05。由此可知,不同工况的局部皮肤温度和平均皮肤温度均具有显著性差异,说明不均匀辐射环境对皮肤温度有显著影响。

本实验中,每隔30 min测量一次受试者的心率和血压。图6.20描述了不同工况的心率随时间变化的规律。由图可知,各工况的心率均随时间的推移呈下降趋势,但最后一次心率的测量值突然增大,这可能是由实验即将结束带给受试者的心理暗示所导致的,从而使受试者处于相对兴奋的状态。这与6.1的结论一致,因此,在后面的心率分析中舍弃最后一次的测量结果。

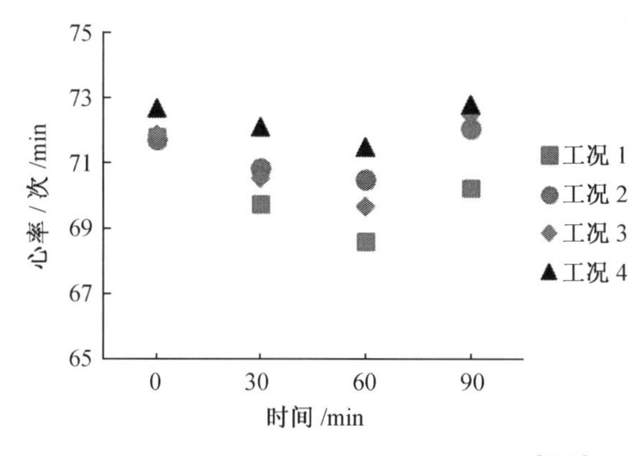

图6.20　不同工况的心率随时间变化的规律[12,13]

对比工况1和2可知,工况2中心率的测量值均大于工况1的;对比工况3和4可知,工况4中心率的测量值均大于工况3的。可见,受试者的心率随着环境温度的升高而加快。

表6.13为不同工况受试者的收缩压、舒张压和血压差的测量结果的平均值。实验中所用血压计的测量误差为 ±3 mmHg,因此可认为同一工况下受试者的血压测量值基本保持不变。

表6.13 不同工况受试者的收缩压、舒张压和血压差的测量结果的平均值[13]

	收缩压/mmHg	舒张压/mmHg	血压差/mmHg
工况1	116.6	74.0	42.6
工况2	114.2	72.5	41.7
工况3	111.5	67.9	43.6
工况4	112.4	70.0	42.4

4个工况下,收缩压平均值最大工况和最小工况分别为工况1和工况3,其差值为5.1 mmHg;舒张压平均值最大工况和最小工况也分别为工况1和工况3,其差值为6.1 mmHg;血压差平均值最大工况和最小工况分别为工况3和工况2,其差值为1.9 mmHg。因此,可认为不同工况受试者的血压测量值没有明显差异。

6.2.4 人体心理反应

人体对热环境的心理反应包括热感觉、热舒适、潮湿感、吹风感等。由于相对湿度和空气流速都在热舒适范围内,对本节的研究结果影响不大,故下面仅分析热感觉和热舒适。

1. 热感觉

图6.21为不同工况受试者局部和全身热感觉投票,图中每点均为不同工况所有受试者热感觉投票的平均值。可以看出:工况1中,除额头外其他部位和全身的热感觉投票值均小于0;小腿的热感觉投票值最小,为-0.77;全身热感觉接近于“稍凉”。工况2中,除小腿外其他部位和全身的热感觉投票值均大于0;全身的热感觉投票值为0.05,接近于“热中性”。工况3中,局部和全身的热感觉投票值均为-0.2~0.4,全身热感觉接近于“热中性”。工况4中,局部和全身的热感觉投票值均为0.5~1.0,全身热感觉接近于“稍暖”。

4种工况中,全身热感觉投票值从小到大依次为:工况1(-0.37)、工况3(-0.14)、工况2(0.05)、工况4(0.48);局部热感觉的差异性从大到小的顺序为:工况1、工况3、工况2、工况4。可见,局部热感觉的差异性随全身热感觉投票值的升高而减小。

对比工况1和2,工况2的环境温度比工况1的高,工况2中局部热感觉的差异性小于工况1的;对比工况3和4,工况4的环境温度比工况3的高,工况4中局部热感觉的差异性也小于工况3的。由此可知,局部热感觉的差异性随环境温度的升高而减小。

对比工况1和3及工况2和4可知,虽然环境温度对应相同,但是工况3和4中局部热感觉的差异性明显小于工况1和2的,且其局部和全身热感觉投票值均大于工况1和2的。其中小腿的热感觉投票值相差最大,主要是因为工况3和4中受试者距外窗较远,受冷辐射的影响小于工况1和2的。

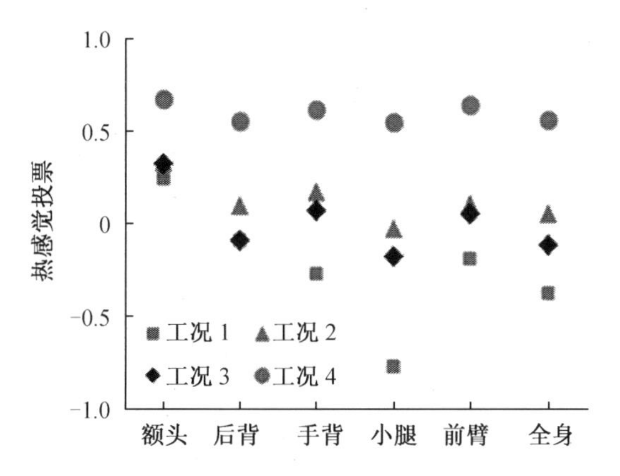

图 6.21　不同工况受试者局部和全身热感觉投票[12,13]

U 检验结果表明，工况 1 和 2 及工况 3 和 4 中局部和全身热感觉投票值有显著性差异（P 值小于 0.05），即环境温度对局部和全身热感觉有显著影响。

综上所述，随着环境温度的升高，局部和全身热感觉投票值均升高，其中额头的热感觉变化最小，小腿的热感觉变化最大；随着受试者与外窗距离的增大，局部和全身热感觉投票值均升高，小腿的热感觉变化仍最大。

2. 热舒适

图 6.22 为不同工况受试者局部和全身热舒适投票。工况 1 中，除小腿外其他部位和全身的热舒适投票值均大于 0，接近于“有点舒适”；工况 2 和 3 中，局部和全身的热舒适投票值均介于“有点舒适”和“舒适”之间；工况 4 中，局部和全身的热舒适投票值为 0.6 ~ 0.8，接近于“舒适”。

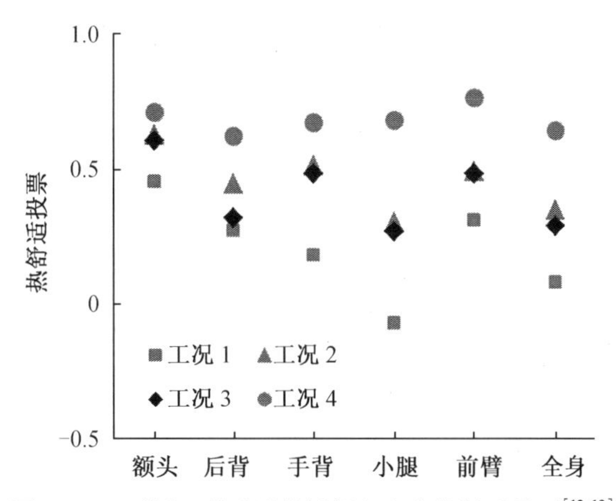

图 6.22　不同工况受试者局部和全身热舒适投票[12,13]

4 种工况中，全身热舒适投票值从小到大依次为：工况 1（0.08）、工况 3（0.30）、工况 2（0.35）、工况 4（0.64）；局部热舒适的差异性从大到小的顺序为：工况 1、工况 3、工况 2、工况 4。可见，身体不同部位之间热舒适的差异性随全身热舒适投票值的升高而减小。

对比工况 1 和 3 及工况 2 和 4 可知，虽然空气温度对应相同，但由于受试者与外窗的距离不同，工况 3 和 4 中全身和局部的热舒适投票值均大于工况 1 和 2 的。这说明外窗冷辐射对人体的热舒适有很大影响。

U 检验结果表明,工况 1 和 3 及工况 2 和 4 中,随着受试者与外窗距离的增大,小腿的热舒适投票值变化最为显著($P < 0.05$)。

6.3 不同供暖末端营造的热环境差异性分析

6.3.1 实验方法

1. 实验目的

实验研究不同供暖末端营造的热环境的差异性;研究不同供暖末端热环境中人体的热反应规律。

2. 实验工况设计

对比分析 6.1 节和 6.2 节实验内容,不同供暖末端热环境营造方法参考 6.1 和 6.2。

我国相关标准规定:严寒和寒冷地区主要房间的供暖室内设计温度应采用 18 ~ 24 ℃,美国 ASHRAE Standard 55—2013[14] 标准中规定的室内供暖温度为 20 ~ 24 ℃。18 ℃ 和20 ℃ 分别对应中国和美国冬季室内供暖设计温度下限值。但基于课题组前期对严寒地区的现场研究,冬季哈尔滨市室内较舒适的供暖温度范围为19 ~ 22 ℃,人在18 ℃的环境中会感到凉。同时,在实验正式开始前开展了预实验,根据受试者的热感觉投票,发现受试者在预实验 19 ℃ 和 22 ℃ 的室内工况中分别感到"稍凉" 和"热中性"。因此,选取 19 ℃ 和 22 ℃ 两个实验工况进行对比分析。

预实验中,相对湿度为 25% ~ 40%,室内空气流速为 0.08 ~ 0.11 m/s,符合热舒适标准。研究表明,若室温维持在稳定的热舒适范围内,且空气流速不超过 0.15 m/s 时,相对湿度对人体皮肤温度和皮肤湿润度影响不大。在实际应用中,严寒和寒冷地区冬季供暖环境中的空气温度为唯一的环境控制参数。因此,本次实验中没有对相对湿度和空气流速进行控制。

为了模拟哈尔滨市冬季供暖环境中外窗和外墙冷辐射,实验中实验室 B 的空气温度维持在 - 15 ℃。根据预实验的测试结果,实验室 A 的空气温度为 19 ℃ 和 22 ℃,分别为散热器供暖(简写为 RH) 和地板辐射供暖(简写为 FH) 环境。实验工况见表 6.14。

表 6.14 实验工况[15]

工况	供暖方式	实验室 A 的空气温度 /℃
工况 1	RH	19
工况 2	RH	22
工况 1	FH	19
工况 2	FH	22

考虑外窗冷辐射的影响,实验中受试者距离外窗 1 m 而坐。在实验室 A 中心点和受试者附近距离地面0.1 m、0.6 m和1.1 m处连续测试空气温度,分别代表人体坐姿时的脚踝、腰部和头部位置。黑球温度和相对湿度的测点在实验室 A 中心点处,且距离地面 0.6 m 处进行连续测试。围护结构表面温度测量详见 6.1 节和 6.2 节。

3. 受试者选择

36名某高校大三学生作为志愿者参加了实验。其中,20名受试者参加了散热器供暖组实验,16名受试者参加了地板辐射供暖组实验,受试者男女比例为1∶1。受试者的基本信息见表6.3和6.8。实验中测量受试者各部位的皮肤温度包括:额头、后背、前臂、手背和小腿5个部位,详见6.1节和6.2节。

4. 实验过程

一名男生和一名女生受试者同时参加每次实验,服装热阻值约为1.0 clo。每次实验持续1.5 h,前30 min为适应期,后60 min为实验期。实验中测量和记录环境参数以及受试者的皮肤温度、心率和血压。受试者的主观调查问卷包括受试者局部和全身的热感觉、热舒适、湿感觉、吹风感、热可接受度等。热感觉调查采用ASHRAE 7级连续标尺,热舒适调查采用间断标尺。受试者每10 min填写一次调查问卷,详见6.1和6.2。

6.3.2　不同供暖热环境差异性分析

散热器供暖和地板辐射供暖环境中,不同工况微气候室内垂直高度方向上的空气温度分布如图6.23所示。

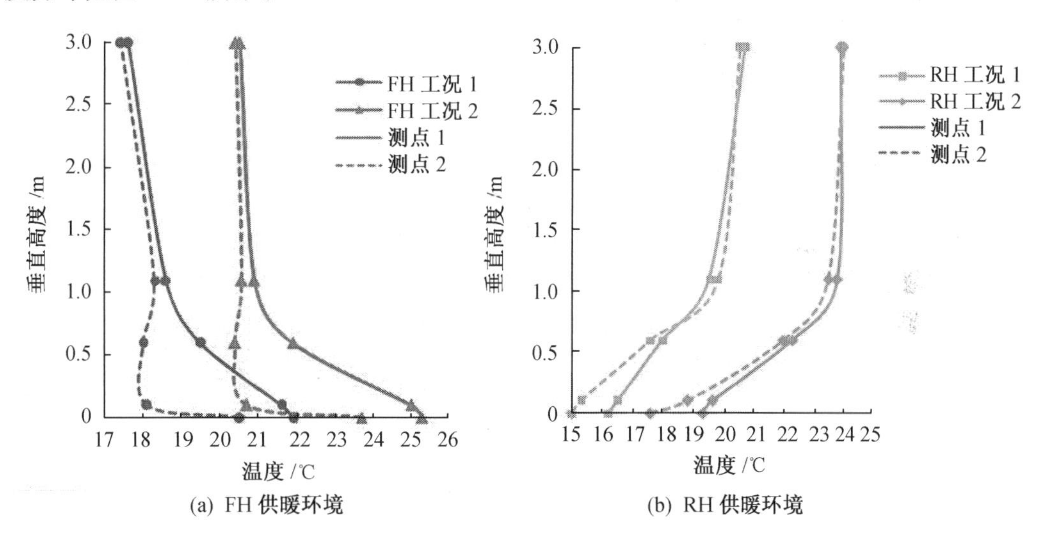

(a) FH 供暖环境　　(b) RH 供暖环境

图6.23　不同工况微气候室内垂直高度方向上的空气温度分布[15,16]

由图6.23(a)可知,地板辐射供暖环境中,室内垂直方向空气温度随高度的增加而降低,对于坐姿的受试者来说,热量会集中在活动区。热损失在房间中心处垂直方向较小,但在外窗附近由于冷空气下沉热损失较大,同工况下,地板辐射供暖环境中受试者脚踝高度上的平均空气温度高于散热器供暖环境1.5 ~ 2 ℃。

散热器供暖环境中,空气温度随高度的增加而增加,如图6.23(b)所示。对于坐姿的受试者来说上部活动区空气温度较高。同工况下,散热器供暖环境中在受试者头部高度上平均空气温度比地板辐射供暖环境高1.5 ~ 3 ℃。地板辐射供暖环境中,1.1 m以下水平方向空气温度梯度较大,但仍然可以保持受试者下半身周围较高的空气温度。

实验中的空气流速为0.09 ~ 0.11 m/s。相对湿度在工况1中为24.4% ~ 33.4%,工况2中为29.6% ~35.7%。空气流速和相对湿度满足ASHRAE Standard 55—2013标准规定。围护结构内表面温度和平均辐射温度(MRT)见表6.15。

表6.15　围护结构内表面温度和平均辐射温度[15]

	RH－工况1	RH－工况2	FH－工况1	FH－工况2
外窗/℃	11.0 ±0.3	15.4 ±0.2	9.80 ±0.2	11.5 ±0.1
外墙/℃	18.1 ±0.3	21.5 ±0.2	16.7 ±0.1	19.5 ±0.1
内墙/℃	20.6 ±0.4	24.5 ±0.5	18.5 ±0.1	22.1 ±0.1
顶棚/℃	21.4 ±0.5	24.9 ±0.3	17.6 ±0.1	21.0 ±0.1
地板/℃	16.2 ±0.7	19.3 ±0.6	21.9 ±0.2	25.3 ±0.2
平均辐射温度(MRT)/℃	18.8 ±0.4	21.8 ±0.3	19.1 ±0.2	22.3 ±0.1

散热器供暖环境中的墙体、外窗和顶棚的温度略高于地板辐射供暖环境中相应位置的温度,同工况中的外窗表面温度比墙体、顶棚和地板表面温度低。地板辐射供暖环境中的围护结构内表面温度相对稳定,室内平均辐射温度较高。

6.3.3　人体生理反应

不同供暖方式中受试者的局部和全身平均皮肤温度如图6.24所示。可知,实验中同工况受试者的额头和后背的平均皮肤温度高于其他部位,肢体末端部位的平均皮肤温度相对较低,且波动水平较大。两种供暖环境中,受试者的手背、脚踝和全身皮肤温度在工况1中差异更加显著。在地板辐射供暖环境中,受试者的脚踝皮肤温度较高,但手背温度较低。

不同工况中受试者心率和血压变化见表6.16。受试者平均心率在实验开始时较高,随实验进行逐渐降低,在实验结束时略微升高。在实验开始和结束时心率增高,主要原因为受试者受实验即将结束心理暗示的影响。因此,分析中排除了这两次的测量结果。当受试者在实验30 min后生理和心理达到稳定状态后,平均心率在工况2中较高。

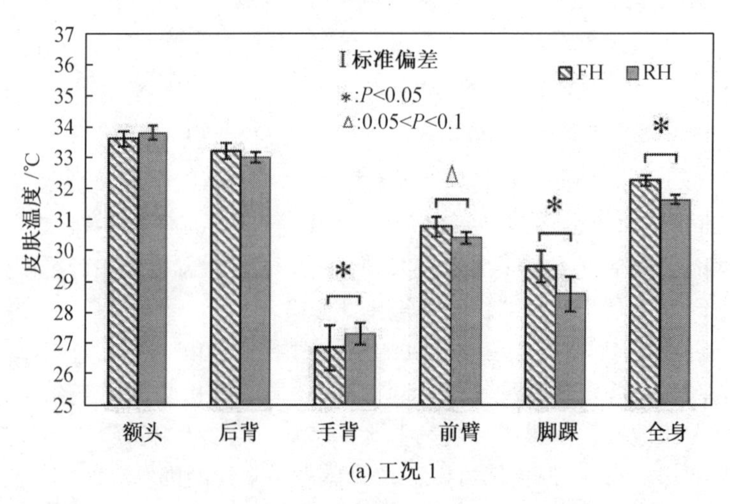

(a) 工况1

图6.24　不同供暖方式中受试者的局部和全身平均皮肤温度[15,16]

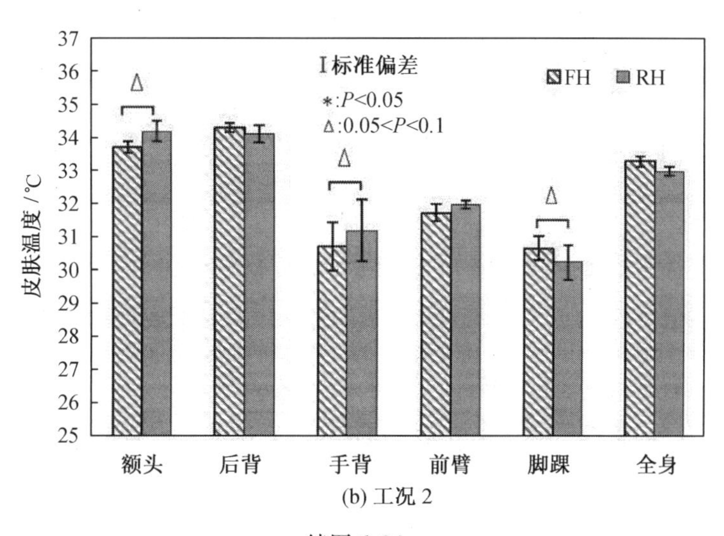

(b) 工况 2

续图 6.24

表 6.16　不同工况中受试者心率和血压变化[15,16]

	工况	0 min	30 min	60 min	90 min
心率	RH - 工况 1	73.4 ±6.6	69.0 ±4.3	69.3 ±3.6	73.2 ±7.3
	FH - 工况 1	74.3 ±5.4	70.7 ±3.1	70.8 ±3.7	72.8 ±6.9
	RH - 工况 2	75.6 ±7.0	71.6 ±5.2	71.3 ±4.1	73.7 ±7.9
	FH - 工况 2	73.1 ±6.4	71.3 ±4.6	71.3 ±3.5	72.6 ±5.7
收缩压	RH - 工况 1	118.3 ±16.4	119.1 ±10.4	120.0 ±15.3	121.1 ±12.3
	FH - 工况 1	118.1 ±15.3	116.1 ±10.2	117.6 ±12.6	116.6 ±9.9
	RH - 工况 2	115.5 ±10.9	111.5 ±12.6	113.8 ±14.3	117.9 ±17.6
	FH - 工况 2	116.2 ±10.2	113.6 ±9.1	110.4 ±12.1	116.8 ±10.2
舒张压	RH - 工况 1	72.4 ±10.4	70.5 ±4.8	69.7 ±5.2	77.8 ±8.5
	FH - 工况 1	71.5 ±8.5	72.1 ±6.8	75.6 ±10.4	76.9 ±6.2
	RH - 工况 2	69.4 ±7.7	66.9 ±6.7	71.6 ±10.2	68.9 ±5.3
	FH - 工况 2	70.8 ±7.3	73.3 ±11.6	70.6 ±7.5	75.3 ±9.2

工况 1 中,地板辐射供暖环境中受试者的平均心率总体上略高于散热器供暖环境的。受试者在工况 1 中的平均收缩压高于工况 2 的,受试者的平均收缩压在工况 1 地板辐射供暖环境中明显低于同工况的散热器供暖环境的。不同工况对受试者平均舒张压的影响没有明显规律,通过 t 检验,实验中受试者的心率和血压的差异不具有统计学上的显著性。

实验中受试者的心率和血压波动范围符合 40 岁以下健康成年人的标准,即 60 ~ 100 beats/min, 收缩压 90 ~ 140 mmHg,舒张压 60 ~ 90 mmHg。说明不同室温对受试者的生理健康无消极影响。

6.3.4 人体心理反应

1. 热感觉和热舒适

受试者局部和全身热感觉与热舒适投票分布如图 6.25 所示。由图可知，地板辐射供暖环境中全身热感觉高于散热器供暖环境的，在工况 1 中差异更加显著。这表明受试者在地板辐射供暖环境中感到更暖。同样，由图可见，在地板辐射供暖环境工况 1 中，受试者可以达到全身热舒适，但在散热器供暖环境工况 1 中，受试者的热舒适投票更接近于热不舒适。通过 t 检验，在相同工况、不同的供暖环境中，受试者的脚踝热感觉和热舒适均存在显著差异；全身热感觉和热舒适在工况1 中存在显著差异。同时，图6.25 显示热舒适投票的平均值大于热感觉投票平均值，这说明受试者在所有工况中全身感到热舒适。

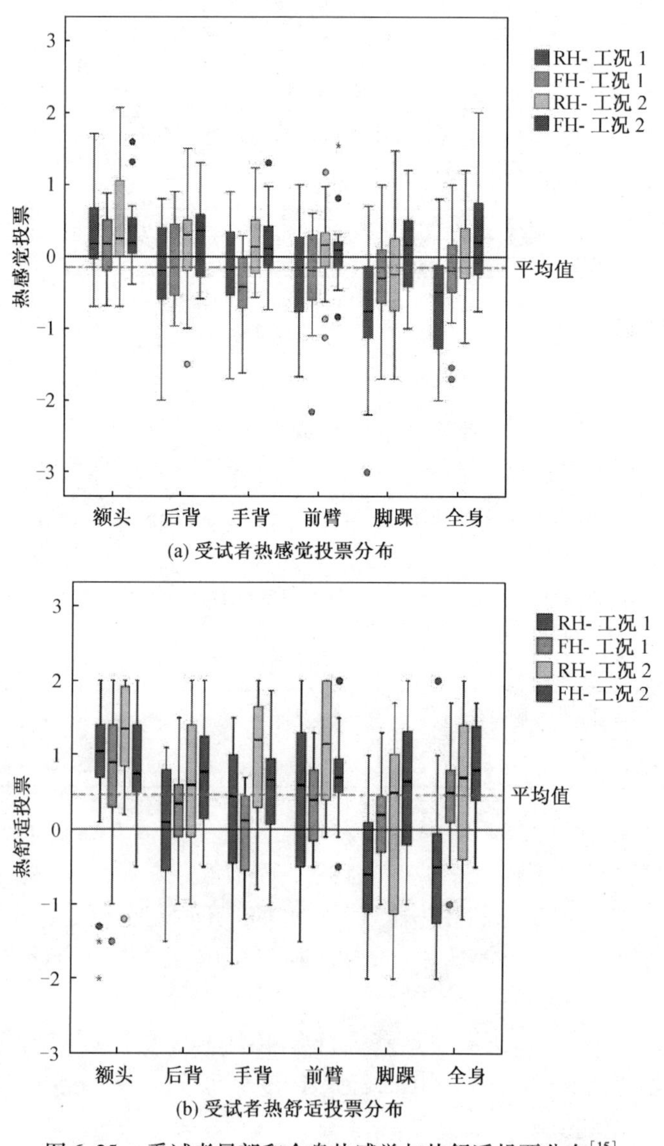

(a) 受试者热感觉投票分布

(b) 受试者热舒适投票分布

图 6.25 受试者局部和全身热感觉与热舒适投票分布[15]

不同工况中受试者全身热感觉与热舒适投票百分比关系如图 6.26 所示。纵坐标为每个区间受试者热舒适投票的百分比。为了使图示更加清晰，X 轴上的点被移除。

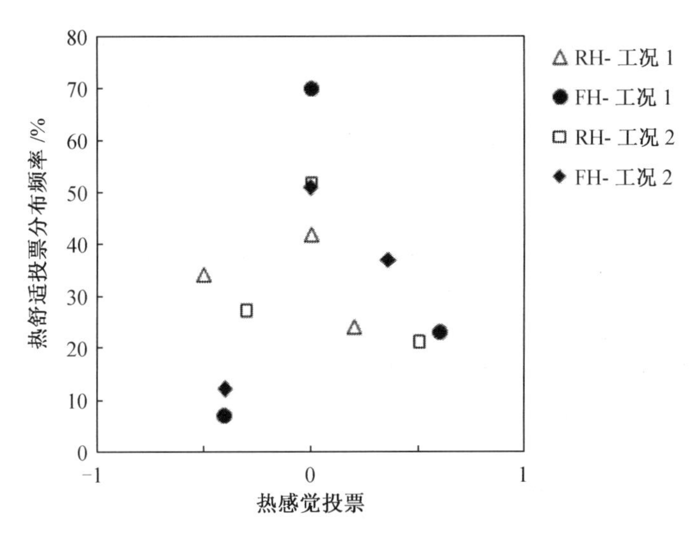

图 6.26　不同工况中受试者全身热感觉与热舒适投票百分比关系[15,16]

由图 6.26 可以看出，同工况中热舒适投票比例最高的点均来自热中性，说明大多数受试者在达到热中性时通常感到热舒适，但在热中性时受试者在不同工况中热舒适的百分比不同。在工况 1 中，地板辐射供暖热舒适的百分比最高，而散热器供暖热舒适的百分比最低。在工况 2 中，热舒适百分比近似相等。

ASHRAE Standard 55—2013 标准规定，人的头部和脚部的垂直空气温差不应大于 3 ℃。实验中受试者额头和脚踝的皮肤温度差异最大，且随着两个部位皮肤温差的降低，受试者全身热舒适提高。受试者全身热舒适投票与额头和脚踝皮肤温差的回归曲线如图 6.27 所示。

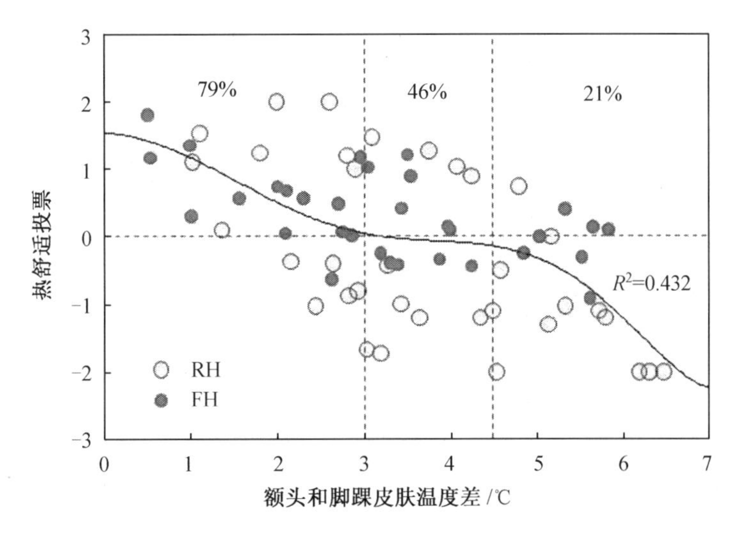

图 6.27　受试者全身热舒适投票与额头和脚踝皮肤温差的回归曲线[15,16]

图6.27 中，当受试者额头和脚踝皮肤温差小于3 ℃时，有79% 的受试者感到热舒适，

这其中有 62% 的投票来自地板辐射供暖环境。当受试者额头和脚踝皮肤温差大于 4.5 ℃ 时，仅有 21% 的受试者感到热舒适。而当受试者额头和脚踝皮肤温差为 3 ~ 4.5 ℃ 时，有近半数受试者感到热舒适。

在不对称供暖热环境中受试者的额头和脚踝的皮肤温差是决定人体全身热舒适的重要生理参数。不同工况中受试者额头和脚踝皮肤温度与全身热舒适投票见表 6.17。

表 6.17　不同工况中受试者额头和脚踝皮肤温度与全身热舒适投票[15]

RH - 工况 1			RH - 工况 2			FH - 工况 1			FH - 工况 2		
额头皮肤温度/℃	脚踝皮肤温度/℃	全身热舒适投票	额头皮肤温度/℃	脚踝皮肤温度/℃	全身热舒适投票	额头皮肤温度/℃	脚踝皮肤温度/℃	全身热舒适投票	额头皮肤温度/℃	脚踝皮肤温度/℃	全身热舒适投票
33.67	29.61	1.0	35.27	30.79	- 1.1	34.42	30.57	- 0.3	33.75	30.99	0.1
33.94	29.61	- 1.2	33.68	31.52	- 0.4	33.46	28.62	- 0.2	34.31	30.94	- 0.4
31.70	28.89	- 0.9	35.86	28.53	- 2.0	32.82	29.34	1.2	34.00	32.02	0.8
32.39	29.37	- 1.7	34.03	29.51	- 2.0	35.95	27.72	0.6	33.61	30.08	0.9
34.58	28.11	- 2.0	33.14	30.45	- 2.0	32.29	29.35	1.2	32.58	32.04	1.2
33.12	28.54	- 0.5	33.48	30.58	1.0	33.22	29.00	- 0.4	33.20	30.03	- 0.2
32.60	29.42	- 2.0	33.92	31.12	1.2	34.75	28.20	1.8	34.01	30.03	0.1
31.79	29.35	- 1.0	35.15	29.83	- 1.0	32.74	29.31	0.4	34.81	31.77	1.0
31.79	30.42	0.1	34.14	30.50	- 1.2	31.57	28.71	0.0	34.22	30.28	0.2
33.16	28.93	0.9	32.08	30.28	1.2	31.56	30.55	0.3	35.16	29.67	- 0.3
33.96	28.25	- 1.1	34.04	28.92	- 1.3	32.47	31.48	1.4	33.35	30.65	0.5
33.33	30.14	- 1.7	33.88	30.80	1.5	34.81	29.49	0.4	36.60	30.95	0.1
33.72	28.94	0.7	33.30	31.31	2.0	33.85	31.77	0.1	34.04	29.02	0.0
33.13	29.86	- 0.4	31.47	32.79	1.7	34.19	28.36	0.1	32.04	29.94	0.7
33.76	31.12	- 0.4	34.57	31.78	2.0	33.57	27.98	- 0.9	34.14	23.94	0.6
33.44	29.70	1.3	32.56	31.53	1.1	34.50	31.22	- 0.4	32.31	29.69	- 0.6
33.10	29.68	- 1.0	30.43	30.54	1.7	—	—	—	—	—	—
32.45	29.52	- 0.8	35.62	29.90	- 1.2	—	—	—	—	—	—
33.67	29.61	1.0	35.12	29.96	0.0	—	—	—	—	—	—
33.94	29.61	- 1.2	32.62	31.51	1.5	—	—	—	—	—	—

2. 热可接受度

受试者全身热可接受度和热感觉投票的关系如图6.28所示。图6.28显示，受试者的全身热可接受度和热感觉投票有较好的线性关系。决定系数 R^2 在地板辐射供暖和散热器供暖环境分别为0.781和0.739，全身热可接受度和热感觉投票成正比。

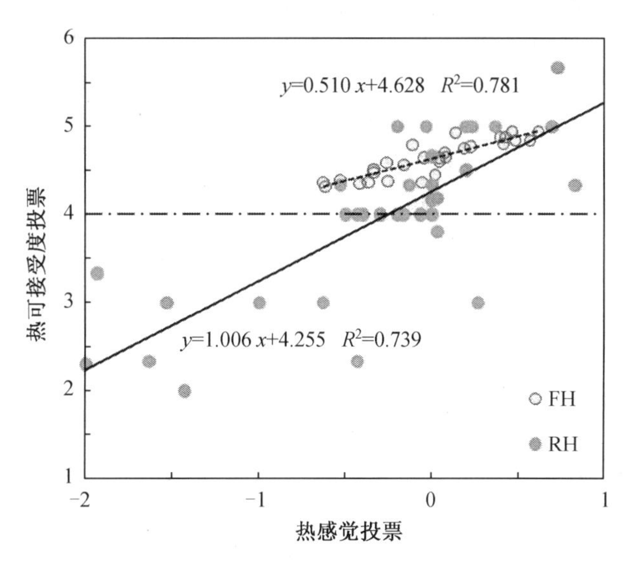

图6.28　受试者全身热可接受度和热感觉投票的关系[15,16]

在地板辐射供暖环境中,全身热感觉投票主要分布在 －1 ~1 范围,即稍凉到稍暖。但在散热器供暖环境中,全身热感觉投票分布范围较广。在地板辐射供暖环境中,热可接受度投票均在4以上,即受试者都能达到热可接受状态。但在散热器供暖环境中,热可接受度投票分布较广,在可接受与不可接受之间。当热感觉投票在 －1 ~0时,热可接受度投票在不同供暖环境中差异较明显。说明在工况1中,地板辐射供暖环境的热可接受度明显高于散热器供暖环境的。

3. 湿感觉和吹风感

不同工况中受试者湿感觉投票分布如图6.29所示。箱线图上的数字为平均相对湿度值。图中显示,受试者的湿感觉投票分布在有点潮湿和有点干燥之间。相对湿度受实验过程中室外气候环境的影响而有所差异。地板辐射供暖环境中的平均相对湿度略高。

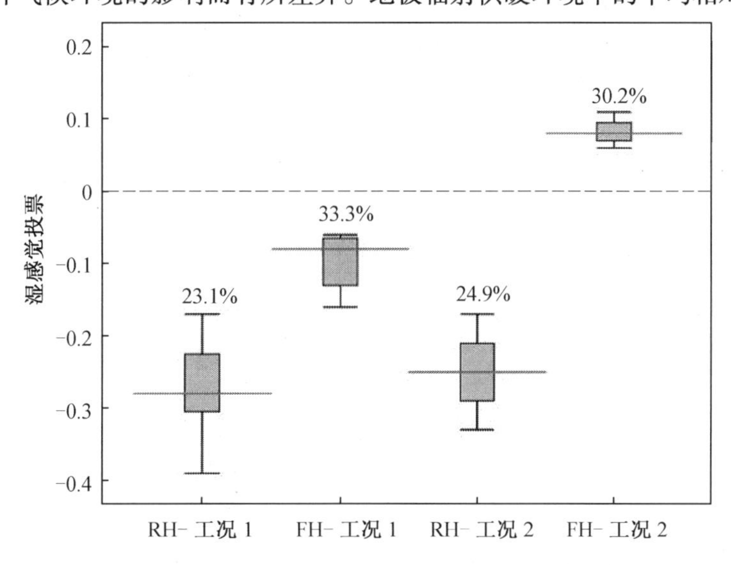

图6.29　不同工况中受试者湿感觉投票分布[15,16]

但在地板辐射供暖环境中,受试者湿感觉投票总是低于散热器供暖环境的,说明受试者在地板辐射供暖环境中感到更加干燥。在工况 2 中,这种差异更加显著。

平均空气流速和受试者吹风感投票值见表 6.18,受试者吹风感投票在“有点闷”和“有点强烈”范围内变化。在散热器供暖环境中,受试者的吹风感略高于地板辐射供暖环境的。

表 6.18　平均空气流速和受试者吹风感投票值[16]

工况	RH - 工况 1	FH - 工况 1	RH - 工况 2	FH - 工况 2
空气流速/($m \cdot s^{-1}$)	0.09	0.09	0.11	0.10
吹风感	-0.42	0.27	-0.03	0.08

6.3.5　讨论

1. 人体生理反应

根据 Gagge[17] 提出的人体体温调节两节点模型,实验中受试者均从事轻体力活动,且服装热阻值相同,故可认为受试者的呼吸热损失相同。由于实验工况为稍凉和热中性两种,因此受试者通过皮肤蒸发和扩散作用的热损失较低。综上可认为受试者在不同环境中的热损失差异主要来自人体与环境的对流和辐射换热。

在相同工况、不同的供暖环境中,实验室 A 的围护结构外窗和墙的内表面温度差异不大,但两种环境下的地板表面温度差异显著。相同工况下两种供暖环境的地板辐射温度差分别为工况 1 是 5.7 ℃,工况 2 是 6 ℃。在散热器供暖环境中,受试者通过脚部热传导造成的热损失较大。此外,由于散热器供暖环境中空气湍流度较大,某种程度上也提高了人体与环境的对流换热量。两种供暖环境热作用区的差异直接导致了全身皮肤温度的差异,在工况 1 中差异更加明显。

在地板辐射供暖环境中,受试者手背的皮肤温度较低,但脚踝皮肤温度较高,而且两种工况下的全身热舒适均较高。这说明,受试者的全身热舒适受手背和脚踝皮肤温度影响较大。人体的手背和脚踝均为肢体末端,其血液循环量较低,因此很容易受到环境温度的影响。但是相对于人体脚踝来说,人的手背经常暴露在空气环境中,因此较适应较低的空气温度和波动。

在实验 30 min 后,受试者的平均心率和收缩压在工况 2 中较低。实验结果符合人体生理热调节规律,即当人体处在较暖的环境中,其血流量增加、毛细血管扩张,从而增加皮肤温度,并促进皮肤和周围环境的热交换。心率增加会加速血液循环,毛细血管扩张会导致血压下降。因此,人体的心率和血压在某种程度上可能反映出其热舒适水平。结果显示,在地板辐射供暖环境下工况 1 所营造的稍凉环境中,受试者的平均心率较高,收缩压较低,这说明受试者可能达到了更暖的生理状态。但需要指出的是,上述的心率和血压差异并不具有统计学上的显著性,且部分差异数值在仪器的测量误差范围内。

2. 人体心理反应

在工况 1 中,受试者的手背、前臂、脚踝和全身热感觉主要分布在稍凉范围,但热舒适投票更接近于热舒适状态。这体现了受试者热感觉滞后于热舒适。即当受试者的局部或者全身热感觉没有低于某一值时,受试者一般也会感到热舒适。Kitagawa[18] 等人发现,当热感觉投票值为 -0.5 时,即感到稍凉而非热中性时,人们感觉最舒适。因此,可以得到这样的结论,即人体的热舒适与其热感觉紧密相关,但热感觉不等于热舒适。然而在实验中发现,受试者在每个工况中的热舒适百分比最高点均对应热中性状态。在地板辐射供暖环境下工况1所营造的稍凉环境中,这种规律更加明显。

一般从事脑力劳动的人更喜好稍凉环境而不是热中性环境。地板辐射供暖稍凉环境可以提供给坐姿受试者更加舒适的工作热环境。在未来的环境设计中,地板辐射供暖对于稍凉环境应该给予更多考虑。这样既可以降低建筑能耗、减少碳排放量,又可以提高工作环境的热舒适。

在相同工况下,地板辐射供暖环境中受试者全身热感觉和热舒适投票值均较高,而在散热器供暖环境中受试者脚踝热感觉和热舒适投票值较低。因此,可以推断受试者的全身热感觉和热舒适主要受到其脚踝热感觉和热舒适的影响。这种现象在工况1中更加明显,这说明受试者在稍凉环境中对局部热不舒适更加敏感。

实验中,受试者在地板辐射供暖环境中感到更加干燥。这可能是由于在地板辐射供暖环境中受试者皮肤湿润度较低。另一个因素可能是由于热羽流作用使地板上的浮尘上飘至人体呼吸区,刺激人的眼睛和呼吸道黏膜形成的干燥感。这些推断在本次实验中并没有进行验证。在实际的供暖环境中,建议使用空气加湿器,以增加空气的湿度并降低环境中灰尘的漂浮。同时,冬季室内采用地板辐射供暖时应保持地板的清洁并经常通风。

实验期间,由于靠近外窗处冷热对流较大,且在散热器供暖稍凉环境中更加显著,因此受试者在散热器供暖稍凉环境中的吹风感较大。

3. 皮肤温差和热可接受度

Zhang[9] 通过实验研究,提出人体"热抱怨"模型,即人体最不舒适部位对全身热舒适产生决定性影响。本实验结果显示,冬季两种末端供暖设备所形成的非均匀室内热环境中,受试者最舒适的部位是额头,最不舒适的部位为脚踝,且全身热舒适随着两者皮肤温差的减小而提高。ASHRAE Standard 55—2013[14] 标准中规定,为保证人体在室内的身体局部热舒适,头部和脚部的空气温差应保证在3 ℃以内。实验发现受试者在非均匀供暖热环境中最舒适的头部和脚部皮肤温差为小于3 ℃,这与 ASHRAE Standard 55—2013 标准中的相关规定一致。同时,发现当受试者的头部和脚部皮肤温差小于3 ℃时,有79% 的受试者感到热舒适;在感到热舒适的投票中有62% 的投票来自地板辐射供暖环境。因此,可以认为由于地板辐射供暖环境保证了较为舒适的头部和脚部皮肤温差,从而使人在相同工况的地板辐射供暖环境中比在散热器供暖环境中感到更高的热舒适性。同时,实验也发现当受试者头部和脚部皮肤温差大于4.5 ℃时,仅有21% 的受试者感到热舒适。而当受试者头部和脚部皮肤温差为3 ~ 4.5 ℃时,有近半数受试者感到热舒适。

课题组前期的实验研究发现,人体在非均匀供暖环境中,全身热可接受度与身体部位间的热感觉之差最大值有较好的线性关系。通过减小人体部位间的热感觉之差最大值,可以总体上提高人体对所处环境的热可接受度。本实验中,对应受试者的额头和脚踝的皮肤温度,受试者的额头热感觉在不同工况中普遍较高,脚踝热感觉普遍较低。实验中地板辐射供暖方式使受试者的额头热感觉降低,提高了脚踝的热感觉,因此提高了受试者对相同工况下室内热环境的全身热可接受度。受试者的全身热可接受度在地板辐射供暖环境中明显高于散热器供暖环境的。由此可见,使用地板辐射供暖方式,可以改善全身热舒适和热可接受度。即使在稍凉的供暖环境中,使用地板辐射供暖方式也可以达到较高的热可接受度。

本章主要参考文献

[1] 何亚男. 冷辐射环境中人体生理与心理响应的实验研究[D]. 哈尔滨:哈尔滨工业大学, 2012.

[2] 王昭俊. 严寒地区居室热环境与热舒适性研究[D]. 哈尔滨:哈尔滨工业大学, 2002.

[3] WANG Z J, WANG G, LIAN L M. A field study of the thermal environment in residential buildings in Harbin[J]. ASHRAE Transactions, 2003, 109(2):350-355.

[4] WANG Z J, ZHANG L, ZHAO J N, et al. Thermal responses to different residential environments in Harbin[J]. Building and Environment, 2011, 46(11):2170-2178.

[5] ANSI/ASHRAE Standard 55—2004. Thermal environmental conditions for human occupancy[S]. Atlanta:American Society of Heating, Refrigerating, and Air-Conditioning Engineers, Inc. , 2004.

[6] MCINTYRE D A. Indoor climate[M]. London:Applied Science Publisher, 1980.

[7] 王昭俊,何亚男,侯娟,等. 冷辐射不均匀环境中人体热响应的心理学实验[J]. 哈尔滨工业大学学报, 2013, 45(6):59-64.

[8] WANG Z J, HE Y N, HOU J, et al. Human skin temperature and thermal responses in asymmetrical cold radiation environments[J]. Building and Environment, 2013, 67(9):217-223.

[9] ZHANG H. Human thermal sensation and comfort in transient and non-uniform thermal environments[D]. Berkeley:University of California at Berkeley Ph. D. Thesis, 2003.

[10] MCNALL P E, BIDDISON R E. Thermal and comfort sensations of sedentary persons exposed to asymmetric radiant fields[J]. ASHRAE Transactions, 1970, 76(1):123-136.

[11] FANGER P O. Thermal comfort[M]. Copenhagen:Danish Technical Press, 1970.

[12] 侯娟. 不对称辐射热环境中人体热舒适的实验研究[D]. 哈尔滨:哈尔滨工业大学, 2013.

[13] 王昭俊,侯娟,康诚祖,等. 不对称辐射热环境中人体热反应实验研究[J]. 暖通空调, 2015, 45(6): 58,59-63.

[14] ANSI/ASHRAE Standard 55—2013. Thermal environmental conditions for human occupancy[S]. Atlanta:American Society of Heating, Refrigerating, and Air-Conditioning Engineers, Inc. , 2013.

[15] 宁浩然. 严寒地区供暖建筑环境人体热舒适与热适应研究[D]. 哈尔滨:哈尔滨工业大学, 2017.

[16] WANG Z J, NING H R, JI Y C, et al. Human thermal physiological and psychological responses under different heating environments[J]. Journal of Thermal Biology, 2015, 52(8):177-186.
[17] GAGGE A P. ASHRAE research on thermal comfort—a physiologist's view[J]. ASHRAE Journal, 1970, 13(2):60-61.
[18] KITAGAWA K, KOMODA N, HAYANO H, et al. Effect of humidity and small air movement on thermal comfort under a radiant cooling ceiling by subjective experiments[J]. Energy and Buildings, 1999, 30(2):185-193.

第7章　不均匀环境热舒适评价

本章将基于第5章和第6章的实验研究结果,介绍不均匀环境评价指标及评价方法,如考虑局部热反应的热感觉评价模型、基于热感觉或热舒适的热可接受度评价模型。

7.1　不均匀辐射环境评价指标

7.1.1　平均辐射温度

平均辐射温度是一个假想的等温围合面的表面温度,人体与该围合面间的辐射换热量等于人体与实际的非等温围合面间的辐射换热量。下面介绍几种常见的平均辐射温度的计算方法。

1. 定义法

假设围护结构内表面均为漫灰表面,发射率等于吸收率,遵循兰贝特余弦定律,从任何表面发射和反射辐射均为漫反射分布,与方向无关。假定房间为黑表面,即发射率为1,反射率为0,则由平均辐射温度的定义可得

$$\varepsilon\sigma A_{\mathrm{cl}}(\mathrm{MRT}^4 - T_{\mathrm{cl}}^4) = \varepsilon\sigma(T_1^4 F_{1\to \mathrm{p}} A_1 + T_2^4 F_{2\to \mathrm{p}} A_2 + \cdots + T_N^4 F_{N\to \mathrm{p}} A_N) - \varepsilon\sigma A_{\mathrm{cl}} T_{\mathrm{cl}}^4 \tag{7.1}$$

式中　MRT——平均辐射温度,K;

ε——发射率;

σ——玻尔兹曼常数,5.67×10^{-8} W/($\mathrm{m}^2\cdot\mathrm{K}^4$);

T_{cl}——着装人体的表面温度,K;

A_{cl}——着装人体的表面积,m^2;

$T_1, T_2, \cdots, T_N$——各表面温度,K;

$F_{i\to p}$——表面 i 对人体的角系数;

$A_1, A_2, \cdots, A_N$——各表面面积,m^2。

角系数性质见式(7.2),可根据该式进一步简化得平均辐射温度计算式(7.3)。

$$F_{i\to p} A_i = F_{p\to i} A_{cl} \tag{7.2}$$

$$\mathrm{MRT}^4 = T_1^4 F_{p\to 1} + T_2^4 F_{p\to 2} + \cdots + T_N^4 F_{p\to N} \tag{7.3}$$

式中　$F_{p\to i}$——人体对表面 i 的角系数。

由于辐射具有方向性,因此辐射换热与辐射表面的大小、形状以及和其他围护结构表面的相对位置等因素有关。上述因素可用辐射角系数表示,其定义为离开某表面的辐射能量直接落到另外一个表面的比例,称为该表面对另一个表面的角系数。

下面利用热辐射的基本规律来推导角系数的数学表达式。两个非凹表面几何特征如

图 7.1 所示，dA_1 和 dA_2 分别是两个非凹黑体表面 A_1 和 A_2 上的两个微元面，r 为两微元面之间的距离，θ_1 和 θ_2 分别为微元面 dA_1 和 dA_2 的法线与两微元面连线间的夹角。

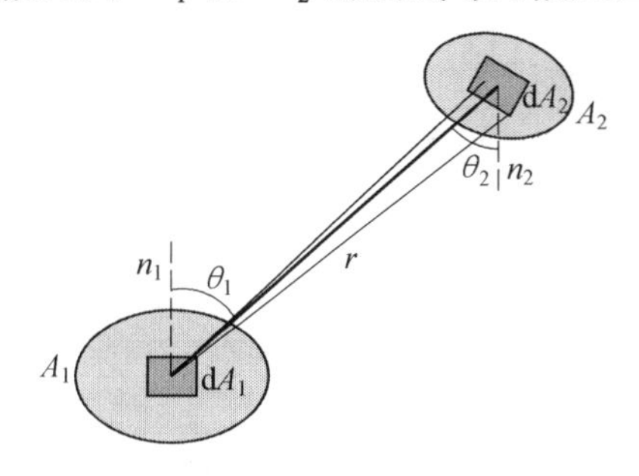

图 7.1　两个非凹表面几何特征

根据定向辐射强度的定义，黑体微元面 dA_1 发出并投射到 dA_2 上的辐射能为

$$d^2\Phi_{dA_1\to dA_2} = I_{b1,\theta} d\omega_1 dA_1 \cos\theta_1 \tag{7.4}$$

式中　$I_{b1,\theta}$——微元面 dA_1 的定向辐射强度；

$d\omega_1$——立体角。

根据兰贝特余弦定律，微元面 dA_1 的单位面积发射辐射能为

$$E_{b1} = I_{b1,\theta}\pi \tag{7.5}$$

式中　$I_{b1,\theta}$——定值，与方向 θ 无关。

根据立体角定义，可知

$$d\omega_1 = \frac{dA_2\cos\theta_2}{r^2} \tag{7.6}$$

将式(7.5)和(7.6)代入式(7.4)可得

$$d^2\Phi_{dA_1\to dA_2} = E_{b,1}\frac{\cos\theta_1\cos\theta_2}{\pi r^2}dA_1 dA_2 \tag{7.7}$$

则根据定义可得黑体微元面 dA_1 对 dA_2 的角系数

$$F_{dA_1\to dA_2} = \frac{d^2\Phi_{dA_1\to dA_2}}{dA_1 E_{b1}} = \frac{\cos\theta_1\cos\theta_2}{\pi r^2}dA_2 \tag{7.8}$$

得出有限面 A_1 对有限面 A_2 的角系数

$$F_{A_1\to A_2} = \frac{\int_{A_1}\int_{A_2} d^2\Phi_{dA_1\to dA_2}}{E_{b1}} = \frac{1}{A_1}\int_{A_1}\int_{A_2}\frac{\cos\theta_1\cos\theta_2}{\pi r^2}dA_1 dA_2 \tag{7.9}$$

同理，可得有限面 A_2 对有限面 A_1 的角系数

$$F_{A_2\to A_1} = \frac{\int_{A_1}\int_{A_2} d^2\Phi_{dA_2\to dA_1}}{E_{b2}} = \frac{1}{A_2}\int_{A_1}\int_{A_2}\frac{\cos\theta_1\cos\theta_2}{\pi r^2}dA_1 dA_2 \tag{7.10}$$

根据式(7.9)和(7.10)，可得角系数的以下性质：

$$F_{A_1\to A_2}A_1 = F_{A_2\to A_1}A_2 \tag{7.11}$$

根据角系数的定义，以上推导仍然适用于非黑体表面。

由于人体形状较复杂，辐射角系数的求解较困难。Fanger[1] 采用摄像法给出了坐姿人体对矩形房间水平和垂直面的角系数，如图 7.2 所示。

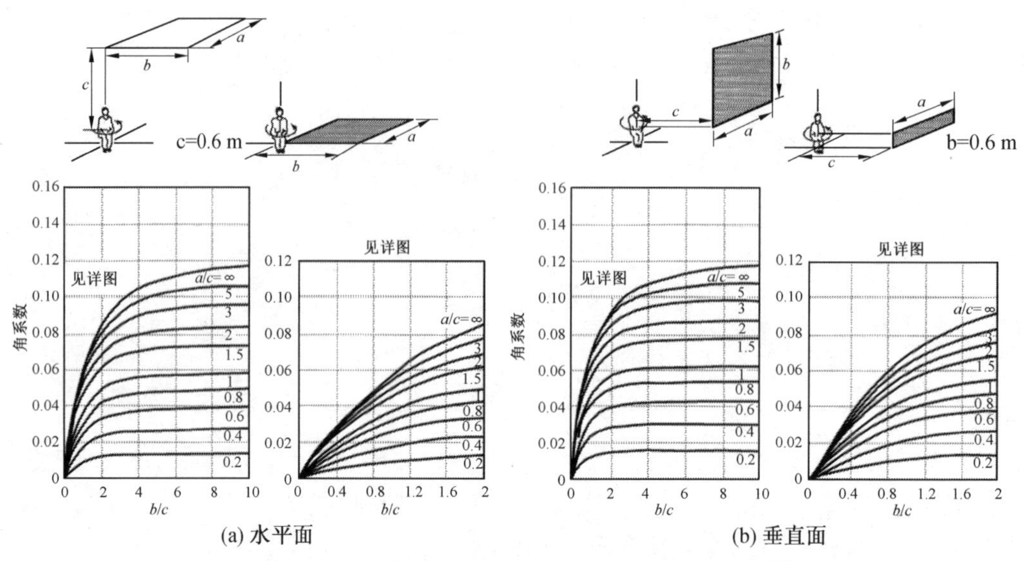

图 7.2　坐姿人体对矩形房间水平和垂直面的角系数[1]

2. 黑球温度计间接测量法

由于角系数计算复杂，而黑球温度计测量法计算平均辐射温度简单高效，应用比较普遍。黑球温度计由一个涂黑的薄壁空心球体内装温度计组成，感温包位于铜球中心。使用时将黑球温度计置于测点处，使其与周围环境达到热平衡。此时感温包的温度等于黑球表面平均温度，在热平衡状态，黑球的净换热量为零，则有计算公式为

$$\sigma\varepsilon(t_g^4 - \bar{t}_r^4) + h_c(t_g - t_a) = 0 \tag{7.12}$$

式中　t_g—— 黑球温度，K；

$\bar{t}_r$—— 平均辐射温度，K；

t_a—— 空气温度，K；

h_c—— 对流换热系数，W/(m^2 · K)。

则得平均辐射温度计算公式为

$$\bar{t}_r = \left[t_g^4 + \frac{h_c}{\sigma\varepsilon}(t_g - t_a)\right]^{\frac{1}{4}} \tag{7.13}$$

如果平均辐射温度与空气温度近似相等，黑球温度计间接测量法可以简化为[2]

$$\bar{t}_r = t_a + 2.44\sqrt{v}(t_g - t_a) \tag{7.14}$$

式中　v—— 空气流速，m/s。

7.1.2　操作温度

操作温度是一个假想的等温围合面的表面温度，人体与该围合面间的辐射和对流换热量等于人体与实际的非等温围合面间的辐射和对流换热量。操作温度的计算式为

$$t_o = \frac{h_r\bar{t}_r + h_c t_a}{h_r + h_c} \tag{7.15}$$

式中　t_o—— 操作温度，K；

$\bar{t}_r$—— 平均辐射温度，K；

t_a—— 空气温度，K；

h_r—— 辐射换热系数，W/(m² · K)；

h_c—— 对流换热系数，W/(m² · K)。

当空气温度和平均辐射温度相差不超过4 K或者空气流速小于0.2 m/s时，可用简化公式计算[3]

$$t_o = \frac{\bar{t}_r + t_a}{2} \tag{7.16}$$

7.1.3　不对称辐射温度

不对称辐射温度是指房间中相对两个壁面的平板辐射温度之差的最大值，其值取决于房间不同方向的不对称性。在计算不对称辐射温度时，需要计算房间不同围护结构面对某个微元面的角系数，然后计算平均辐射温度，求出相对表面的平均辐射温度之差，取最大值，即为不对称辐射温度。竖直不对称辐射温度是上、下方向辐射温度之差，水平不对称辐射温度是所有水平方向不对称辐射温差的最大值。因此，不对称辐射温度可以直接反映热环境的不对称辐射程度。

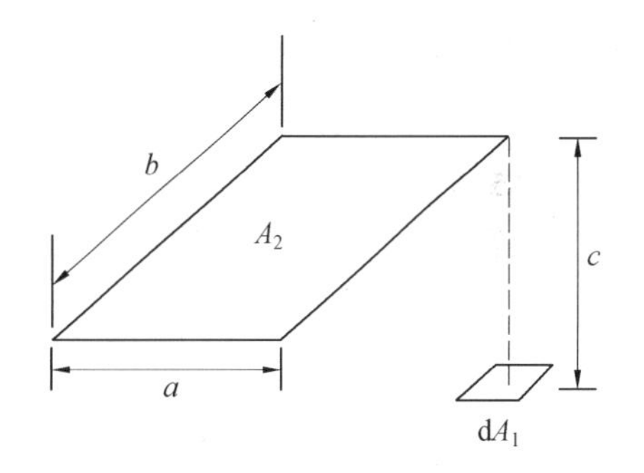

(a) 微元面对水平面的角系数

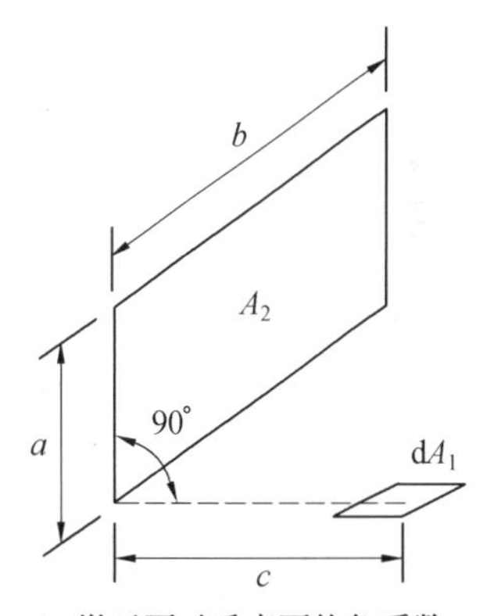

(b) 微元面对垂直面的角系数

图 7.3　微元面对水平面和垂直面的角系数

计算不对称辐射温度时需要先计算平板辐射温度，然后再计算各相对方向平板辐射温度的差值。平板辐射温度是一个假想的等温围合面的表面温度，在给定方向某微元面的入射辐射量等于实际环境对该微元面的辐射量，则等温围合面的温度即为该方向的平板辐射温度。因此，平板辐射温度描述了某一方向上的热辐射，该值的大小与方向有关。其计算公式仍可以采用平均辐射温度的定义式(7.3)，但角系数的意义及计算方法与平均辐射温度角系数计算有差异，ASHRAE Handbook Fundamentals[4] 给出了详细的计算公式。图 7.3 给出了微元面对水平面和垂直面的角系数。

计算公式分别为

$$x = \frac{a}{c},\quad y = \frac{b}{c},\quad F_{d_1\to 2} = \frac{1}{2\pi}\left(\frac{x}{\sqrt{1+x^2}}\tan^{-1}\frac{y}{\sqrt{1+x^2}} + \frac{y}{\sqrt{1+y^2}}\tan^{-1}\frac{x}{\sqrt{1+y^2}}\right) \tag{7.17}$$

$$x = \frac{a}{c},\quad y = \frac{b}{c},\quad F_{d1\to 2} = \frac{1}{2\pi}\left(\tan^{-1}\frac{1}{y} - \frac{y}{\sqrt{x^2+y^2}}\tan^{-1}\frac{1}{\sqrt{x^2+y^2}}\right) \tag{7.18}$$

7.2　冷辐射环境评价模型

在冷辐射环境中,人体的全身热感觉不仅取决于环境参数,还取决于人体的局部热感觉。因此,应该研究全身热感觉和局部热感觉的关系、全身热可接受度与全身热感觉的关系、全身热可接受度与全身热舒适的关系,以便在冷辐射不均匀环境中控制对全身热感觉影响程度最大的部位的热感觉状态,建立冷辐射不均匀环境中人体热反应评价模型。

7.2.1　热感觉评价模型

研究全身热感觉与局部热感觉的关系一般采用多元线性回归方法,但是人体各部位的热感觉是相互关联的,具有多重共线性。同时,由于受试者重复参加了若干个工况的实验,同一受试者在不同工况中的热反应存在自相关。因此,全身热感觉与局部热感觉的关系不能简单地采用多元线性回归的方法。

逐步回归法、岭回归法、主成分分析法可以消除多重共线性,差分法和迭代法可以消除自相关。由于本实验的数据相对较少,在进行回归时主要考虑消除多重共线性,而忽略自相关。

主成分分析法主要是利用降维的思想,在尽量减少损失信息的前提下将多个指标转化为少数几个互不相关的综合指标(主成分)的多元统计方法。即利用原始数据的相关系数矩阵及其特征值和特征向量,选择主成分的个数,并计算主成分的载荷,即原始数据与主成分的线性组合系数,得到主成分与原始变量的线性方程。将主成分与因变量进行线性回归,得到因变量与主成分的线性回归方程。再将主成分转换为原始变量,即可得到因变量与原始变量的关系。

采用主成分分析法,对具有 6.1 节有冷辐射的稍凉工况和热中性工况中的全身和局部热感觉投票进行回归分析,得到基于各部位影响权重的不均匀环境中人体热感觉评价模型为[5]

$$TSV = 0.18TSV_{forehead} + 0.28TSV_{back} + 0.33TSV_{hand} + 0.33TSV_{calf} + 0.33TSV_{arm} - 0.011 \tag{7.19}$$

式中　TSV—— 全身热感觉投票值;

$TSV_{forehead}$—— 额头热感觉投票值;

TSV_{back}—— 后背热感觉投票值;

TSV_{hand}—— 手背热感觉投票值;

TSV_{calf}—— 小腿热感觉投票值;

TSV_{arm}—— 前臂热感觉投票值。

由式(7.19)可见,手背、小腿和前臂的系数相等,说明这 3 个部位对全身热感觉的影响程度相同。额头的系数最小,说明额头的热感觉对全身热感觉的影响最不明显。

Crawshaw 等认为人的脸部、背部和胸部对冷感觉最敏感[6]。张宇峰等也认为脸部、胸部和背部的热感觉对全身热感觉的影响权重更大[7]。

在本实验中,受试者背对外窗而坐,在两个工况中头部和背部的温度都较高,头部和背部的热感觉也最高。由于受试者身着冬季较厚的服装,无法测量胸部皮肤温度,故未对该部位的热感觉进行调查。实验中前臂、手背和小腿的热感觉较低。现场调查结果也表明靠窗组受试者的腿部感到最冷,其次为手背和后背[8]。

具有冷辐射的不均匀环境中基于各部位影响权重的人体热感觉评价模型反映了冷辐射环境中全身热感觉与局部热感觉的关系,即用某环境下的人体局部热感觉计算得到的全身热感觉来评价冷辐射环境。该评价模型在全身热感觉为稍凉至热中性的范围内适用。

7.2.2　热可接受度评价模型

在稳态均匀的空调环境中,采用Fanger提出的PMV－PPD指标评价热环境舒适性,PMV－PPD反应的是全身热感觉。PMV模型并不适用于局部热感觉具有明显差异的冷辐射环境中人体热感觉评价。在局部热暴露条件下,全身热感觉偏离热中性,或部位间热感觉之差大于0都会造成人体对热环境不满意率的增加[7]。在局部热暴露条件下,二者可能同时出现。这种情况下,受试者对热环境可接受程度的判断是感知全身热感觉和部位间热感觉之差的综合结果。同样,人体对冷辐射环境的可接受程度依赖于局部和全身的热感觉。

本节将以人体热可接受度为评价指标,建立冷辐射不均匀环境热感觉评价模型。全身热可接受度采用6级标度,即1——完全不可接受,2——中等不可接受,3——有点不可接受,4——有点可接受,5——一般可接受,6——完全可接受。

由6.1节热中性工况和稍凉工况中的热感觉分析可知,在具有冷辐射的不均匀环境中,人体各部位间的热感觉投票存在较大的差异。采用热可接受度与部位间热感觉之差最大值做拟合分析[7],热可接受度投票与部位间热感觉之差最大值的关系如图7.4所示。通过线性回归,得到采用部位间热感觉之差最大值x评价具有外墙和外窗冷辐射以及电加热器供暖不均匀环境中全身热可接受度的模型为

$$V = -0.9918x + 5.3336 \tag{7.20}$$

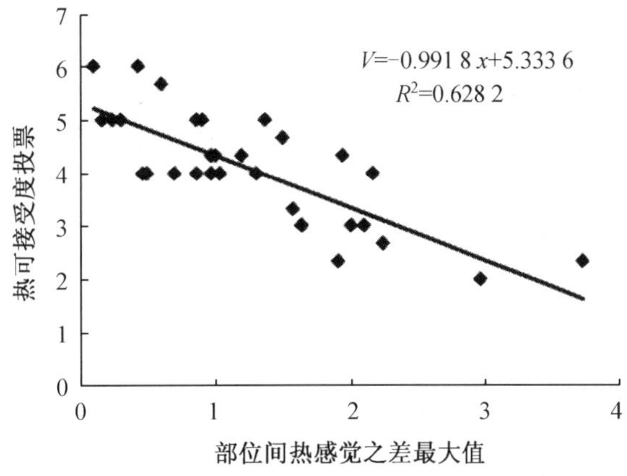

图7.4　热可接受度投票与部位间热感觉之差最大值的关系[9]

决定系数$R^2 = 0.6282$,说明热可接受度与部位间热感觉之差的最大值有良好的线性关系。随着部位间热感觉之差的最大值的增加,即各部位间的局部热感觉的差异性增加,热可接受度降低。

当$x = 0$时,$V = 5.3$,介于“中等可接受”和“完全可接受”之间。当$x > 1.3$,$V < 4$,即当部位间热感觉之差的最大值大于1.3个标度时,人体对热环境“不可接受”。

7.2.3 评价模型分析

1. 热可接受度与热感觉

在具有冷辐射的不均匀工况中，热可接受度投票与全身热感觉投票的关系如图 7.5 所示。

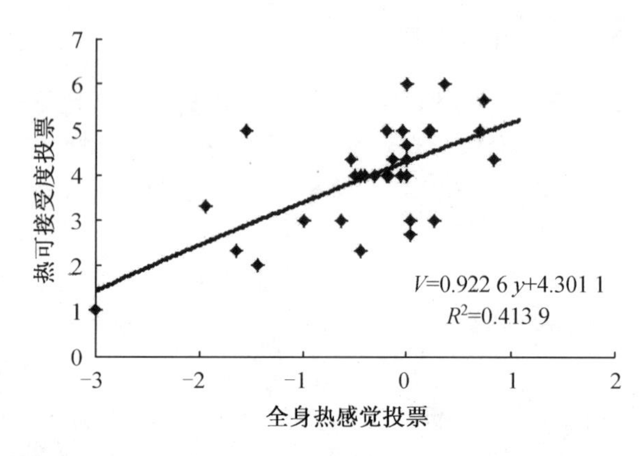

图 7.5 热可接受度投票与全身热感觉投票的关系[9]

由于本实验工况的平均热感觉为稍凉和热中性，因此热感觉投票的最大值为 1。由图 7.5 可知，当热感觉投票值为 -3 时，对应的热可接受度为"完全不可接受"。当热感觉投票为热中性时，热可接受度从"中等不可接受"变化至"完全可接受"。当热感觉投票接近于稍暖时，热可接受度的范围为"有点可接受"至"完全可接受"，均在"可接受"的范围内。图 7.5 的回归方程为

$$V = 0.9226y + 4.3011 \qquad (7.21)$$

式中 V—— 热可接受度投票；

y—— 全身热感觉投票。

决定系数 $R^2 = 0.4139$，说明热可接受度与全身热感觉有一定的相关性。在具有冷辐射的非均匀环境中，热可接受度是人们对全身热感觉和局部热感觉的综合感知，不能仅用全身热感觉来评价具有冷辐射的非均匀环境的热可接受度。

2. 热可接受度与热舒适

分析稍凉工况和热中性工况的全身热舒适投票和对应的热可接受度投票，得到热可接受度与全身热舒适的关系，如图 7.6 所示，其回归方程为

$$V = 1.3548z + 3.9102 \qquad (7.22)$$

式中 V—— 热可接受度投票；

z—— 全身热舒适投票。

决定系数 $R^2 = 0.6292$，表示热可接受度与全身热舒适有良好的线性关系。说明具有冷辐射的非均匀环境中，可采用全身热舒适来评价热可接受度。

令 $V = 6$，求得 $z = 1.5$；令 $V = 4$，求得 $z = 0.07$。即当人体的全身处于"舒适"和"非常舒适"时，人体对热环境"完全可接受"；当全身处于"有点舒适"时，人体对热环境"有点可接受"。

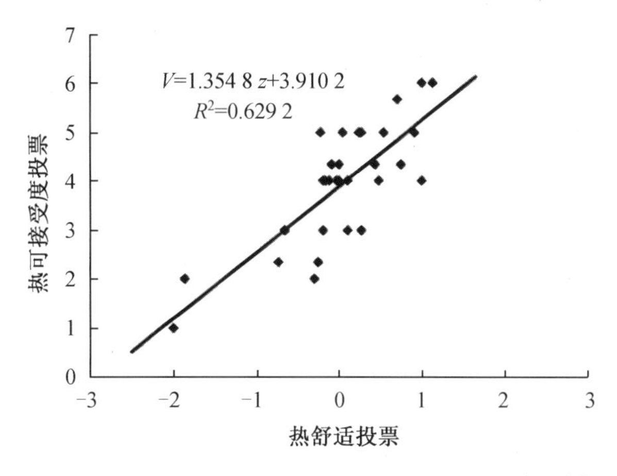

图 7.6　热可接受度投票与全身热舒适投票的关系[9]

在具有冷辐射的不均匀热环境中，热可接受度与全身热舒适具有很好的相关性，而热可接受度与全身热感觉出现分离。因为在冷辐射不均匀热环境中，即使全身热感觉为热中性，人体某些部位可能受来自外窗和外墙冷辐射的影响而感到不适，从而影响人体对热环境的热可接受度。

7.3　地板辐射供暖不对称辐射环境评价模型

7.3.1　热感觉评价模型

在不均匀环境中，人体不同部位的热感觉是相互影响的，即不同自变量之间有多重共线性。多重共线性可采用不显著系数法、相关矩阵法、特征值和条件指标等方法来检验。同时，可采用逐步回归法、主成分分析法等来消除多重共线性。本节采用不显著系数法和逐步回归法来检验和消除局部热感觉之间的多重共线性。

本节针对地板辐射供暖不对称辐射环境[10]进行分析，将不同工况（实验工况详见第6章）每次实验的所有受试者的局部和全身热感觉投票值进行逐步回归法分析。自变量 X_1、X_2、X_3、X_4、X_5 分别表示受试者额头、后背、手背、前臂和小腿的热感觉投票值，因变量 Y 为受试者的全身热感觉投票值，表 7.1 为偏回归系数的显著性检验。

表 7.1　偏回归系数的显著性检验

自变量	X_1	X_2	X_3	X_4	X_5
偏回归系数	−0.004	0.212	0.157	0.186	0.419
P 值	0.878	0.000	0.000	0.000	0.000

注：显著性水平 $\alpha = 0.05$。

由表 7.1 可知，自变量 X_1 的偏回归系数最小，为 −0.004，显著性检验 $P = 0.878 > 0.05$。

自变量 X_2、X_3、X_4、X_5 的偏回归系数的显著性检验 P 值均小于 0.05。因此将 X_1 剔除，引入以 X_2、X_3、X_4、X_5 为自变量，Y 为因变量，重新进行线性回归，再次得到偏回归系数的显著性检验，见表 7.2。

表 7.2　剔除自变量 X_1 后得到的偏回归系数的显著性检验

自变量	X_2	X_3	X_4	X_5
偏回归系数	0.211	0.156	0.185	0.419
P 值	0.000	0.000	0.000	0.000

注：显著性水平 $\alpha = 0.05$。

由表7.2可知，自变量 X_2、X_3、X_4、X_5 的显著性检验 P 值均等于 $0.000 < 0.05$，即自变量 X_2、X_3、X_4、X_5 对因变量 Y 的线性关系均十分显著。因此，最终选择后背、手背、前臂和小腿的热感觉与全身热感觉进行线性回归，得到人体热感觉评价模型，见式(7.23)[10]。

$$\mathrm{TSV} = 0.211\mathrm{TSV}_{\mathrm{back}} + 0.156\mathrm{TSV}_{\mathrm{hand}} + 0.185\mathrm{TSV}_{\mathrm{arm}} + 0.419\mathrm{TSV}_{\mathrm{calf}} - 0.005 \tag{7.23}$$

式中　TSV—— 全身热感觉投票；

$\mathrm{TSV}_{\mathrm{back}}$—— 后背热感觉投票；

$\mathrm{TSV}_{\mathrm{hand}}$—— 手背热感觉投票；

$\mathrm{TSV}_{\mathrm{arm}}$—— 前臂热感觉投票；

$\mathrm{TSV}_{\mathrm{calf}}$—— 小腿热感觉投票。

由上式可知，在局部热感觉投票中，额头对全身热感觉的投票值没有影响。小腿的偏回归系数最大，为0.419，即小腿的热感觉投票值对全身热感觉投票值影响最大。后背、前臂和手背的偏回归系数依次减小，也即后背、前臂和手背的热感觉对全身热感觉的影响依次减弱。这一结果与主观投票结果相对应，即小腿的热感觉投票值最小，为最不利部位，对全身热感觉影响最大，遵循“抱怨模式”。

用上式计算得到全身热感觉的预测值 y，与本实验全身热感觉的投票值 x 进行线性拟合，得相关系数 $R = 0.93$。可知，用热感觉评价模型得到的全身热感觉预测值与实际投票值吻合较好。因此，在地板辐射供暖不对称辐射环境中可以用式(7.23) 预测全身热感觉，即用局部热感觉来评价该环境下人体的全身热感觉。

7.3.2　热可接受度评价模型

1. 热可接受度与全身热感觉的关系

热可接受度投票与全身热感觉投票的线性关系如图7.7所示。图中每点均为各工况下所有受试者每次投票的平均值。可见，本实验条件下，受试者的全身热感觉投票值为 $-0.6 \sim 0.6$；热可接受度投票值为 $0.1 \sim 0.6$，介于“有点可接受” 和“完全可接受” 之间。当全身热感觉投票值为 -0.6 时，热可接受度最低，为0.15，接近于“有点可接受”；随着全身热感觉投票值的增大，热可接受度从“有点可接受” 向“完全可接受” 变化；但是当全身热感觉为“热中性” 时，热可接受度并没有全部趋于“完全可接受”。

由回归方程的决定系数 $R^2 = 0.630$ 可知，全身热可接受度投票和全身热感觉投票之间并不具有很强的线性相关性。因此可知，在不对称辐射热环境中，热可接受度并不唯一取决于全身热感觉。

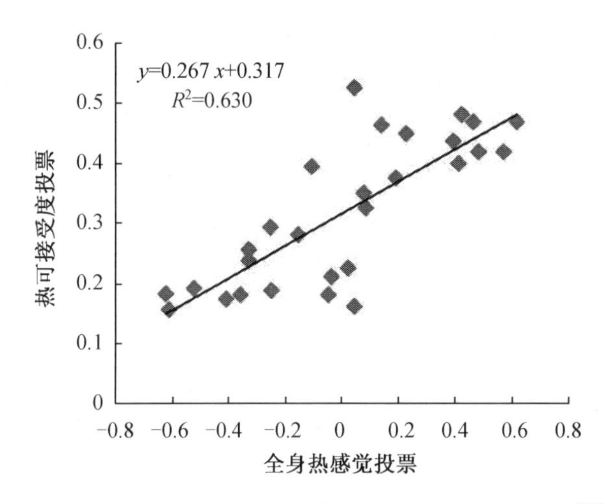

图7.7　热可接受度投票与全身热感觉投票的线性关系[10]

2. 热可接受度与部位间热感觉之差最大值的关系

在不对称辐射热环境中，局部热感觉的差异性较为明显。因此，采用部位间热感觉之差的最大值来评价非均匀环境中的热可接受度投票。对热可接受度和部位间热感觉之差最大值进行线性拟合，得到以下方程

$$y = 0.24x + 0.438 \tag{7.24}$$

式中　y—— 热可接受度投票；

x—— 部位间热感觉之差最大值。

由线性回归方程式的决定系数 $R^2 = 0.477$ 可知，热可接受度和部位间热感觉之差最大值存在线性相关性。随着部位间热感觉之差最大值的增大，热可接受度呈下降趋势。

3. 热可接受度与全身热舒适的关系

图7.8为热可接受度投票与全身热舒适投票之间的关系。由图可知，全身热舒适的投票值为 −0.1 ~ 0.8，热可接受度的投票值为0.1 ~ 0.6。当全身热舒适投票值为 −0.1，即接近于“有点不舒适”时，对应的热可接受度为0.15，接近于“有点可接受”；当全身热舒适投票值为0.73，即接近于“舒适”时，对应的热可接受度投票达到最大值，为0.53。对热可接受度投票和全身热舒适投票进行线性拟合，得到以下回归方程

$$y = 0.424x + 0.174 \tag{7.25}$$

式中　y—— 热可接受度投票；

x—— 全身热舒适投票。

由线性回归方程的决定系数 $R^2 = 0.888$ 可知，热可接受度投票和全身热舒适投票之间存在较强的线性相关性。即随着全身热舒适投票值的增大，热可接受度随之提高。因此，在不对称辐射热环境中，可用全身热舒适来预测热可接受度。

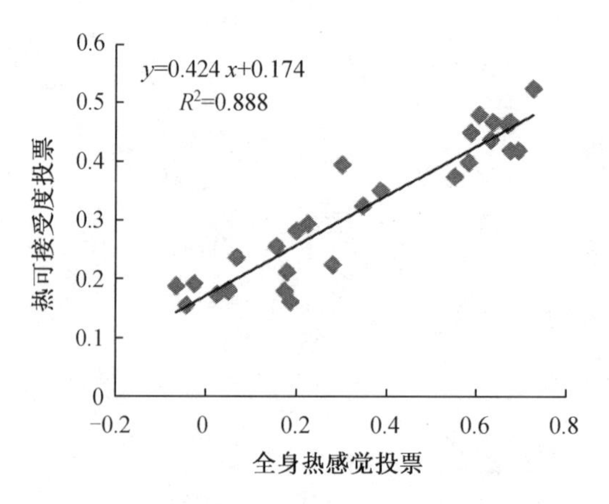

图 7.8　热可接受度投票与全身热舒适投票之间的关系[10]

7.4　散热器供暖热环境评价模型

7.4.1　热感觉评价模型

散热器供暖环境实验工况[11] 设置详见第 5 章,采用逐步回归法建立热感觉评价模型。

由于在整个实验过程中受试者热感觉投票基本很稳定,故将 30 ~ 90 min 受试者所有的热感觉投票进行统计。因变量 T 表示全身热感觉投票,自变量 M_1(额头)、M_2(后背)、M_3(手背)、M_4(小腿)、M_5(前臂) 分别表示这 5 个部位的局部热感觉投票。在引入变量时,将偏回归系数最显著的变量引入回归方程,如果由于引入新的变量而使已进入方程的变量不显著时,则将新引入的变量剔除。不断重复这一过程,直到无法剔除和引用变量时回归过程结束,得到回归方程。表 7.3 是回归系数的 F 检验,可知 T 受 M_1 ~ M_5 的影响均很显著。

表 7.4 是回归分析引入/剔除变量表,共形成 4 种模型,进入变量分别为 M_5;M_5、M_2;M_5、M_2、M_3;M_5、M_2、M_3、M_4。

表 7.3　回归系数的 F 检验

	M_1	M_2	M_3	M_4	M_5
R^2	0.667	0.765	0.715	0.736	0.816
P 值	0.000	0.000	0.000	0.000	0.000

表 7.4　回归分析引入/剔除变量表

模型	引入变量	剔除变量	方　法
1	M_5	—	逐步回归法(当概率 $F \leqslant 0.05$ 时引入变量,概率 $F \geqslant 0.1$ 时剔除变量)
2	M_2	—	
3	M_3	—	
4	M_4	—	

表 7.5 是各模型概况，可以看出模型 3 和 4 的相关系数最大，回归系数很显著（$P < 0.05$）。对模型 3 和 4 的偏回归系数进行 t 检验，发现模型 4 有部分回归系数不显著，而模型 3 的所有偏回归系数都显著（$P < 0.05$）。由此选择后背、手背和前臂的局部热感觉与全身热感觉进行回归，得到以下关系式[11]

$$T = 0.315M_5 + 0.387M_2 + 0.240M_3 - 0.018 \tag{7.26}$$

从式(7.26) 可以看出，在局部热感觉投票中，后背的热感觉对全身热感觉影响最大，额头与小腿对全身热感觉几乎没有影响。即当环境温度发生变化时，后背、手背和前臂的敏感程度与全身的敏感程度具有一致性。此部分仍然与热感觉投票结果一致，充分说明了此处得到的回归方程适用。

表 7.5　各模型概况

模型	R	R^2	调整后 R^2	标准误差
1	0.903	0.816	0.815	0.313
2	0.921	0.849	0.846	0.285
3	0.931	0.867	0.864	0.268
4	0.935	0.875	0.870	0.262

7.4.2　热可接受度评价模型

1. 用热感觉评价热可接受度

热可接受度投票与全身热感觉投票的线性回归分析如图 7.9 所示，热可接受度的平均值分布在 0.39 ~ 0.73，介于“有点可接受”和“完全可接受”之间。热可接受度随着全身热感觉投票值的增大而增大。当全身热感觉为热中性时，热可接受度为 0.46，并不是“完全可接受”。而多数热感觉投票对应的是热可接受度的一个范围，如全身热感觉投票 0.1 对应的热可接受度投票范围为 0.4 ~ 0.6。

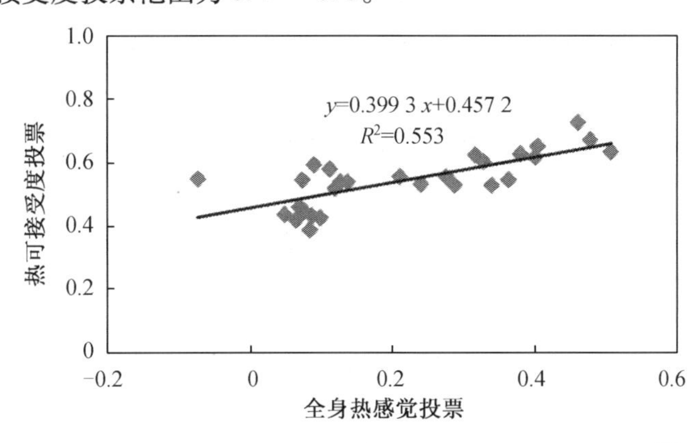

图 7.9　热可接受度投票与全身热感觉投票的线性回归分析[11]

在散热器供暖环境中，热可接受度与全身热感觉有较好的线性相关关系，而前两种环境（冷辐射环境和地板辐射供暖不对称辐射）得出的热可接受度与全身热感觉不具有很好的相关性。由此可知，与冷辐射环境和地板辐射供暖环境相比，本实验创造的散热器供暖环境更接近稳态均匀环境。散热器供暖环境中可以由全身热感觉来评价环境的热可接受度。

2. 分阶段热可接受度的评价模型

目前评价热可接受度最常用的方法是局部热感觉之差的最大值。将热可接受度与热感觉按照供暖初期、供暖中期、供暖末期三个阶段分别进行拟合,分阶段热可接受度投票与热感觉投票的关系如图 7. 10 所示。

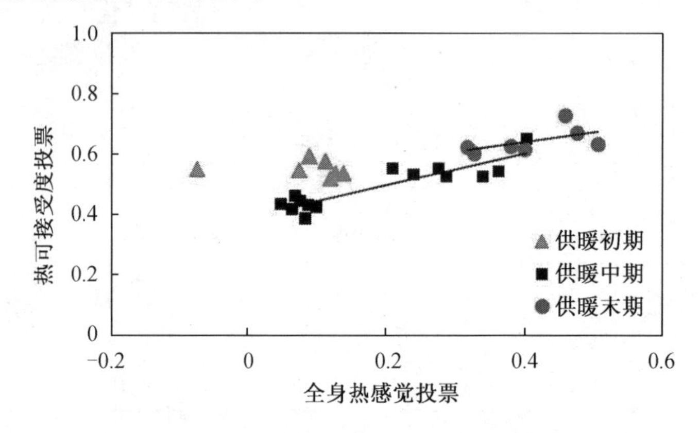

图 7. 10　分阶段热可接受度投票与热感觉投票的关系[11]

可以发现,供暖中期和供暖末期热可接受度投票与热感觉投票有很好的线性关系,供暖初期热感觉与热可接受度发生了偏离。而且通过分析局部热感觉,供暖初期各部位之间热感觉的差值比供暖中期和供暖末期都要大,说明几个工况中供暖初期受外窗冷辐射的影响最大,可以看作非均匀环境,用局部热感觉之差的最大值来评价热可接受度;而供暖中期和供暖末期由于人体对气候的适应性,对外窗冷辐射的影响不敏感,且供暖中期表现得更明显,可以看作均匀环境,用全身热感觉来评价热可接受度。供暖初期热可接受度投票与局部热感觉之差最大值的线性回归如图 7. 11 所示。

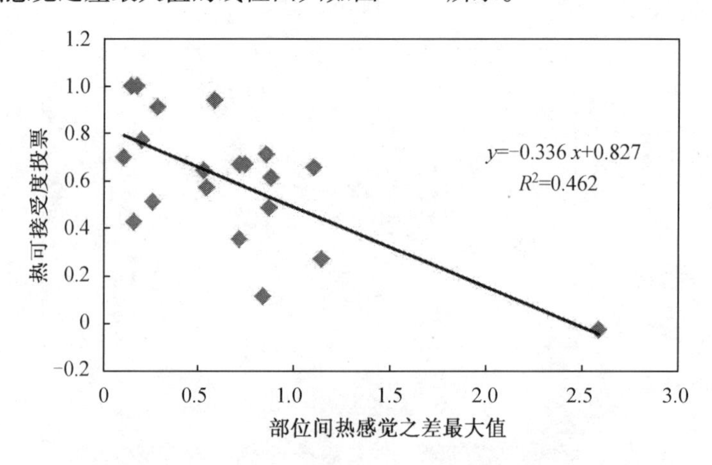

图 7. 11　供暖初期热可接受度投票与局部热感觉之差最大值的线性回归[11]

由图可见,随着热感觉不均匀度的提高,热可接受度明显降低,而且两者之间呈线性关系。热感觉不均匀度可以很好地解释全身热感觉与热可接受度在供暖初期中的分离。

由此可得到热可接受度的评价模型(表 7.6)，T 表示热可接受度，TS_1 代表局部热感觉之差最大值，TS_2 代表全身热感觉。

表 7.6　热可接受度的评价模型

阶段	模型	R^2
供暖初期	$T = -0.336\ TS_1 + 0.827$	0.462
供暖中期	$T = 0.523\ TS_2 + 0.392$	0.813
供暖末期	$T = 0.332\ TS_2 + 0.507$	0.524

3. 用热舒适评价热可接受度

图 7.12 为热可接受度投票与全身热舒适投票之间的关系，全身热舒适投票的平均值为 0.2 ~ 0.51，热可接受度投票的平均值为 0.41 ~ 0.75。两者的回归方程为

$$y = -0.874x + 0.878 \tag{7.27}$$

由上式可知，热可接受度随着全身热舒适投票值的增加而降低，且趋势呈线性(R^2 = 0.654)。因此在散热器供暖环境中，也可以用热舒适来评价热可接受度。

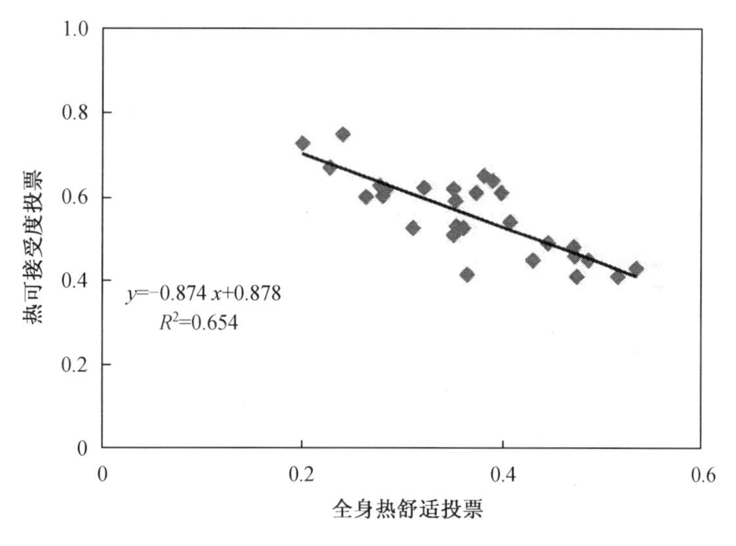

图 7.12　热可接受度投票与全身热舒适投票之间的关系[11]

本章主要参考文献

[1] FANGER P O. Thermal comfort[M]. Copenhagen: Danish Technical Press, 1970.

[2] MCINTYRE D A. Indoor climate[M]. London:Applied Science Publishers, 1980.

[3] ANSI/ASHRAE Standard 55—2013. Thermal environmental conditions for human occupancy[S]. Atlanta:American Society of Heating, Refrigerating, and Air-conditioning Engineers, Inc. ,2013.

[4] ASHRAE. ASHRAE handbook fundamentals[M]. Atlanta: GA,2009.

[5] 何亚男. 冷辐射环境中人体生理与心理响应的实验研究[D]. 哈尔滨:哈尔滨工业大

学, 2012.
[6] CRAWSHAW L I, NADEL E R, STOLWIJK J A, et al. Effect of local cooling on sweating rate and cold sensation[J]. European Journal of Physiology, 1975, 354:19-27.
[7] 张宇峰. 局部热暴露对人体热反应的影响[D]. 北京:清华大学, 2005.
[8] 王昭俊, 李爱雪, 何亚男, 等. 哈尔滨地区人体热舒适与热适应现场研究[J]. 哈尔滨工业大学学报, 2012, 44(8):48-52.
[9] 王昭俊,何亚男.冷辐射不均匀环境中人体热反应评价模型[J].哈尔滨工业大学学报, 2013,45(12):53-56.
[10] 侯娟. 不对称辐射热环境中人体热舒适的实验研究[D]. 哈尔滨:哈尔滨工业大学, 2013.
[11] 康诚祖. 严寒地区冬季人体热适应实验研究[D]. 哈尔滨:哈尔滨工业大学,2014.

第8章　健康舒适的建筑热环境设计策略

丹麦院士 Fanger 教授提出的热舒适方程和 PMV - PPD 模型得到了广泛应用，适用于预测和评价稳态均匀热环境中人体的热感觉与热舒适。我国目前的相关标准中给出的室内热环境设计参数都参考了国际标准，引用了 PMV - PPD 模型。基于前期课题组的研究，发现目前严寒地区冬季供暖室温在逐年增加，远远高于我国相关标准中规定的冬季供暖室内设计温度 18 ℃，甚至高于国际热舒适标准冬季热舒适温度的上限值 24 ℃。本章将从室内温湿度对人体健康和工作效率的影响角度，分析适宜的供暖室内设计温度的范围，提出健康舒适的室内热环境的设计策略。

8.1　温度与工作效率

关于温度对工作效率的影响研究是很困难的，因为温度对工作效率的影响与工作性质有关，且因人而异。相同的环境应力可能会提高某些工作的效率（performance），但却会降低另一些工作的效率。而且对于不同的人，环境应力对工作效率的影响不同，从而使问题进一步复杂化。

8.1.1　热激发影响工作效率的机理

可以用激发（arousal）的概念来解释许多调查结果，即环境温度会影响受试者的体温，体温又影响激发，而激发再反过来影响工作效率。

激发与工作需要注意力集中的程度有关。在高激发水平，注意力的范围很窄；而在低激发水平，注意力的范围则很宽。不同的任务要求不同程度的注意力。对于每个任务，都有一个最佳的激发水平，低于或高于这个水平都会降低工作效率。大量研究结果表明，中等激发水平时工作效率最高，低激发水平会导致人不清醒，高激发水平将使人不能全神贯注地工作。

类似于对数学和计算机编程的要求，基于规则的逻辑思考的最佳激发水平很高。记忆和创新思考的最佳激发水平则较低。热环境影响激发水平，所以不同的热环境适宜不同的工作。不同人也有不同习惯的激发水平，并且对于给定的工作，为了追求最佳的工作效率，不同人会要求不同的环境条件。噪声、强光和眩光会提高激发水平，因此，声、光、热环境都会影响工作效率。

在开放的、多人的办公室里，有许多分散注意力的因素，如（听觉）电话信号、（视觉和听觉）运动、（听觉）交谈。在这些情况下，涉及联想或连续思考的脑力工作几乎是不可能完成的。逻辑论证、解决数学问题、计算机编程以及写合乎逻辑、语法的论文都涉及连续思考。记忆、想象以及创新思考也都涉及联想。一旦被干扰打断，就可能需要几分钟甚至几个小时来恢复思路。在易分散注意力的环境下，人们更容易犯错，以至于工作质量受到影响,并且工作效率会降低。由于开放式办公室降低了工作效率而增加的费用,应与通过单位面积容纳更多的人所节省的费用,以及理论的但未证实的团队合作水平的提高、更加密切的监督等优点相比较。开放式办公室会减少人的隐私,而缺少隐私会给某些人带来压力,进而会提高他们的激发水平。

一般办公人员在工作时间都使用计算机,使用计算机是一项很特别的工作,它需要对细节和很小的视觉符号予以密切的关注。因此,使用计算机的最佳激发水平很高。当人们时刻盯着计算机屏幕时,眨眼频率会降低,眼睛会比在相同环境下做其他工作时更加干涩。所以,使用计算机的人对空气中的颗粒物、空气污染、较低湿度、空气流速、温度梯度以及升高的空气温度更加敏感。此外,人与计算机之间一般还会有静电荷,将空气中的污染物集中在人的面部区域,并会增加眼睛的不舒适感和热敏感性。使用计算机迫使人们保持特殊(固定)的姿势,会减少活动水平,降低生理适应能力,热敏感性增加。因此,计算机使用者有很高的最佳激发水平。在不适宜的环境条件下,为了维持最佳激发水平,计算机使用者更容易感到疲劳。因此,计算机使用者的工作效率更容易受热环境影响。

热刺激不同于噪声,因为其具有双向性。即热刺激能在冷热两个方向上增加刺激。假设热中性温度与最小激发相对应,此时热刺激对神经系统的感觉输入最小,但温暖似乎也可以减少激发,如温暖的环境会使人昏昏欲睡。因此,图 8.1 激发与温度的关系曲线中的最小激发的温度应稍高于热中性温度,只要温度偏离热中性温度都将使激发增大。过度激发会使人不舒服、焦虑不安和注意力不集中。

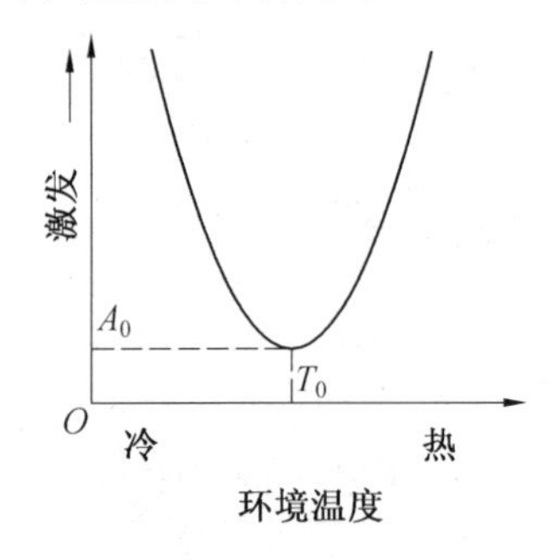

图 8.1　激发与温度的关系曲线[1]

由于目前尚无直接测量激发的方法,因此只能根据实验结果间接导出激发与温度的关系。Provins(1966) 发现中等热应力会降低激发水平,而更高的热应力水平(例如,出汗临界值) 会提高激发水平。没有相应的证据证明热中性以下的适度冷环境会提高激发水平。Wilkinson(1964) 等研究发现低激发会降低警戒性工作的效能,而噪声等外界刺激则会提高其工作效率。在低激发松弛的精神状态下,人们有可能接收到意想不到的信息。高度激发可能使人高度集中精力关注其正在进行的主要工作,从而降低了对其他信息的感知能力。Bursill(1958) 让受试者在炎热环境中进行一项跟踪工作,同时还要对偶然出现的光信号做出反应。结果发现,在炎热环境中,受试者觉察外部信号的能力大大降低了。这说明热应力对工作效率可能影响并不大,但却可以分散人的注意力,且会显著降低人们对危险信号的反应能力。

8.1.2　温度对工作效率的影响

人们在实验室和现场对温度与工作效率之间的关系进行了大量的研究。图 8.2 和 8.3 为简单工作和复杂工作的理论效率与温度的关系曲线。图中 T_0 为最小激发温度，其值接近、略高于热中性温度。对简单工作而言，最佳效率出现在最小激发的上方。一般复杂工作很难达到最大效率，只可能在最小激发强度时得到。工作越复杂，则效率随温度变化的程度越大。Griffiths 和 Boyce(1971) 在实验中让受试者一边听三个一组的数字一边跟踪移动点，并按要求用脚踏板做出反应。结果发现工作效率是温度的灵敏函数，最大效率出现在接近热舒适温度水平处。

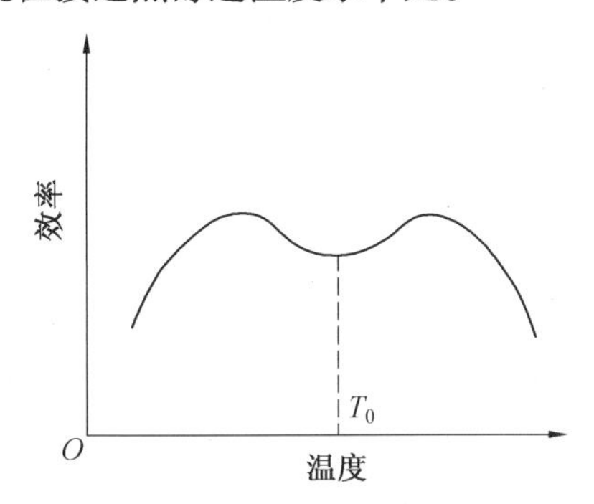

图 8.2　简单工作的理论效率与温度的关系曲线[1]

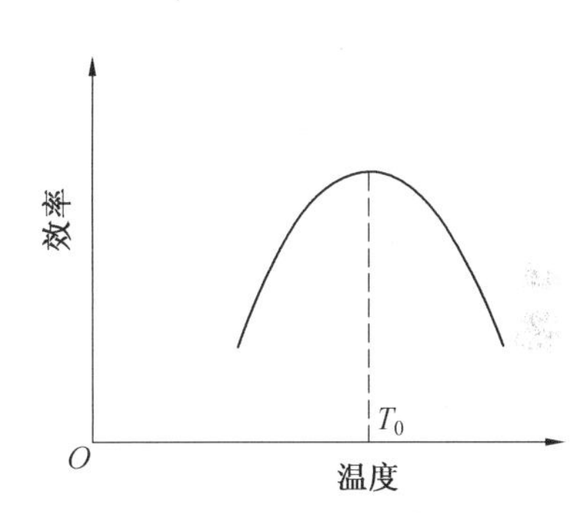

图 8.3　复杂工作的理论效率与温度的关系曲线[1]

1. 温度对体力工作的影响

人在过热或过冷环境中工作都会降低工作效率。图 8.4 为马口铁厂平均产量随季节变化的情况(Warner,1919a)。室外温度采用反向坐标，以表明产量变化随温度变化之间的关系，可认为室外温度和室温变化相同。可见，平均产量随空气温度的提高而降低。

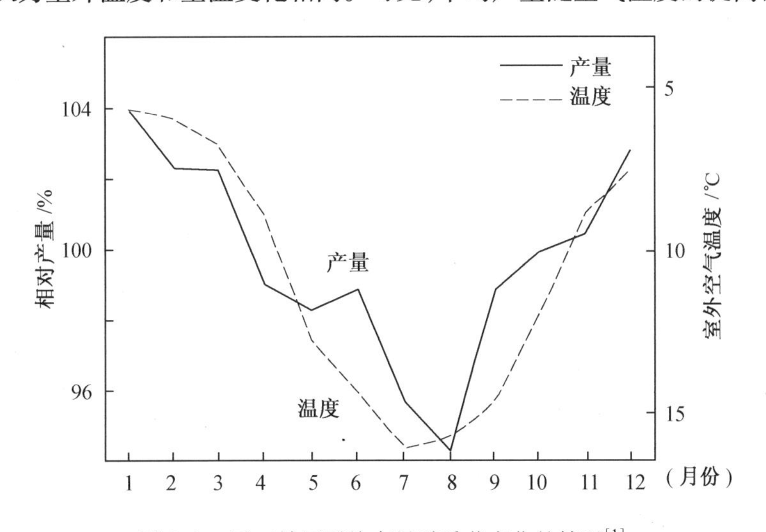

图 8.4　马口铁厂平均产量随季节变化的情况[1]

一般认为高温高湿环境有利于棉麻纺织的生产，因为在此环境中纤维性能好且不容易断纱。但对工厂的调查发现,当相对湿度为80% 而空气温度超过24 ℃时,棉麻纺织的总产量却降低了(Wyatt,1926)。同样,当湿球温度超过 23 ℃ 时,棉麻产量就会降低(Weston,1922)。因此,许多实验都表明在高温下会降低重体力劳动的效率。当温度偏离最佳值时还会发生生产事故。

Mackworth(1952) 曾对莫尔斯电码操作员的出错率进行了研究,11 名受试者皆为经过训练的、有经验的操作员,A组包括3名最好的,B组包括5名其次的,C组包括3名最差的。研究发现当标准有效温度超过 33 ℃ 时,莫尔斯电码操作员的工作效率就开始下降。但同一组中技术较差的操作员在高温下的出错率明显偏高,莫尔斯电码操作员的错误率如图 8.5 所示。该现象说明:技术不熟练者比有经验者更容易受到环境热应力的影响,因此其工作效率降低得更快。但也有人认为热应力可以提高工作效率,因为温度升高会加快体内的化学反应速度,从而激发对环境的反应速度和提高警戒性,因此有利于提高工作效率和降低事故发生率。

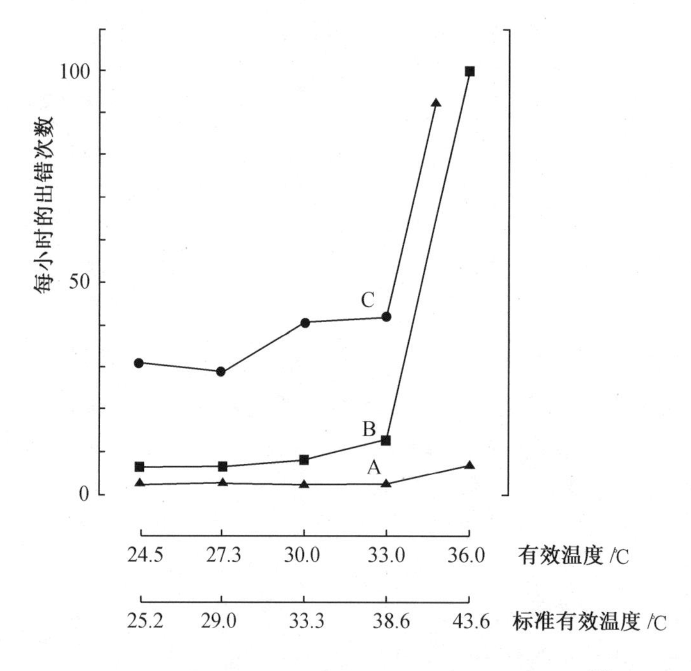

图 8.5　莫尔斯电码操作员的错误率[1]

一些实验研究结果进一步证实:当标准有效温度超过 33 ℃ 时,脑力工作和重体力劳动的效率开始下降。工作效率还受热暴露时间的影响。Wing(1965) 给出了工作效率显著下降所需的热暴露时间。

一般认为,人们在炎热气候中的工作效率和健康状况将下降。对新加坡海军的调查结果显示:80% 的人认为炎热的气候是造成工作效率下降的主要原因。对英国皇家海军舰队的调查表明,请病假的人数随着温度的升高而增加。但对新加坡居民的调查结果表明,仅有 30% 的人认为气候会严重影响工作效率,更多的抱怨是不能全神贯注和精力不充沛。对1 800名澳大利亚空军的调查发现,其身体健康状况有所下降且皮肤病发病率增加了。但这些调查结果还不足以证明健康恶化的原因,因此可以断定这一健康水平下降在很大程度上是孤独、厌倦等心理原因造成的。工作效率的降低不仅与高温环境有关,而且还与移居热带人员的社会和文化环境有关。

人体处于非常寒冷的环境中,体力工作效率也会降低。因为手被冷却到 12 ℃ 时,关节处的润滑液变得黏稠,手会变得僵硬、麻木,其灵活性会降低,从而影响手工操作能力。

Clark(1961) 曾在实验中要求受试者将手插入一个冰盒内打一连串结。当手的皮肤温度降到 16 ℃ 时,打结的效率不受影响。但是当温度降到 13 ℃ 时,打结的效率随时间明显降低。一般当手的皮肤温度为 13 ~ 16 ℃ 时,手的灵敏性将明显变差。对手部进行辐射加热,可以使手工劳动的效率接近正常水平。

在 Meese 等(1982) 的一项研究中,600 名南美工人穿着相同的整套服装,被随机分配在 24 ℃、18 ℃、12 ℃、6 ℃ 环境下工作 6.5 个小时。涉及手指力量和速度、手的灵巧性、手的稳定性的各种模拟工业任务以及多种操作技巧的工作效率随着低于热中性温度的室温下降而单调下降。与手指温度最高时的空气温度(24 ℃) 相比,在热舒适的空气温度(18 ℃) 下,手指速度和指尖敏感度受到明显的削弱。当温度为 18 ℃ 和 12 ℃ 时,手指力量保持不变。但当温度为 6 ℃ 时,手指力量明显降低。

研究显示,高温环境下的工作效率会有所下降。Niemela 等(2002) 采用计算机系统监测反应时间和排队时间的方式,测量了电话中心(Call Center) 接线员的工作效率,并通过对工作效率的长期监测,研究了夏季高温对工作效率的影响。结果表明,当室温超过 25 ℃ 后,工作效率下降了 5% ~ 7%。如果进行降温干预,工作效率会提高 7%[2]。在 Johansson 的实验研究中,18 名男生和 18 名女生着夏装在不同的有效温度下(24 ℃、27 ℃ 和 30 ℃) 操作一系列任务[3]。一般工作效率会随着温度的升高而下降,而感知任务的效率随温度上升呈现倒 U 形曲线,在 27 ℃ 下效率最高。Wyon 的实验研究发现,温度对工作效率的影响与工作性质有很大关系[4]。对打字任务,当温度高于热中性温度 4 ℃ 后,效率下降 70%,随后随温度的上升下降幅度保持不变。

2. 温度对脑力工作的影响

Easterbrook(1959) 研究了激发水平对脑力工作效率的影响,认为提高激发水平会降低注意力集中的程度。Bursill(1958) 指出高热应力水平会降低注意力集中的程度。Wyon(1970) 调查发现瑞典学校儿童在下午比在上午更累,认为热中性热应力对工作效率有负面影响。Wyon(1978) 在人工环境室中完成了一系列(高热应力水平、很大的背景声音、强照明) 实验,并验证了室内环境因素影响脑力工作效率的激发模型。

为了对不同温度下实验组和对照组的受试者的学习效率进行比较,Mayo(1955) 从美国海军中选择了两组学习标准电子学课程的学员,其中一组在 24 ℃ 的空调房间中授课,另一组在仅有风扇降温、中午空气温度为 33.6 ℃ 的室内授课。结果发现两组人员的测验成绩并无差别,尽管其中 79% 的人认为温度对他们的学习成绩有不利的影响。多数研究结果说明,温度控制有利于提高工作效率。一般认为人们在空气温度为 22 ~ 23 ℃ 的环境中的工作效率要高于其在 26 ℃ 以上的环境中的。

Holmberg 和 Wyon(1967) 等在教室的空气温度分别为 20 ℃、27 ℃ 和 30 ℃ 时对 9 岁的孩子进行了一些标准测验。图 8.6 为理解力和阅读速度测验成绩随温度的变化。理解力和阅读速度在较高温度时的成绩都比在 20 ℃ 时明显降低了。其中 27 ℃ 时的成绩最差,因为此时的激发对最佳成绩而言实在太低了。Wyon(1970) 的另一项研究结果表明,英国小学生在温和的热环境中测验成绩提高了,说明温和的热环境会减小激发。

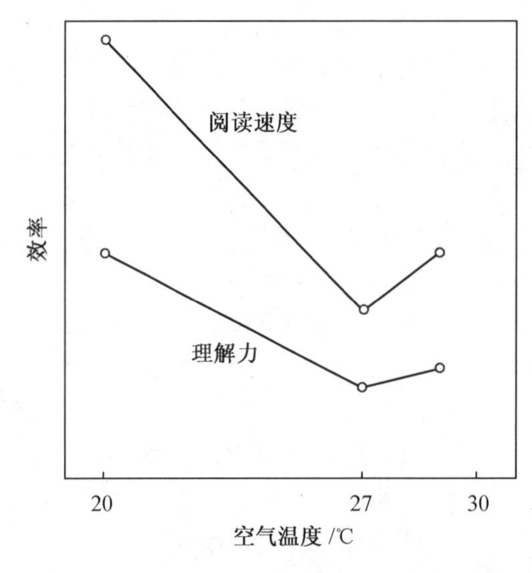

图 8.6　理解力和阅读速度测验成绩随温度的变化[1]

对 27 ℃ 时的小学生(Holmberg 和 Wyon,1969;Wyon,1969) 和 27 ℃ 时的大学生(Pepler 和 Warner,1968;Wyon 等,1979),以及 24 ℃ 时的办公人员(Wyon,1974) 所获得的实验结果都表明受试者注意力下降了,并且对于静坐的工作,当受试者处于稍低于出汗临界值的温度时,对注意力有要求的任务工作效率降低 30% ~ 50%。在低激发水平下,记忆力(Wyon 等,1979) 和创新思维(Wyon,1996) 在稍高于热中性温度的环境下都提高了,但在更高的温度(接近或高于出汗临界温度) 环境中,记忆力和创新思维能力也会降低。

较冷的室内环境会导致血管收缩,降低皮肤温度。甚至在热中性环境下,指尖敏感度和手指的移动速度低于最大值,并且在热中性温度以下,在更低的温度或长期的暴露下,随着皮肤温度降低,手眼协调能力和肌肉强度会逐渐降低。

冷应力也会降低复杂脑力工作的效率。当冷气侵入人的肌体内部后,会使肌肉的收缩力度降低。此外,由于过冷环境给人体造成的不舒适感和冷应力强烈地刺激神经系统,人被过度激发,进而降低工作效率。

低于热中性的热环境条件对脑力工作效率不会有任何直接的负面影响,但通常存在分散注意力和使人消极的影响。Langkilde 等(1973) 发现当室温低于人体热中性温度 4 K 时, 对精神表现不会有负面影响。因此认为呼吸冷空气会提高激发水平,并在最佳激发水平下提高工作效率,可能由于身体的热状态决定激发水平和工作效率。在两个不同的热中性条件(服装热阻和空气温度完全不同) 下,如 23 ℃ 时服装热阻为 0.6 clo,而 19 ℃ 时服装热阻为 1.15 clo,不同任务的工作效率之间并无差异。也就是说,对于工作效率和热舒适,薄衣服和热空气组合与厚衣服和冷空气组合的作用相同。

Wyon 等(1971,1973,1979) 将脑力工作效率作为以最高 60 min 为周期的动态温度波动的函数。Wyon 等(1979) 汇总了 3 个实验结果,发现受试者在工作时比在休息时对温度变化的主观忍受能力更强。由于小而相对快速的温度波动(峰间幅值达到 4 K,周期为 16 min),需要注意力集中的日常工作的效率下降[5]。在这种条件下,对冷环境的生理响应要比对温暖环境的生理响应更快。因此,就温度上升对身体热损失率的效果而言,这种温度波动的净效果与室温小幅度上升相同。较大的温度波动(峰间幅值达到 8 K,周期为 32 min)有提高工作效率的激励作用,但受试者在波峰和波谷会产生热不舒适。对于 60 min 或更长的周期,生理热调节足够快,可以与温度波动同步,并且在任何特定时间,工作效率都是温度的函数。因此,在为脑力工作设计的室内环境中,温度波动没有益处。为了达到最佳工作效率,对热环境进行个性化控制则可提高工作效率。

由于人们的服装、新陈代谢率以及工作要求等不同,人们的冷热感觉是有差异的。

Preller 等(1990)对荷兰某办公建筑中办公人员的调查表明,与集中控制的环境相比较,温度的个性化控制有重要、积极的作用,在个性化可控热环境中由病态建筑综合征引起的病假率要减少 30%。Raw 等(1990)的研究表明,在英国办公室当个体可以控制其热环境、通风、照明水平时,工作效率的自我评估要明显高于个体不可控制的办公室中的自我评估。

Wyon(1996b)发现预计调节范围为 ±3 K 的个性化控制可使需要注意力集中的脑力工作者工作效率提高 2.7%。Kroner 等(1992)指出当保险公司里的个性化微气候控制设备临时出故障时,保险索赔处理速率下降 2.8%。同时表明,调节范围为 ±3 K 的个性化控制将使日常办公效率提高 7%,使手指快速活动的手工劳动者工作效率提高 3%,使要求触觉敏感的手工劳动者工作效率提高 8%。尽管高于平均热中性温度时会降低脑力工作者的工作效率,但在高于最佳工作温度 5 K 的环境下,由个性化控制所带来的预期效益要大于在最佳工作温度下的效益。上述研究表明,个性化控制可以减少病态建筑综合征,从而减少病假带来的损失,提高生产率。

部分研究表明,舒适的热环境不一定会产生最佳的工作效率,在热舒适区外的室内热环境反而能够取得更高的工作效率[5]。这种现象在温度较低的冷环境中较为普遍,主要对脑力工作产生较大影响。在一项实验(Pepler 和 Waner,1968)中,普通穿着的美国年轻受试者在不同的温度下完成脑力工作。室温为 27 ℃ 时,他们的热感觉最佳,付出最少的努力完成最少的工作。室温为 20 ℃ 时,他们完成最多的工作,尽管他们感到不舒服的冷。在新加坡进行的一项研究表明,略低于热中性温度的室温能改善电话接线员的工作效率[6]。当室温从 24.5 ℃ 降到 22.5 ℃ 时,热感觉从稍暖变到稍凉,工作效率提高了 5% ~13%,同时病态建筑综合征如疲劳和头疼等症状有所缓解。Makinen(2006)认为简单认知任务比较容易受冷环境的影响,冷环境有助于改善任务的准确度,这可能是由于冷环境下人员脑力唤醒水平较高[7]。另外,低温环境会使得关节变僵硬、肌肉活性下降、手的灵活性下降,从而使得对于手部灵活性有要求的工作效率下降[8]。此外,当温度高于一定温度范围时,脑力工作也会受到影响,Lorsch 等提出存在一个临界温度(32.2 ~35 ℃),温度高于这个临界值才会显著降低脑力工作的效率[9]。

上述现场调查表明,热应力和冷应力都会影响工作效率,其影响方式随着环境的不同而变化。在寒冷环境中,人们的工作效率下降主要是由生理原因造成的,如手指变得麻木、关节不易弯曲及从事技巧性工作的能力下降等。在炎热环境中从事重体力工作,一般受到由环境产生的生理应变的限制。因此,过热或过冷环境都会降低人的工作效率,必须采取预防措施以保证工作人员的健康和安全。

8.2 温湿度与人体健康

8.2.1 温度对人体健康的影响

寒冷环境会影响高龄患者心脑血管疾病的发病及死亡率。1986 年冬季,日本东北大学吉野博等人[10]采用案例组和对照组的方法,研究了两个社会经济构成不同城镇的中风死亡率与室内热环境的关系。其中,农业城镇的中风死亡率较高,而渔业镇的中风死亡率较低。案例组选择了过去5年中51 ~ 79岁居民因中风死亡的房屋,对照组随机选择了与案例组中死者的性别和年龄相同的房屋,案例组中受访者是死者的配偶或孩子。研究结果表明,对照组的室温通常比案例组高 1.3 ℃;案例组的热环境不如对照组;尽管室温比舒适温度低得多,但案例组和对照组的居住者都不感觉冷;改善室内热环境可以降低中风死亡率,特别是在寒冷气候区。

2015 年,日本学者长谷川兼一和吉野博等人[11]对以上研究继续进行调查,得到血压与冬季室内外温度的关系,如图 8.7 所示。他们设计了 3 种不同规模的调查,并分阶段进行。调查区域与30年前吉野博等人的调查区域相同,是山形县的3个区。调查中,为详细了解供暖期的热环境,研究者测量了每个房间的温度并记录了研究对象(65 岁以上老人)的血压和活动,共调查了 55 户,每个地区 15 ~ 20 户。

图 8.7 显示了血压与冬季室内外温度的关系。每周清晨和就寝前测量一次血压,在图 8.7(b) 中,可以看出室温为 5 ~ 20 ℃,收缩压随着室温的变化而上升或下降。在图 8.7(a) 中,血压与室温有关,但不受室外温度的影响。Hozawa 等人通过长期测量西水津居民的血压,预测当室外温度低于10 ℃时,血压更容易受到室温的影响。图8.7(a) 中的收缩压随温度变化趋势支持了 Hozawa 等人的研究成果。研究表明,该区域有许多房屋的热环境等级较低,与 30 年前的调查相差无几。还证实了在热环境较差的房屋中,室温波动很大,且血压也趋于波动。

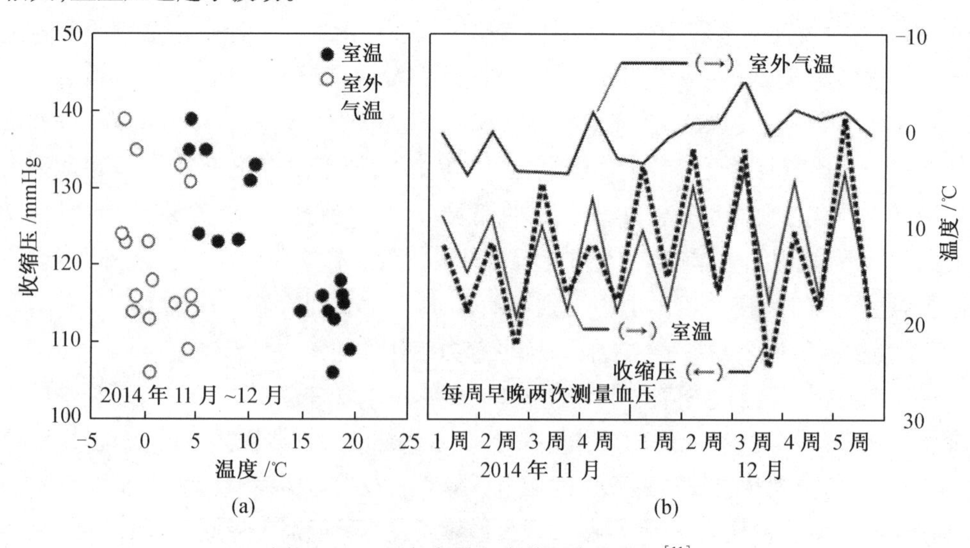

图 8.7 血压与冬季室内外温度的关系[11]

该实验的结论与30年前的基本一致,并发现冬季的供暖温度与停止供暖后的室温差值在5 ~ 20 ℃。在停止供暖后,高龄者的血压较供暖期间的血压值升高,易引发高血压等心脑血管疾病。

为了得到血压与室内外温度的关联,日本奈良医科大学的Saeki等人[12]对868位老年人在较冷月份(10月至次年4月)中连续两天进行了重复测量。结果表明,随着室外温度的降低,室温和室外温度之间的相关性变弱,血压与室外温度无明显相关性。相比之下,室温降低1 ℃与白天收缩压升高0.22 mmHg、夜间血压下降0.18%和睡眠至早晨血压激增0.34 mmHg显著相关,而与包括体育活动在内的潜在影响因素无关。室温比室外温度具有更好的拟合度。夜间收缩压与室内外温度没有显著相关性,但与床温有显著相关性。因此,研究心脑血管疾病死亡率与室温之间的联系,以确定改善房屋的热环境是否可以降低冬季过高的死亡率非常重要。在较冷的月份中,室温比室外温度与血压的关联更强。

为了确定指导家庭供暖是否可以提高室温并降低老年人的血压,Saeki等人[13]又在冬季进行了一项开放性的、简单随机的对照实验。要求参与者将起居室的加热装置设置为在起床前1小时开启,温度为24 ℃,并尽可能待在起居室中直到起床后的2小时。用线性回归模型评估血压、体力活动和室温,直到起床后4小时。

359名参与者被随机分配到对照组和控制组。在调整了年龄、性别、降压药物、家庭收入和体育锻炼等影响因素后,干预措施使客厅温度显著提高了2.09 ℃,收缩压和舒张压显著降低了4.43/2.33 mmHg。结果表明,在冬季为了有效预防心脑血管疾病,采取加热相关干预措施可以显著降低收缩压。

德国海德堡大学的Kyobutungi等[14]调查了缺血性中风风险与体温变化之间的关系。采用病例交叉研究设计,对一年半时间(1998年8月至2000年1月)内303名连续进入海德堡大学神经学系的患者进行了研究。以中风前一天作为案例期,与中风发作前后的2 ~ 7天的两个对照期相匹配。结果表明,缺血性中风的风险可能会随着温度的日常变化而不断升高或降低,但中风风险与温度之间的关系很小。有迹象表明,无论温度升高还是降低,超过5 ℃的温度突然变化都与中风风险增加有关,其风险程度取决于个体的基础病风险状况。

我国北方地区冬季采用集中供暖,室内外温差过大。上海交通大学的连之伟等人[15]在严寒地区进行了3种不同气温变化对人体健康和热舒适影响的实验研究。招募了9位男性和9位女性受试者,采用问卷调查其主观反应,同时测量了皮肤温度。研究表明,在大温差下,即从20 ℃的环境进入0 ℃的环境时,极易引起身体不适,特别是皮肤温度会随环境温度的降低而降低,而皮肤温度的降低会引起血管收缩,导致血压上升,极易引发心脑血管疾病。实际上,我国北方很多地区冬季的室外温度要远低于0 ℃。因此,心脑血管疾病的发病概率可能会大大增加。

何亚男[16]研究了严寒地区的室内冷辐射环境对人体生理反应的影响。分析了在冷工况和热中性工况条件下冷辐射环境对心率和血压的影响。其中,心率与全身热感觉投票的关系如图8.8所示,根据心率与全身热感觉的回归公式,线性相关系数$R = 0.762$,呈现较好的线性关系。

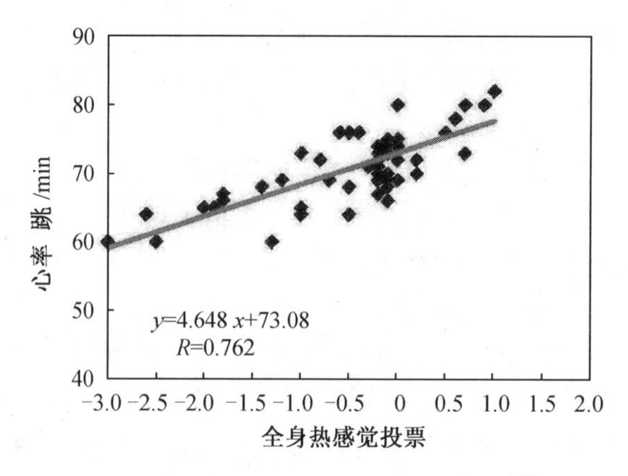

图 8.8　心率与全身热感觉投票的关系[16]

研究结果表明,人体的局部皮肤温度和全身平均皮肤温度随室温的变化较为显著。外窗和外墙的冷辐射会导致人体的皮肤温度降低,对后背和小腿皮肤温度的影响最为显著。心率会随着室温的升高而加快,但血压在不同的环境温度下无明显变化。

在此基础上,侯娟[17]和康诚祖[18]先后对不均匀辐射环境下的人体热适应进行了研究,均得到了类似的结论。图 8.9 为不同工况下舒张压、收缩压随时间变化的曲线。各工况下舒张压的最大偏差为 4.7 mmHg,收缩压的最大偏差为 4.6 mmHg。而该实验中血压计的测量误差为 ±3 mmHg,因此可以认为在每个工况中,血压基本保持不变。

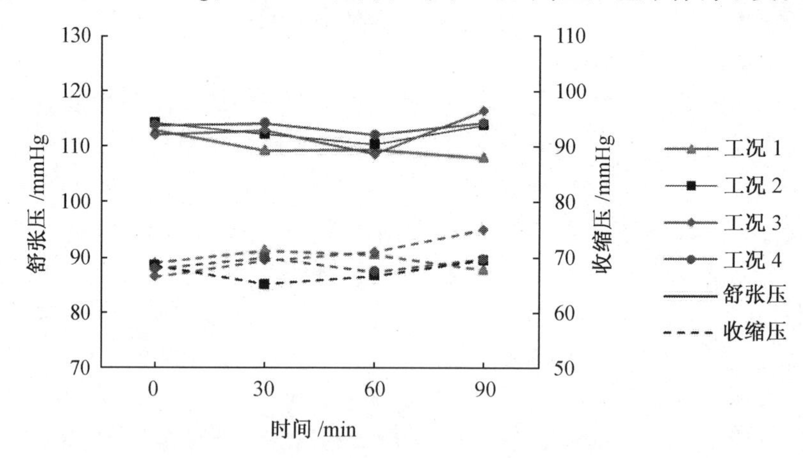

图 8.9　不同工况下舒张压、收缩压随时间变化的曲线[18]

8.2.2　相对湿度对人体健康的影响

哈佛大学的 Schwartz 等[19]对美国 12 个城市的空气相对湿度对心脑血管疾病的影响展开了研究,但未发现心脑血管疾病与相对湿度的明显关联。北京大学的刘利群等人[20]对北京心脑血管疾病人数进行了时间序列分析,发现心脑血管疾病人数与相对湿度表现出一定的非线性相关趋势,但无统计学意义。

崔亹亹等人[21]收集了2006—2010 年北京 120 急救出诊的心脑血管疾病数据,以及北京市专业气象台提供的同期气象资料,采用病例交叉设计,分析不同季节气象因素对心脑血管疾病的影响。结果显示,相对湿度在春、夏、秋季与疾病发病呈正相关。

郭冬娜等[22] 通过收集太原市山西医科大学第一医院心内科2001—2010 年共10 年间的急性心肌梗死住院病例资料，对急性心肌梗死病人的发病时间特点进行分析。在空气湿度对心肌梗死影响的研究中，发现急性心肌梗死与月平均湿度呈负相关，易发病的相对湿度一般低于 60%。而孟军亮[23] 对兰州的数据分析认为相对湿度宜为55% ~ 60%，过高或者过低都会引起心脑血管疾病发病率的上升。

综上所述，心脑血管疾病与相对湿度相关性的研究存在不同的结论，两者的关系存在一定的不确定性。

作者于 2000 年对住宅热湿环境的现场研究结果表明[24]：严寒地区冬季室内相对湿度平均值为35%。当相对湿度为20% ~ 30% 时，80% 以上的居民感到空气干燥，而当相对湿度为30% ~ 55% 时，约40% 的居民感到空气干燥。当空气的相对湿度过低时，即使热感觉处于热中性状态，也会使人感觉眼、鼻、喉咙发干，有人甚至清晨流鼻血，且干燥的空气更容易产生静电作用，室内会有更多的浮尘，这些因素都增加了人的热不舒适感。

8.2.3　北方冬季高温低湿对人体健康的影响

图 8.10 为冬季室温发展趋势，汇总了中国、美国、英国和日本不同年代冬季室温的调查数据[25]。数据表明，随着暖通空调设备的诞生和时间的推移，各国冬季室温逐年提升，并逐渐接近，最终汇聚在 18 ~ 22 ℃ 范围内。“舒适区” 逐渐缩小，到 2010 年冬季住宅热中性温度集中在 21 ℃。人们将这种室温的变化趋势称为“建筑环境的均匀化” 和“舒适胶囊”。

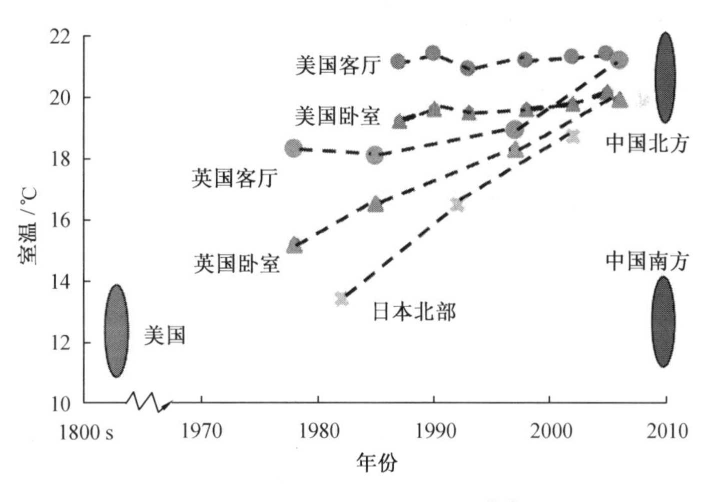

图 8.10　冬季室温发展趋势[25]

表8.1 为各阶段住宅平均温度和相对湿度，是课题组 2013 年至 2014 年供暖前后连续测试的哈尔滨市不同小区 10 户住宅的室温和相对湿度的平均值[26]。供暖开始前室内平均温度最低，为 21.2 ℃；进入供暖期，室内平均温度逐渐上升，约为 24.0 ℃；供暖末期，室内平均温度最高，达到 25.0 ℃；供暖结束后，室内平均温度较供暖末期降低了 2.5 ℃。供暖期间，不同阶段住宅平均温度都接近或超过了热舒适标准规定的上限值 24 ℃，而供暖中期和末期的室内相对湿度较低，约为 35%。作者 20 年前对哈尔滨市的 66 户住宅的温湿度进行了调查，结果为平均室温和相对湿度分别为 20.1 ℃ 和 35.3%[24]。

表 8.1　各阶段住宅平均温度和相对湿度[26]

环境参数	供暖开始前	供暖初期	供暖中期	供暖末期	供暖结束后
空气温度/℃	21.2	23.6	24.3	25.0	22.5
相对湿度/%	52.6	46.9	34.6	34.7	46.4

图 8.11 为哈尔滨市冬季供暖期间某小区某户的室温。可见,室温平均值为 26 ℃,96.3% 的时间室温超过热舒适标准温度的上限值 24 ℃。

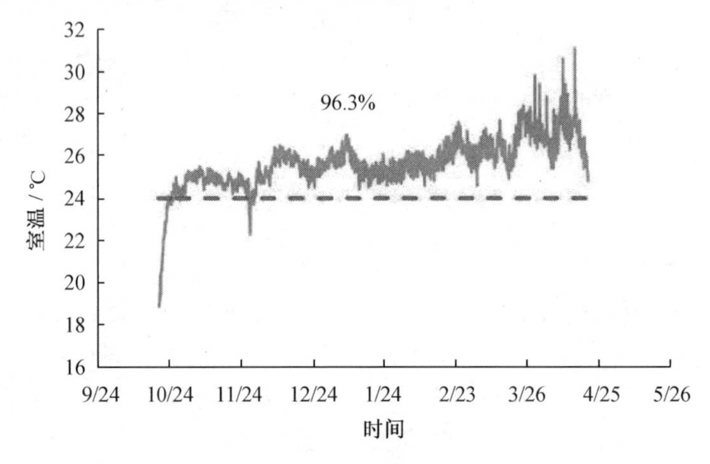

图 8.11　哈尔滨市冬季供暖期间某小区某户的室温[27]

图 8.12 为不同建筑环境中受试者的热舒适与热感觉投票的关系图。可知,受试者的热感觉投票为热中性时,不同类型建筑环境中的受试者均感到最为舒适。当热感觉向暖侧和冷侧偏移时,受试者的热不舒适度逐渐增加。同时,在对应相同的热感觉标度上,住宅环境中的受试者的热舒适水平最高,其次是宿舍环境的受试者。当受试者热感觉投票为暖和热时,教室环境中的受试者感到最不舒适。这说明住宅和宿舍环境中人们可以采

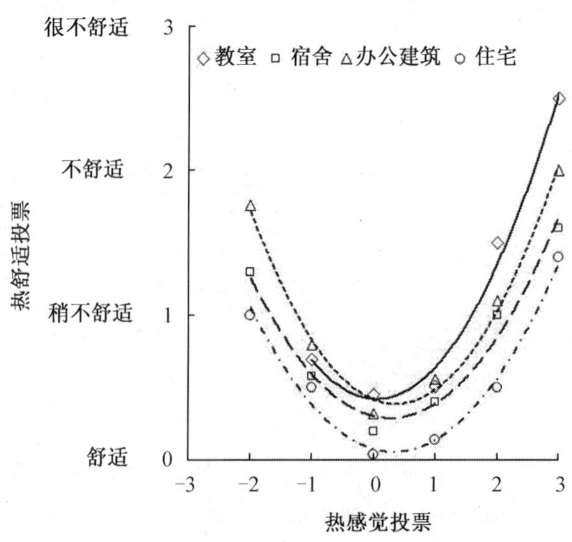

图 8.12　不同建筑环境中受试者的热舒适与热感觉投票的关系图[28]

用更加灵活的热适应调节手段而获得更大的热舒适感,但教室和办公环境中,由于客观条件的限制,热适应调节手段受限,因而降低了人们的热舒适感。

此外,北方冬季室温偏高,室内空气相对湿度一般较低。室内易产生扬尘,人们的黏膜会有刺激感(眼红、流泪、咽干等),容易引发上呼吸道感染,发生支气管炎、支气管哮喘等疾病。室温过高,会导致血液黏稠度增高,引起血压波动大及心绞痛等心血管疾病。由于北方地区冬季室内外温差大,较大幅度的气压升高、气温下降和日较差对脑出血、脑梗死不利。高血压患者常因寒冷刺激导致血压上升。

冬季供暖后由于室温增加,相对湿度会降低,感知的空气品质降低。Fang 等(1998)的研究结果表明[29],温度和湿度对可感知的室内空气品质影响很大,当室温从23 ~ 24 ℃降低到20 ~ 21 ℃ 时,人们感知的空气品质提高了一倍。

8.3　健康舒适的建筑热环境设计策略

近几年,随着智慧城市的建设,基于现代通信技术、控制技术、物联网技术的智慧供热已成为人们关注的焦点。智慧供热是指基于供热物理网、供热物联网、智能决策支持系统、供热系统的智能管理的供热方式。智慧供热系统的信息可以进行高度的集成及共享,热源、供热管网及热用户的主要信息能够顺利获取,并根据用户反馈的信息,及时调节供热系统的运行模式,给出最佳的运行决策方案,在满足热舒适的前提下,节能降耗,即智慧供热的目标是满足人的热舒适需求,按需供热,降低供热系统运行能耗。因此,智慧供热的核心任务是根据热用户的热舒适需求,控制室温,即基于室温实时监测的数据,通过实时分析、科学决策、精准执行,实现智慧供热的目标。

8.3.1　智慧供热面临的热舒适温度问题

智慧供热是基于海量数据的挖掘、分析,从而进行智能决策、精准运行调度的一种新的供热模式。我国严寒地区冬季漫长,供暖期间室外温度变化很大。多年来,我国一直采用集中供暖室温恒定的做法,相关标准规范也都给出了供暖期间应达到的室温要求。

按照相关设计标准,我国北方集中供暖地区冬季的室温应为 18 ℃。近年来,随着生活水平的提高,北方冬季室温 18 ℃ 已经不能满足人们的热舒适需求。部分建筑沿用传统的上供下回式单管供暖系统,不能进行热量调节,导致顶层或上部房间室温过高,甚至超过热舒适标准的上限值24 ℃。冬季室温高会导致围护结构传热量增加,即建筑能耗增加。如此高的室温是否满足人们热舒适、健康的需求呢?

这些问题都是智慧供热必须面对的技术问题,也是智慧供热必须解决的关键科学问题。本节将从时间维度和空间维度,探讨北方冬季供暖期间应如何设定舒适与健康的室温,实现智慧供热的目标。

8.3.2　建立热舒适温度的自适应模型

智能决策网是智慧供热的核心,而智能决策网的核心是数据和模型。为了满足不同人群、不同建筑、不同供暖阶段的热舒适需求,需要建立热舒适温度的自适应模型。采用现场研究方法,建立热适应模型,可得到热中性温度和可接受的热舒适温度范围。

利用信息物联网记录的室温运行数据,通过机器学习,不断训练数据,在数据中进行自动学习,建立热舒适温度的自适应模型,作为智能决策系统中的核心模型,从而准确预测供热系统热负荷,实现供热系统运行调度精细化,满足人们的热舒适需求。

1. 不同供暖阶段自适应的热舒适温度

根据室外气候变化,将严寒地区供暖期分为供暖初期、供暖中期和供暖末期 3 个阶段[26]。住宅不同阶段的热中性温度与室温如图 8.13 所示。可见,供暖各阶段热中性温度均低于实际平均室温,说明人们已经逐渐适应室外寒冷的气候,对室内较高的供暖温度表现出一定的排斥。而在供暖开始前及结束后,热中性温度高于或接近两阶段的平均室温,这主要是因为供暖、停暖使室内热环境发生较大变化,室内热经历的变化改变了人们对于原室内热环境的适应性。对于冬季供暖期间长时间暴露在较高室温中的人们来说,其对室温的降低较为敏感,而更加适应较高的室温。因此,供暖温度不应过高,一旦人们适应了过高的温度,室温降低,人们就会抱怨。

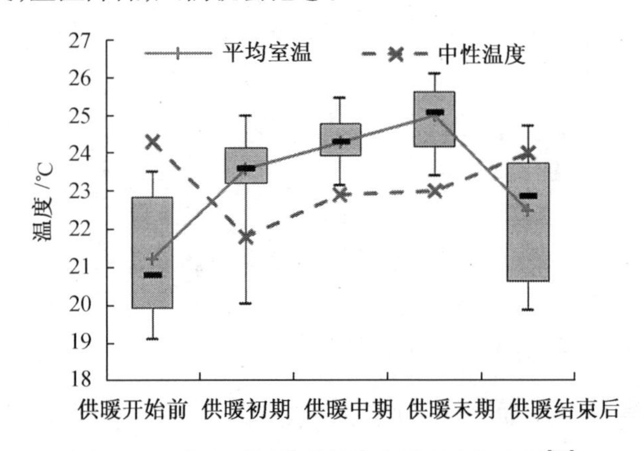

图 8.13　住宅不同阶段的热中性温度与室温[27]

人体对于室内热环境变化的敏感程度,从另一侧面说明室内热经历对人体热适应的影响;较高的供暖温度促使人们形成了较高的热舒适温度区。因此,冬季供暖温度不宜过高,以减少热不舒适和供暖能耗。

综上,不同供暖阶段建筑环境热舒适温度有别,即冬季供暖室温不应该是恒定的,智慧供热应根据室外气候条件和人们的热适应性合理设置可控制的室温目标,建立不同供暖阶段自适应的热舒适温度模型。

2. 不同功能建筑自适应的热舒适温度

课题组于 2013—2014 年冬季对不同类型建筑室内热环境参数进行了连续测试[26,28,30-34],得出不同功能建筑平均室温与热中性温度变化如图 8.14 所示。4 种建筑环境供暖期间的平均室温分别为:住宅 24.1 ℃、办公建筑 23.8 ℃、教室 24.3 ℃、宿舍 22.9 ℃,室温都接近 ASHRAE55—2013[35] 规定的冬季热舒适温度上限值。4 种建筑环境的热中性温度分别为:住宅 22.1 ℃、办公建筑 21.1 ℃、教室 19.1 ℃、宿舍 21.5 ℃。热中性温度接近 ASHRAE Standard 55 中冬季室内热舒适温度的下限值。

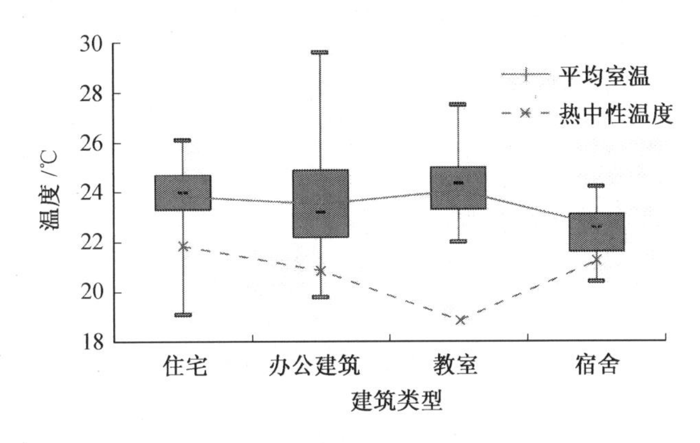

图8.14　不同功能建筑平均室温与热中性温度变化

由图8.14可见,办公建筑和教室中的热中性温度低于住宅和宿舍的,办公建筑和教室中的人们更偏好稍凉环境。住宅和宿舍中人们可以采用更灵活的适应性调节而获得更大的热舒适感。

综上,不同功能建筑环境中,由于人的行为调节手段、人群活动水平和年龄等差异,热中性温度不同,智慧供热应根据建筑使用功能合理设置可控制的室温目标,建立不同功能建筑自适应的热舒适温度模型。

在公共建筑(办公建筑和教室)中,由于人们活动水平较高且不便于更换服装,热中性温度及90%可接受温度的下限值较低,可设定较低的供暖室温。在居住类建筑(住宅和宿舍)中的人们便于更个性化调节,热中性温度及90%可接受温度的下限值较高,可设定较高的室温。

3. 不同住宅小区室温环境自适应的热舒适温度

课题组对哈尔滨市供暖温度不同的3个住宅小区A、B和C的室内热环境和主观热感觉进行了调查,3个住宅小区平均室温与热中性温度如图8.15所示。其中,小区A和B的平均室温分别为:(20.7 ±0.9) ℃和(24.3 ±1.6) ℃,小区C的平均室温为(25.5 ±1.58) ℃。3个住宅小区居民的热中性温度不同,小区A和B的热中性温度分别为20.2 ℃和22.8 ℃[36],小区C的热中性温度为24.2 ℃。

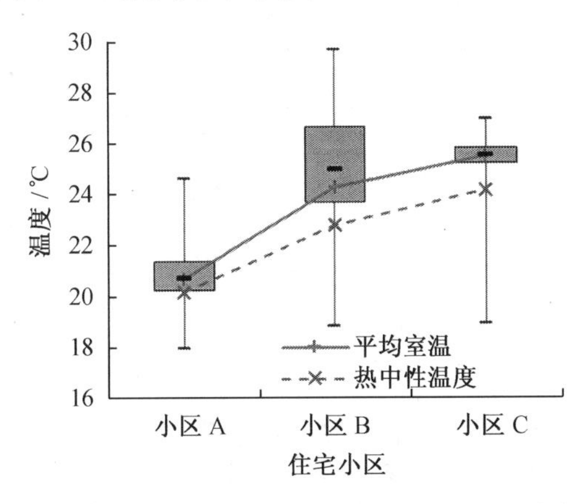

图8.15　3个住宅小区平均室温与热中性温度[27]

小区 A 的室温大部分接近 ASHRAE Standard 55 中推荐的冬季室内稳态热舒适温度区域的下限值，有 20.1% 的温度超过下限值。小区 B 的室温大部分接近 ASHRAE Standard 55 中推荐的冬季室内稳态热舒适温度区的上限值，有 27.9% 的温度超过上限值。小区 C 的室温一般都超过了 ASHRAE Standard 55 热舒适温度的上限值。

暴露在小区 A 中的受试者热中性温度比小区 B 中的热中性温度低约 2 ℃，小区 B 中的受试者热中性温度比小区 C 中的热中性温度低约 1.4 ℃。说明建筑室温越高，热中性温度越高。这体现了人体对室内微气候环境的热适应性。

综上，不同住宅小区供暖系统设置、与热源距离、建筑保温效果等有差异，导致室温的差异，进而影响了人们的热中性温度不同。如果对适应了偏凉房间的人们突然提高温度，人们反而会感到热不舒适。智慧供热应根据建筑使用者对热环境的热适应合理设置可控制的室温目标，建立不同住宅小区室温环境自适应的热舒适温度模型。

4. 不同年龄人群自适应的热舒适温度

图 8.16 为课题组基于大量的现场调查得到的不同年龄人群的热中性温度。可见，老年人的热中性温度高于年轻人的。由于老年人的活动较少、新陈代谢率低，因此偏爱较高的室温。智慧供热应根据建筑使用者的年龄特点合理设置可控制的室温目标，建立不同年龄人群的自适应的热舒适温度模型。

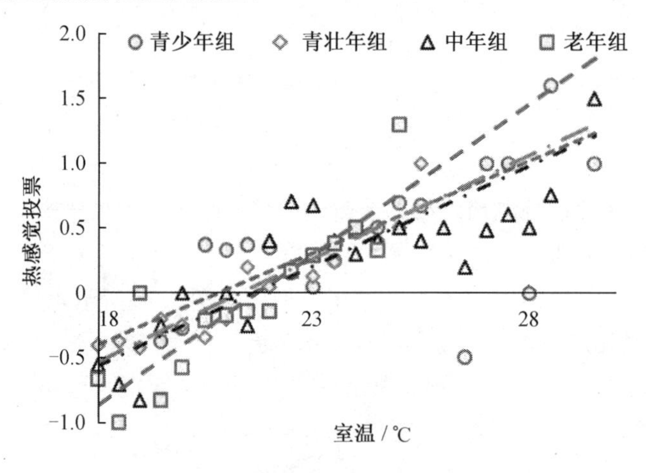

图 8.16　不同年龄人群的热中性温度[31]

5. 结论

本节对智慧供热的目标进行了解读，提出了以下新理念。

（1）智慧供热的目标是满足人的热舒适需求，节能降耗。本节提出了智慧供热的热舒适温度自适应模型的概念。热舒适温度的自适应模型作为智能决策系统中的核心模型，可用于准确预测供热系统热负荷，实现供热系统运行调度精细化。

（2）漫长冬季的室温不应该是恒定的。将严寒地区冬季供暖期按照室外气候参数，分为 3 个供暖阶段。不同供暖阶段应采用不同的室温，建立不同供暖阶段自适应的热舒适温度模型，以满足人们的热舒适与热适应需求。

（3）不同功能建筑环境中，热中性温度不同，智慧供热应根据建筑使用功能合理设置可控制的室温目标，建立不同功能建筑自适应的热舒适温度模型。

(4) 供暖温度不同的住宅小区,人们的热中性温度不同。智慧供热应根据建筑使用者对热环境的热适应合理设置室温,建立不同住宅小区室温环境自适应的热舒适温度模型。

(5) 不同年龄人群的热中性温度有别,老年人偏爱较高的室温。智慧供热应根据建筑使用者年龄特点合理设置室温,建立不同年龄人群的自适应的热舒适温度模型。

(6) 室温过高,既不舒适,又不健康。

本章主要参考文献

[1] MCINTYRE D A. Indoor climate[M]. London:Applied Science Published LTD, 1980.

[2] NIEMELA R, HANNULA M, RAUTIO S, et al. The effect of indoor air temperature on labour productivity in call centers—a case study[J]. Energy and Buildings, 2002, 34:759-764.

[3] JOHANSSON C. Mental and perceptual performance in heat[C]. Sweden:Building research council,1975.

[4] WYON D P. Indoor environmental effects on productivity[C] // KEVIN Y. IAQ 96 Paths to better building environments, Atlanta: ASHRAE, 1996.

[5] WYON D P, ANDERSEN I N, LUNDQVIST S R. The effects of moderate heat stress on mental performance[J]. Scandinavian Journal of Work Environment and Health, 1979, 5(4):352-361.

[6] THAM K W. Effects of temperature and outdoor air supply rate on the performance of call center operators in the tropics[J]. Indoor Air, 2004, 14(7):119-125.

[7] MAKINEN T M, PALINKAS L A, REEVES D L, et al. Effect of repeated exposure to cold on cognitive performance in humans[J]. Physiology and Behavior, 2006, 87:166-176.

[8] PARSONS K C. Environmental ergonomics:a review of principles, methods and models[J]. Applied Ergonomics, 2000,31:581-594.

[9] LORSCH H G, Ossama A A. The impact of the building indoor environment on occupant productivity-part 2:effects of temperature[J]. ASHRAE Transactions, 1994, 100(2):895-901.

[10] YOSHINO H, MOMIYAMA M, SATO T, et al. Relationship between cerebrovascular disease and indoor thermal environment in two selected towns in Miyagi Prefecture, Japan[J]. Journal of Thermal Biology, 1993, 18(5/6):481-486.

[11] 長谷川兼一, 吉野博, 後藤伴延. 積雪寒冷地の住環境と脳卒中死亡に関する調査研究[C] // 日本雪氷学会. 雪氷研究大会講演要旨集. 信州: 日本雪氷学会, 2016:134.

[12] SAEKI K, OBAYASHI K, IWAMOTO J, et al. Stronger association of indoor temperature than outdoor temperature with blood pressure in colder months[J]. Journal of Hypertension, 2014, 32(8):1582-1589.

[13] SAEKI K, OBAYASHI K, KURUMATANI N. Short-term effects of instruction in home heating on indoor temperature and blood pressure in elderly people:a randomized controlled trial[J]. Journal of Hypertension, 2015, 33(11):2338.

[14] KYOBUTUNGI C, GRAU A, BECHER G S, et al. Absolute temperature, temperature changes and stroke risk:a case-crossover study[J]. European Journal of Epidemiology, 2005,20:693-698.

[15] XIONG J, LIAN Z, ZHANG H. Effects of exposure to winter temperature step-changes on human subjective perceptions[J]. Building and Environment, 2016, 107(8):226-234.

[16] 何亚男. 冷辐射环境中人体生理与心理响应的实验研究[D]. 哈尔滨:哈尔滨工业大学, 2012.

[17] 侯娟. 不对称辐射热环境中人体热舒适的实验研究[D]. 哈尔滨:哈尔滨工业大学, 2013.

[18] 康诚祖. 严寒地区冬季人体热适应实验研究[D]. 哈尔滨:哈尔滨工业大学, 2014.

[19] SCHWARTZ J,SAMET J M,PATZ J A. Hospital admissions for heart disease:the effects of temperature and humidity[J]. Epidemiology,2004,15(6):755.

[20] 刘利群,潘小川,郑亚安,等. 气象因素与心脑血管疾病急诊人次的时间序列分析[J]. 环境与健康杂志,2008,25(7):578-582.

[21] 崔甍甍,于鲁明,张进军,等. 急性心血管疾病发病与气象因素关系的研究[J]. 中华急诊医学杂志, 2014, 23(4):465-469.

[22] 郭冬娜,王晓卉,王嵘. 急性心肌梗死的发生与气象因素的关系探讨[J]. 中西医结合心脑血管病杂志,2011,9(12):1423-1424.

[23] 孟军亮. 甘肃省三市气象因素与居民心血管系统疾病日入院人数的时间序列研究[D]. 兰州:兰州大学,2013.

[24] 王昭俊. 严寒地区居室热环境与热舒适性研究[D]. 哈尔滨: 哈尔滨工业大学,2002.

[25] LUO M H, CAO B, OUYANG Q, et al. Indoor human thermal adaptation:dynamic processes and weighting factors[J]. Indoor Air, 2016, 27(2):273-281.

[26] 任静. 严寒地区住宅和办公建筑人体热适应现场研究[D]. 哈尔滨:哈尔滨工业大学,2014.

[27] 王昭俊. 智慧供热的目标:满足人的热舒适需求[J]. 煤气与热力, 2019,39(7):A08-A11, A27.

[28] 王昭俊,宁浩然,吉玉辰,等. 严寒地区人体热适应性研究(4):不同建筑热环境与热适应现场研究[J]. 暖通空调, 2017, 47(8):103-108.

[29] FANG L, CLAUSEN G, FANGER P O. Impact of temperature and humidity on the perception of indoor air quality[J]. Indoor Air, 1998 (8):80-90.

[30] 张雪香. 严寒地区高校教室和宿舍人体热适应现场研究[D]. 哈尔滨:哈尔滨工业大学,2015.

[31] 宁浩然. 严寒地区供暖建筑环境人体热舒适与热适应研究[D]. 哈尔滨:哈尔滨工业大学, 2017.

[32] 吉玉辰. 严寒地区室内外气候对热舒适与热适应的影响研究[D]. 哈尔滨:哈尔滨工业大学, 2020.

[33] 王昭俊,宁浩然,任静,等. 严寒地区人体热适应性研究(1):住宅热环境与热适应现场研究[J]. 暖通空调, 2015, 45(11):73-79.

[34] NING H R, WANG Z J, ZHANG X X, et al. Adaptive thermal comfort in university dormitories in the severe cold area of China[J]. Building and Environment, 2016 (99): 161-169.

[35] ANSI/ASHRAE Standard 55—2013. Thermal environmental conditions for human occupancy[S]. Atlanta: American Society of Heating, Refrigerating, and Air-conditioning Engineers, Inc. , 2013.

[36] NING H R, WANG Z J, JI Y C. Thermal history and adaptation:Does a long-term indoor thermal exposure impact human thermal adaptability? [J]. Applied Energy, 2016, 183(23):22-30.

名 词 索 引

Y

Z